高 等 学 校 规 划 教 材

无机化学实验

Inorganic Chemistry Experiment

姜 健 主编

化学工业出版社

·北京·

内 容 简 介

《无机化学实验》划分为7个模块，前两个模块为无机化学实验基本知识和基本操作及相应的练习实验，包括7个实验题目。模块三为物理化学常数测定实验，包括5个实验题目。模块四为化学反应原理实验，包括3个实验题目。模块五为元素性质实验，包括6个实验题目。模块六为无机化合物制备与提纯实验，包括6个实验题目。模块七为应用性、设计性和研究性实验，包括10个实验题目。

作者还编写了部分实验报告的书写指导，包括实验记录表、计算示例及注意事项等内容，方便学生进行预习，记录和处理实验数据，书写实验报告。读者可以通过扫描封底的二维码阅读。

《无机化学实验》可供化学、化工、材料、环境等专业的学生作为教材选用，也可供相关领域的科研人员参考。

图书在版编目（CIP）数据

无机化学实验/姜伟主编. —北京：化学工业出版社，2022.2（2024.9重印）
高等学校规划教材
ISBN 978-7-122-40366-7

Ⅰ.①无… Ⅱ.①姜… Ⅲ.①无机化学-化学实验-高等学校-教材 Ⅳ.①O61-33

中国版本图书馆CIP数据核字（2021）第240528号

责任编辑：刘俊之　宋林青　　　　文字编辑：刘俊之　汪　靓
责任校对：刘曦阳　　　　　　　　装帧设计：韩　飞

出版发行：化学工业出版社（北京市东城区青年湖南街13号　邮政编码100011）
印　　装：北京科印技术咨询服务有限公司数码印刷分部
787mm×1092mm　1/16　印张11¼　字数275千字　2024年9月北京第1版第2次印刷

购书咨询：010-64518888　　　　　　　售后服务：010-64518899
网　　址：http://www.cip.com.cn
凡购买本书，如有缺损质量问题，本社销售中心负责调换。

定　价：29.00元　　　　　　　　　　　　　　　　版权所有　违者必究

前　言

《无机化学实验》是在多年无机化学理论与实验教学的基础上，依据应用技术型人才培养的要求，参考国内有关实验教材编写而成的。

本书强调对学生进行无机化学实验基本操作技能的培养，按照实验理论与实验操作训练相结合的模式编写。按照模块化进行章节的编排，在基本操作知识点后，分别设置有一定量的基本操作训练实验。全书划分为 7 个模块，其中前两个模块为无机化学实验基本知识和基本操作及相应练习实验，共 7 个实验题目。基本操作包括部分中学化学实验基本操作，并在基本操作知识点后安排有相应的训练题目，从而保证学生有扎实的基本操作技能并为后续的实验操作打下坚实基础。在基本操作训练之后安排一次基本操作阶段考试，以考查学生对这部分知识的掌握情况。模块三为物理化学常数测定实验，包括 5 个实验题目，目的是学习实验数据的记录、处理及结果分析，练习部分仪器的使用。模块四为化学反应原理实验，包括 3 个实验题目，目的是巩固基本操作及加深理解相关的理论知识。模块五为元素性质实验，包括 6 个实验题目，目的是验证和巩固理论知识。模块六为无机化合物制备与提纯实验，包括 6 个实验题目，目的是学习无机化合物的制备和提纯方法。模块七为应用性、设计性和研究性实验，包括 10 个实验题目，目的是锻炼学生查阅资料、设计实验及解决实际问题的能力。

作者还编写了部分实验的报告书写指导，包括实验记录表、计算示例、实验注意事项及实验报告格式等内容，方便学生进行预习，记录和处理实验数据，书写实验报告等。这部分内容可以通过扫描封底的二维码阅读。其中包括 5 个基本操作实验、1 个物理常数测定实验、3 个化学反应原理实验、1 个元素化学实验、2 个无机化合物制备与提纯实验。相关的国家标准也可通过扫描二维码查阅。

参加本书编写工作的有卢声（实验 2-4、2-5、2-6），姜洪武（模块二第一、四、十节），王岩（附录 1～4、7、8），王颖（实验 6-1、6-2、7-4），丹东松元化学有限公司刘晓红（实验 7-5），其余部分由姜健编写并统稿。

因编者的学识水平有限，书中难免有不妥之处，恳请同行专家和广大读者不吝指正。

编　者

2021 年 5 月

目　　录

模块一　无机化学实验基本知识　　1

　　第一节　绪论 ………………………………………………………… 2
　　第二节　化学实验室的安全和环保常识 …………………………… 3
　　第三节　实验数据处理 ……………………………………………… 6
　　第四节　实验报告参考格式 ………………………………………… 11
　　知识拓展与课程思政 ………………………………………………… 14

模块二　无机化学实验基本操作　　16

　　第一节　化学实验常用仪器及用途 ………………………………… 17
　　第二节　玻璃仪器的洗涤与干燥 …………………………………… 24
　　实验2-1　实验导言及玻璃仪器的认领、洗涤与干燥 …………… 27
　　第三节　化学试剂的取用 …………………………………………… 28
　　第四节　称量仪器及称量方法 ……………………………………… 32
　　实验2-2　试剂的取用与天平的称量练习 ………………………… 36
　　第五节　玻璃量器及其使用 ………………………………………… 38
　　实验2-3　玻璃量器的使用与溶液的配制 ………………………… 46
　　第六节　物质的分离与提纯 ………………………………………… 49
　　第七节　加热与冷却 ………………………………………………… 53
　　实验2-4　粗食盐的提纯 …………………………………………… 58
　　实验2-5　转化法制备及提纯硝酸钾 ……………………………… 60
　　第八节　试纸和滤纸 ………………………………………………… 62
　　第九节　pH计 ………………………………………………………… 63
　　实验2-6　醋酸解离常数的测定 …………………………………… 65
　　第十节　分光光度计 ………………………………………………… 67
　　实验2-7　无机化学实验基本操作阶段考试 ……………………… 68
　　知识拓展与课程思政 ………………………………………………… 73

模块三　物理化学常数测定实验　　75

　　实验3-1　摩尔气体常数的测定 …………………………………… 76
　　实验3-2　氯化铵生成焓的测定 …………………………………… 78

　　　　实验 3-3　化学反应速率与活化能的测定 ……………………………………… 83
　　　　实验 3-4　碘化铅溶度积的测定 …………………………………………………… 87
　　　　实验 3-5　碘酸铜溶度积的测定 …………………………………………………… 89

模块四　化学反应原理实验　　91

　　　　实验 4-1　酸碱平衡与缓冲溶液 …………………………………………………… 92
　　　　实验 4-2　配合物与沉淀-溶解平衡 ……………………………………………… 94
　　　　实验 4-3　氧化还原反应 …………………………………………………………… 97

模块五　元素性质实验　　100

　　　　实验 5-1　碱金属与碱土金属 ……………………………………………………… 101
　　　　实验 5-2　硼、碳、硅、氮、磷 …………………………………………………… 103
　　　　实验 5-3　氧、硫 …………………………………………………………………… 106
　　　　实验 5-4　氯、溴、碘 ……………………………………………………………… 109
　　　　实验 5-5　铬、锰 …………………………………………………………………… 111
　　　　实验 5-6　铁、钴、镍 ……………………………………………………………… 114

模块六　无机化合物制备与提纯实验　　117

　　　　实验 6-1　过氧化钙的合成 ………………………………………………………… 118
　　　　实验 6-2　硫酸亚铁铵的制备及检验 ……………………………………………… 119
　　　　实验 6-3　用废弃易拉罐制备明矾及明矾净水实验 ……………………………… 121
　　　　实验 6-4　五水硫酸铜的制备、提纯及结晶水的测定 …………………………… 122
　　　　实验 6-5　含银废液中银的提取 …………………………………………………… 125
　　　　实验 6-6　无机化学实验期末考试题 ……………………………………………… 126

模块七　应用性、设计性和研究性实验　　127

　　　　实验 7-1　常见阳离子混合液的定性分析 ………………………………………… 128
　　　　实验 7-2　常见阴离子混合液的定性分析 ………………………………………… 132
　　　　实验 7-3　食品中微量元素的鉴定 ………………………………………………… 135
　　　　实验 7-4　铁、钴、镍、铜和锌的纸色谱分离 …………………………………… 137
　　　　实验 7-5　行业标准法检验阻燃剂用氢氧化镁 …………………………………… 141
　　　　实验 7-6　海带和紫菜中碘的提取 ………………………………………………… 143
　　　　实验 7-7　去离子水的制备及纯度检测 …………………………………………… 145
　　　　实验 7-8　碱式碳酸铜的制备 ……………………………………………………… 148
　　　　实验 7-9　茶叶中微量元素的鉴定 ………………………………………………… 149

实验 7-10　无机净水剂的研制与应用 …………………………………… 150

附　录　158

　　附录 1　元素的原子量 ……………………………………………………… 159
　　附录 2　常用酸碱试剂浓度和密度 ………………………………………… 160
　　附录 3　酸、碱的解离常数 ………………………………………………… 160
　　附录 4　溶度积常数（298.15K）…………………………………………… 161
　　附录 5　常见阳离子鉴定方法 ……………………………………………… 162
　　附录 6　常见阴离子鉴定方法 ……………………………………………… 164
　　附录 7　不同温度下水的饱和蒸气压 ……………………………………… 165
　　附录 8　标准缓冲溶液 pH 值 ……………………………………………… 167
　　附录 9　不同温度下常见无机化合物溶解度 ……………………………… 168

参考文献　172

模块一

无机化学实验基本知识

第一节 绪 论

一、无机化学实验课程的目的

化学是一门以实验为基础的学科。通过实验，不仅要传授化学知识，而且要培养学生的实验基本技能和实践能力，培养分析问题和解决问题的能力，养成实事求是的科学态度。无机化学实验是无机化学课程的重要组成部分，是高等院校化工、化学、材料工程、环境工程、制药工程等专业一年级学生必修的基础课程之一。通过无机化学实验可以使学生加深对无机化学基本理论、概念的理解；掌握化学实验的基本方法、基本操作、基本技能；学会观察实验现象和测定实验数据，学会正确地记录、处理实验数据及表达实验结果；初步掌握物质制备、分离、测定的基本方法；学会使用常用仪器，绘制仪器装置简图，撰写实验报告，查阅资料、设计和改进简单实验及处理一般实验事故；培养实事求是的科学态度、良好的实验习惯、环境保护意识和创新精神，为后续课程的学习和工作打下良好基础。

二、无机化学实验的学习方法

为了达到无机化学实验课程的学习目的，需要在实验前、实验中和实验后做到以下几点：

1. 实验前

（1）实验前应认真预习，明确该实验的目的，了解实验的原理、步骤、方法及注意事项，了解实验所涉及的基本操作和相关仪器的使用方法。

（2）实验前应书写预习报告。内容包括：题目、实验目的、基本原理、所用仪器和药品，简要写明实验步骤（尽量用流程图、框图、表格和符号等表示），画出实验装置图等。

（3）准备实验数据记录本，事先设计好并画出数据记录表等。

2. 实验中

（1）课堂上认真听老师对预习、实验中易出现的问题、重点内容、操作关键点的讲解。

（2）应按实验操作步骤认真操作，仔细观察实验现象，如实记录。记录实验数据时，应根据仪器的精密度，保留正确的有效数字。得到实验数据和实验现象等原始数据后，应立即记录在实验数据记录本上，不能写在单页纸、滤纸、书中空隙等处。

（3）如发现实验结果与理论不符，应积极思考并仔细查找原因，可与指导教师或同学讨论，也可进行对照试验、空白试验，直到得出正确结论。

（4）要遵守实验室规则和安全守则，保持肃静。

（5）保持桌面整洁，仪器、药品应排成一行，随时擦去桌面水渍。注意保护仪器、设备。节约药品、水、电、煤气等。

（6）实验后要认真清洗玻璃仪器，整理好仪器、设备、药品，将台面整理干净。值日生清扫实验室公共区域，关闭水、电、煤气、门窗后，经老师允许后方可离开。

3. 实验后

每次实验后要及时完成实验报告。实验报告是对每次实验的记录、概括和总结，实验结束后必须及时、独立完成实验报告，交给指导教师审阅。

（1）实验报告应包括实验题目、目的、原理、仪器和药品、实验步骤、实验装置图、原始数据、实验结果或结论、思考题和讨论等内容。其中仪器应注明仪器的名称、型号、生产厂家、数量和规格，药品应写明药品的名称、规格和浓度。如果实验中对步骤进行了修改，应以修改后的步骤为准。

（2）报告中给出的原始数据及数据处理结果，一般应列表或画图表示。实验数据和实验结果应根据仪器的精密度保留正确的有效数字，作出误差分析。实验中的现象可用化学方程式解释，如果解释不完整还可用语言补充。

（3）对实验中的疑难问题、异常现象应加以讨论，给出解释或见解。也可对实验提出改进意见等。

三、无机化学实验考核方法与成绩评定

本课程考核由平时成绩、实验报告成绩和基本操作技能考试成绩组成，分别占总成绩的相应比例。

平时成绩包括出勤情况、实验预习、实验操作、课后实验台面的整理、卫生值日等内容。

实验报告成绩主要根据实验报告撰写格式，数据记录是否规范，计算结果是否准确，结果表达是否合理，是否有分析讨论、现象解释及注意事项等赋分。

基本操作技能考核主要考察实验初始阶段基本操作能力的训练情况，在基本操作训练结束后进行。基本操作技能考题是将无机化学实验基本操作分为若干个实验题目，给出每个操作的考核要点和评分标准，供学生事先按要求准备和练习。考试时，学生抽签选取1～2个实验题目进行考试，监考教师根据学生操作情况、实验记录、数据处理及实验台整理情况赋分。对基本操作考核不及格的学生允许参加一次补考。

第二节 化学实验室的安全和环保常识

一、实验室规则

（1）实验前要充分预习，写好预习报告，否则不允许进行实验。

（2）提前 10min 进入实验室，穿好实验服，进行实验前的准备工作。

（3）进入实验室后，要熟悉防火及急救设备、器材的使用方法和逃生通道的位置，遵守安全规则。

（4）在实验台上，每人准备废物杯和废液杯各一个，将实验产生的废物和废液分别倒入废物杯和废液杯，不得将火柴梗、滤纸等扔入水槽。

（5）小心使用仪器设备，节约水、电、药品。洗涤的仪器应放在烘箱内或气流干燥器上干燥，严禁用手甩干。使用各种仪器时，要在教师讲解或仔细阅读并理解操作规程后，再动手操作。

(6)实验中,保持台面整洁,仪器、药品应整齐摆放。保持肃静,不得擅自离开。

(7)实验完毕,应将实验记录交给指导教师检查,教师允许后,再收起实验仪器。

(8)实验结束后,应将玻璃仪器洗刷干净,将药品放回原处,将实验台面擦拭干净。严禁将仪器、药品擅自带出实验室。应及时洗手、洗脸,以防有毒、有害物质侵害皮肤和身体。

(9)公共区域卫生由学生分组轮流打扫,包括清扫地面和边台,整理实验仪器设备,检查水、电、门窗是否关好。

二、实验室安全守则

化学实验中,经常使用水、电、加热仪器、玻璃仪器和一些腐蚀性甚至易燃、易爆或有毒的化学试剂,为确保人身和实验室安全,实验中必须严格遵守实验室安全规则,避免发生事故。

(1)严禁在实验室内饮食、吸烟,或把食物带进实验室,化学实验药品禁止入口。实验完毕应洗手、洗脸。

(2)不要用湿的手、物接触电源,以免发生触电事故。水、电、煤气使用完毕,应立即关闭开关。点燃的火柴用后应立即熄灭并放入废物杯内,不得乱扔。

(3)一切涉及有毒、有刺激性或有恶臭气味物质(如硫化氢、氟化氢、氯气、一氧化碳、二氧化硫、二氧化氮、一氧化氮、碘化磷、砷化氢等)的实验,必须在通风橱中进行。

(4)一切涉及易挥发和易燃物质(如乙醇、乙醚、丙酮、苯等有机物)的实验,必须在远离火源的地方进行,以免发生爆炸事故。

(5)加热试管时,不得将试管口对着自己,也不可指向别人,避免被溅出的液体烫伤。

(6)倾倒或加热有腐蚀性的液体时,液体容易溅出,不要俯向容器。不要直接去嗅容器中溶液或气体的气味,应使面部远离容器,用手把逸出容器的气流慢慢地煽向自己的鼻孔。

(7)稀释浓硫酸时,**应将浓硫酸慢慢倒入水中,并不断搅拌**,切不可将水倒入硫酸中!以免产生局部过热使硫酸溅出,引起灼伤。

(8)要用镊子取用在空气中易燃烧的钾、钠和白磷等物质,不要用手去接触。

(9)氢气(或其他易燃、易爆气体)与空气或氧气混合后,遇火易发生爆炸,操作时严禁接近明火。银氨溶液久置后会变成氮化银,易于爆炸,不能留存。强氧化剂(如氯酸钾、硝酸钾、高锰酸钾等)或其混合物不能研磨,否则将引起爆炸。

(10)有毒药品(如重铬酸钾、钡盐、铅盐、砷的化合物、汞的化合物,特别是氰化物等)不得入口或接触伤口。剩余的废液也不能倒入下水道,应倒入废液缸或指定容器内。

(11)金属汞易挥发,并通过呼吸道进入人体,逐渐积累会引起慢性中毒。所以做金属汞的实验时应特别小心,防止汞洒落。若不小心洒落,必须尽可能收集起来,并用硫黄粉撒在汞洒落的地方,让金属汞转变成不挥发的硫化汞并收集起来密封保存。

(12)注意防火。实验室严禁吸烟。万一发生火灾,要保持镇静,立即切断电源或燃气源,并采取针对性的灭火措施。一般的小火用湿布、防火布或沙子覆盖燃烧物灭火。不溶于水的有机溶剂以及能与水起反应的物质(如金属钠)一旦着火,绝不能用水浇,应用沙土压盖或用二氧化碳灭火器灭火。如电器设备起火，不可用水冲，切断电源后用 CO_2 或四氯化碳灭火器灭火。情况紧急应立即报警。

三、意外事故的处理

（1）割伤：取出伤口中的玻璃或固形物，用水清洗伤口，搽上龙胆紫、碘酊等药液，再用纱布包扎或敷上创可贴。如伤口较大，则应先按紧主血管以防止大量出血，并立即赴医务室医治。

（2）烫伤：用高锰酸钾或苦味酸溶液涂于灼伤处，再搽上凡士林或烫伤膏。

（3）吸入 Br_2 蒸气或 Cl_2 气体时，可吸入少量酒精和乙醚的混合蒸气以解毒。吸入 H_2S 气体而感到头晕时，应到室外呼吸新鲜空气。

（4）受强酸腐蚀：用水冲洗，搽上 $NaHCO_3$ 油膏或凡士林。如不慎溅入眼、口中，先用水冲洗，再用 3% $NaHCO_3$ 溶液洗眼或漱口，并立即就医。

（5）受强碱腐蚀：用水冲洗，用 1%柠檬酸或硼酸饱和溶液洗涤，再搽上凡士林。溅入眼、口中，除用水冲洗外，应立即就医。

（6）误食毒物：服用肥皂液或蓖麻油，用手指刺激喉部促进呕吐，并立即就医。

四、实验室三废的处理

实验过程中产生的废气、废液、废渣大多数是有害的，如果直接将其排放可能污染周围的空气和水源，因此，废气、废液和废渣必须经过处理才能排放。这样，一方面可回收部分药品，另一方面从源头减少了污染物的产生。

1. 废气的处理

产生少量有毒气体的实验可在通风橱内进行，通过排风设备排出室外，避免污染室内空气。毒气量较大时，必须备有吸收和处理装置，经处理后再排出。如：氮氧化物、二氧化硫、氯气、硫化氢、氟化氢等酸性气体用碱液吸收，一氧化碳可点燃转化成二氧化碳，可燃性有机废液可在燃烧炉中通氧气完全燃烧。可用水、有机溶剂，也可用固体吸附剂（如活性炭、活性氧化铝、硅胶、分子筛等）吸附废气中的污染物。

2. 废液的处理

（1）废酸、废碱液　将废酸（碱）液用废碱（酸）液中和至 pH 值为 6~8，如有沉淀可过滤后排放。

（2）含铬废液　铬酸洗液失效后可用高锰酸钾氧化法再生，重复使用。先在 110~130℃下不断搅拌，加热浓缩，冷却后加入高锰酸钾粉末进行氧化（每 1000mL 加入约 10g），边加边搅拌，直到溶液呈深褐色或微紫色（注意不要过量）。加热，用砂芯漏斗滤去沉淀后，再加入适量硫酸即可重新使用。少量废洗液可用废铁屑还原残留的 Cr（Ⅵ）到 Cr（Ⅲ），再用废碱中和成低毒的 $Cr(OH)_3$ 沉淀。

（3）含砷、锑、铋、汞和重金属离子的废液　加碱或硫化钠使之转化为难溶的氢氧化物或硫化物沉淀，过滤分离，清液处理后排放，沉淀按废渣处理。

（4）含氰废液　切勿将酸性溶液倒入含氰废液中，氰化物遇酸即产生极毒的氰化氢气体，使人瞬间毙命，危及实验人员安全。含氰化物的废液用氢氧化钠溶液调节至 pH>10，再加入 3%的高锰酸钾溶液使 CN^- 氧化分解。CN^- 含量高的废液用碱性氯化法处理，即先将废液调至 pH>10，加入次氯酸钠使 CN^- 氧化分解，再将 pH 值调至 6~8 后排放。

3. 废渣的处理

（1）普通废渣稍加处理后倒入生活垃圾即可，有毒或含放射性的废物不可直接倒入生活垃圾，须解毒处理之后，以深坑埋掉为宜。

（2）过期的样品及无法销解的废品，如油漆、涂料等应集中后统一处理，不可倒入下水道或水沟，以防堵塞下水管或污染水源，即使是无毒样品也不可以。其他实验室无法销解的废品，如电池、废弃塑料等则统一集中回收，交由有相关能力的单位进行回收处理。少量有毒废渣常深埋于指定地点，有回收价值的废渣应该回收利用。

第三节 实验数据处理

一、测量误差

化学实验中，除了要掌握基本实验操作、一些基本仪器的使用外，还要学习正确地记录和处理数据，科学地表达测定结果。为此需要学习实验数据的采集和记录，掌握误差和有效数字的概念，学习数据的处理及分析结果的表达方法。

1. 误差

误差是指测定值与真实值之间的偏离。任何测量过程都包含着误差，按其性质的不同误差可分为三类，即系统误差、偶然误差和过失误差。

（1）系统误差　也称可测误差，是由某些比较确定的原因引起的，它对测量结果的影响比较固定，其大小有一定规律性，在重复测量时，会重复出现。产生系统误差的主要原因有：实验方法不完善、仪器准确度差、药品不纯以及操作不当等。系统误差可以用改善方法、校正仪器、提高试剂纯度、做空白试验或对照试验的方法来减少。有时也可以在找出误差原因后，计算出误差的大小而加以修正。

（2）偶然误差　也称随机误差、难测误差，是由某些难以预料的偶然因素引起的，如环境温度、振动、气压、湿度、测试者的心理和生理状态变化等，它对实验结果的影响不固定。由于偶然误差的原因难以确定，似乎无规律性可寻。但如果多次测量，可以发现偶然误差遵从正态分布，即大小相近的正负误差出现机会相等，小误差出现的概率大，大误差出现的概率很小。因此，通过多次测量取平均值的方法可以减少偶然误差对测量结果的影响。

（3）过失误差　过失误差是一种与事实明显不符的误差，是由工作失误造成的误差，如分析过程中的器皿不洁、加错试剂、用错样品、试样损失、仪器出现异常未被发现、读错数据、计算错误等。过失误差无规律可循，但只要严格按操作规范和流程进行，加强责任心，工作认真细致即可避免。

2. 准确度与误差

准确度是指测量值与真实值之间的符合程度。准确度由分析的偶然误差和系统误差决定，它能反映分析结果的可靠性。误差越小说明准确度越高。

准确度用绝对误差或相对误差表示。绝对误差（E）是指实验测得的数值（x_i）与真实值（T）之间的差值；相对误差（E_r）是指绝对误差与真实值的百分比，即：

$$E = x_i - T$$

$$E_r = \frac{x_i - T}{T} \times 100\%$$

绝对误差与被测量值的大小无关，而相对误差却与被测量值的大小有关。一般来说，若被测量值越大，相对误差越小。因此，用相对误差来反映测定值与真实值之间的偏离程度比用绝对误差更为合理。

3. 精密度与偏差

精密度是指在一定条件下，所得测定值相互接近的程度，即测量结果的再现性，由分析的偶然误差决定。

实际工作中真实值常常是不知道的，因此，一般只能用多次重复测量结果的平均值代替真实值。这时单次测量结果与平均值（$\bar{x}$）之间的偏离就称为偏差（d），偏差分为绝对偏差（d_i）和相对偏差（d_r）。偏差越小，精密度越高。

$$d_i = x_i - \bar{x}$$

$$d_r = \frac{d_i}{\bar{x}} \times 100\%$$

一组测定值总的精密度，常用平均偏差（$\bar{d}$）、相对平均偏差（$\bar{d}_r$）或标准偏差（s）来表示。

$$\bar{d} = \frac{\sum_{i=1}^{n}|x_i - \bar{x}|}{n} = \frac{\sum_{i=1}^{n}|d_i|}{n}$$

$$\bar{d}_r = \frac{\bar{d}}{\bar{x}} \times 100\%$$

$$s = \sqrt{\frac{\sum_{i=1}^{n}(x_i - \bar{x})^2}{n-1}}$$

式中，n 为测定次数。

下面以一组数据的测定为例，计算测定结果的平均值、绝对偏差、平均偏差、相对平均偏差，并将结果填入表 1-1 内。

表 1-1 实验数据处理示例

测量次数（n）	1	2	3
测量值（x_i）	1.80×10^{-5}	1.75×10^{-5}	1.85×10^{-5}
平均值（$\bar{x}$）			
绝对偏差（d_i）			
平均偏差（$\bar{d}$）			
相对平均偏差（$\bar{d}_r$）			

注：$\bar{x}$ 为 1.80×10^{-5}，d_i 分别为 0、-0.05×10^{-5}、$+0.05 \times 10^{-5}$，$\bar{d}$ 为 0.033×10^{-5}，$\bar{d}_r$ 为 1.8%。

4. 提高测定结果准确度的方法

为了提高测定结果的准确度，应尽量减小系统误差、偶然误差和避免过失误差。认真仔细地进行多次测量，取其平均值作为测定结果，这样可以减小偶然误差并消除过失误差。在测量过程中，提高准确度的关键在于尽可能地减小系统误差。减小系统误差一般有三种方法：

(1) **校正测量仪器和测量方法**　为减少测量方法带来的误差，可用国家标准方法与所用方法进行比较，以校正所选用的方法。对准确度要求不高（相对误差允许>1%）的实验，一般不必校正仪器。对准确度要求较高的测量，要对所用仪器如天平、砝码、滴定管、移液管、容量瓶、温度计等进行校正，求出校正值。

(2) **空白试验**　是指在同样测量条件下，用蒸馏水代替试样溶液，用同样方法进行测定，所得结果称为空白值。其目的是消除由试剂、蒸馏水和仪器带入杂质所造成的系统误差。

(3) **对照试验**　是用已知准确成分或含量的标准样品代替试样，在同样的条件下，用同样的方法进行测量的一种方法。其目的是判断试剂是否失效、反应条件控制是否正确、操作是否正确、仪器是否正常等。

判断系统是否有误差存在，可通过回收试验加以检验。回收试验是指在测定试样中某组分含量（x_1）时加入已知量的该组分（x_2），再次测量其含量（x_3）。由回收试验所得数据可以计算出回收率。

$$回收率 = \frac{x_3 - x_1}{x_2} \times 100\%$$

由回收率的高低可以判断有无系统误差存在。对常量组分，回收率要求高，一般为99%以上，对微量组分要求在90%~110%。

二、有效数字及其运算规则

1. 有效数字位数的确定

在分析测试中记录数据时，测定值所表示的准确程度应与测试时所用的测量仪器及测试方法的精度相一致。通常测定时，一般可估计到测量仪器最小刻度的十分位，在记录测定数据时，只应保留一位不确定数字，其余数字都应是准确的，通常称此时所记录的数字为有效数字。记录和报告的测定结果只应包含有效数字，对有效数字的位数不能任意增减。

化学实验中常用仪器的精确度与测定结果有效数字位数的关系列于表 1-2 中。

表 1-2　常用仪器的精确度与测定结果的有效数字位数

仪器名称	仪器精度	真实值	有效数字位数	错误举例
托盘天平	0.1g	11.3g	3	11.30g
电子天平	0.0001g	23.4567g	6	23.457g
10mL 量筒	0.1mL	9.1mL	2	9mL
100mL 量筒	1mL	78mL	2	78.5mL
滴定管	0.01mL	21.20mL	4	21.2mL
移液管	0.01mL	25.00mL	4	25mL
容量瓶	0.01mL	250.00mL	5	250mL

任意超出或低于仪器精度的数字都是不恰当的。例如上述电子天平的读数为 23.4567g，既不能读作 23.457g，也不能读作 23.45670g，因为前者降低了测量的精确度，后者则夸大了测量的精确度。

关于有效数字位数的确定，还应注意以下几点：

(1) 数字"0"在数据中具有双重意义。若作为普通数字使用，它就是有效数字；若它只起定位作用，就不是有效数字。例如在分析天平上称得重铬酸钾的质量为 0.0758g，此数据具有三位有效数字，数字前面的"0"只起定位作用，不是有效数字。又如某盐酸溶液的浓度为 0.2100mol·L^{-1}，准确到小数点后第三位，第四位数字可能有 ±1 的误差，所以这两个"0"是有效数字，数据 0.2100 具有四位有效数字。

（2）改变单位并不改变有效数字的位数，如滴定管读数 12.34mL，若该读数改用升为单位，则是 0.01234L，这时前面的两个零只起定位作用，不是有效数字，0.01234L 与 12.34mL 一样都是四位有效数字。当需要在数的末尾加"0"作定位作用时，最好采用指数形式表示，否则有效数字的位数含糊不清。例如，质量为 25.08g，若以毫克为单位，则可表示为 $2.508×10^4$mg；若表示为 25080mg，就易误解为五位有效数字。

（3）对数值的有效数字位数仅由小数部分的位数决定，首数（整数部分）只起定位作用，不是有效数字，如 pH=2.38，有效数字的位数为 2 位。因此对数运算时，对数值小数部分的有效数字位数应与相应真数的有效数字位数相同。例如：pH = 2.38，则 $c(H^+) = 4.2×10^{-3}$mol·L^{-1}，其有效数字为 2 位，而不是 3 位。

2. 有效数字的运算规则

在分析测定过程中，往往要经过几个不同的测量环节。例如滴定分析中，先用减量法称取试样，经过处理后进行滴定。在此过程中最少要读取四次数据，但这四个数据的有效数字位数不一定完全相等，在进行运算时，应按照下列计算规则，合理地取舍各有效数字的位数，确保运算结果的正确。

（1）当有效数字的位数确定后，其余尾数应按照"四舍五入"或"四舍六入五留双"的原则。"四舍六入五留双"是指当拟舍弃的尾数首位数字≥6 时进位，≤4 时舍弃；而当尾数首位数字恰好为 5 时分两种情况，若 5 后数字不为 0，一律进位；5 后无数字或为 0，则看 5 前是奇数还是偶数，是奇数就将 5 进位，是偶数则将 5 舍弃。总之，使保留下来的末位数是偶数。根据此原则，如将 4.1751 和 4.16500 处理成三位有效数字，则分别为 4.18 和 4.16；而按照"四舍五入"，则分别为 4.18 和 4.17。

（2）进行数值加减时，最后结果所保留小数点后的位数应与参与运算的各数中小数点后位数最少者相同。例如：31.2345+12.34=43.5745，应取 43.57。也可以先取舍，后运算。取舍时，也是以小数点后位数最少的数为准。如：31.2345+12.34 可变为 31.23+12.34=43.57。

（3）进行数值乘除时，其商或积的有效数字位数应与各数中有效数字位数最少者相同，而与小数点后的位数无关，例如 12.3×0.078=0.9594，应取 0.96。进行数值乘方和开方时，保留原来的有效数字位数。

（4）在对数计算中，对数值小数点后的位数，应与真数的有效数字位数相同。

（5）在所有计算式中，常数以及乘除因子的有效数字的位数可认为是足够多的，应根据需要确定有效数字的位数。

（6）表示分析方法的精密度和准确度时，大多数取 1~2 位有效数字。

三、实验数据的记录、处理与表达

实验中除了要求对测量数据进行记录和计算外，还要将数据进行整理、归纳和处理，并正确表达实验结果。

1. 实验数据的记录

（1）学生应准备实验数据记录本并编好页码，实验中直接观察得到的原始数据及有关现象应该直接记录在实验记录本上，不允许随意更改和删减；决不允许将数据记录在单页纸、滤纸上。

(2) 数据记录的格式一般可采用表格，应根据实验内容事先设计好表格。

(3) 记录数据时应注意有效数字的位数。重复测定时，即使数据完全相同也要记录下来。

(4) 数据算错、记错或读错需要改动时，应将数据用一条横线划去，并在其上方或下方写上正确结果。

(5) 实验结束后，应将实验数据仔细复核并报告指导教师后方可离开实验室。

2. 实验数据处理的基本方法

实验数据的处理与表达一般可用列表法和作图法。

(1) 列表法 将实验数据按顺序、有规律地用表格表示出来，既便于数据的处理、运算，又便于检查。列表法在一般化学实验中应用最为普遍，特别是用于原始实验数据的记录，简明方便。表格的横排称为行，竖排称为列。一个完整的表格应包含以下内容：表格的顺序号、名称、项目、说明及数据来源。列表的方法是：

① 在表格的上方标明表格的顺序号和名称。

② 每个变量占表格的一行或一列，通常按操作步骤的顺序先列自变量，后列因变量，每行或每列的第一栏要写明变量的名称（或符号）、量纲和公用系数。一般表的横向表头列出项目顺序号，纵向表头列出物理量的名称，每个变量占据表格的一行。

③ 处理方法和计算公式应在表格下注明。

(2) 作图法 利用作图法处理和表达实验数据可显示出数据的特点和变化规律，可方便地求出斜率、截距、内插值、切线等，方便剔除偏差较大的值以及找出变量间的关系。作图法步骤如下：

① 横坐标表示自变量，纵坐标表示因变量，坐标刻度要能表示出全部有效数字。通常读数的绝对误差在图纸上相当于 0.5～1mm。如 $2.41×10^{-2}$，每个小格（1mm）表示 $0.01×10^{-2}$ 或 $0.02×10^{-2}$，每个大格（10mm）表示 $0.1×10^{-2}$，则坐标刻度应标注为 2.3，2.4，2.5 等。坐标纸的大小应能包含所有数值而略有宽裕。

② 坐标标度应取 1、2、5 或其倍数，即相邻单位坐标格子（10mm）数值上相差 1、2、5 的倍数；数字标注在逢 5、10 的粗线上。

③ 代表读数的点可由"○""⊙""△""·""×"等不同符号表示，曲线必须平滑，并使曲线两边的点的数量大致相等；在曲线的极大、极小、拐点处，应尽可能多测量几个点，以保证曲线所示规律的可靠性。

④ 图形做好后，在图形下方注上图号、图名，注明坐标轴所代表的物理量及量纲、比例尺、主要测量条件等。

3. 实验结果的表达

(1) 实验结果应以多次测定的平均值表示，同时还应给出测定结果的置信区间或标准偏差；若测定次数较少，可以给出测定结果的相对平均偏差。

(2) 以何种组成或形式表示实验结果要与实验要求相一致。

(3) 对试样中某一组分含量的报告，要以原始试样中该组分的含量报出，不能仅给出测试溶液中该组分的含量。即如果在测试前曾对样品进行过稀释，则最后结果应折算为原试样中的含量。

(4) 实验结果的有效数字位数应与实验中测量数据的有效数字位数相符。

第四节 实验报告参考格式

实验结束后完成实验报告的过程是对实验的提炼、归纳和总结,能进一步消化所学的知识,培养分析问题的能力,因此,要重视实验报告的书写。

实验报告的格式大致可分为定量测定、制备或提纯、性质实验、定性鉴定等四大类。现将四种类型实验报告的书写示例如下,仅供参考。

一、定量测定类实验报告格式示例

定量测定类报告中实验步骤可用流程图、框图表示,也可用简练的语言归纳出实验步骤并按条列出。数据应记录在表格中,在实验前设计好并画出所用的表格,数据的处理结果、误差等一并列在表格内。在表格下方应以一组数据为例写出数据处理的过程。示例如下:

实验一 化学反应速率和活化能的测定

一、实验目的
(略)

二、实验原理
(略)

三、实验步骤

1. 浓度对反应速率的影响,求 α、β、k:

除 $(NH_4)_2S_2O_8$ 外,其余按表1中用量混合备用 → 按用量加入 $(NH_4)_2S_2O_8$ 后,立即计量,搅拌 → 注意观察,待溶液变蓝,立即停止计时。记录时间和室温

利用表1中编号1、2、3组数据,依据初始速率法求 α。
利用表1中编号1、4、5组数据求 β。
再利用公式 $\bar{v}=kc^\alpha(S_2O_8^{2-})c^\beta(I^-)$,求出每次测定的 k 值,取平均值。

2. 温度对反应速率的影响,求 E_a。

(略)

四、实验数据

浓度对反应速率的影响

表1 浓度对反应速率的影响

实验编号	1	2	3	4	5
室温/℃					
室温/K					
$V[(NH_4)_2S_2O_8]$/mL	10	5	2.5	10	10
$V(KI)$/mL	10	10	10	5	2.5
...					

计算示例：

由表中 1～3 组数据可求得速率方程中 $(NH_4)_2S_2O_8$ 的反应级数：在前 3 次测定中，KI 的浓度不变，当 $(NH_4)_2S_2O_8$ 浓度变为原浓度的 1/2 时，反应速率也变为原速率的…（以下略）

五、注意事项

（略）

六、问题与讨论

（略）

二、制备或提纯类实验报告格式示例

此类报告的写法同上例所示，其中实验结果可用作图法或列表法表示。示例如下：

实验二 氯化钠的提纯

一、实验目的

（略）

二、实验原理

（略）

三、实验步骤

1. 提纯

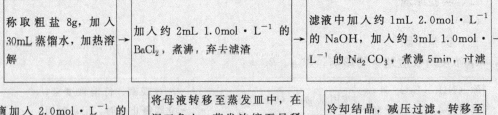

称量，计算产率。干燥的 NaCl 晶体质量为____g，产率为____

2. 精盐产品纯度检验

（步骤略）

精盐产品纯度检验结果如下：

检验项目	检验方法	实验现象	
		粗食盐	精盐产品
SO_4^{2-}	2 滴 1.0mol·L^{-1} 的 $BaCl_2$		
Ca^{2+}	2 滴 0.50mol·L^{-1} 的 $(NH_4)_2C_2O_4$		
Mg^{2+}	2 滴 2.0mol·L^{-1} 的 NaOH，加 2 滴镁试剂		

三、性质实验类实验报告格式示例

此类报告的实验步骤、实验现象及原因解释应列在一个表格内。示例如下：

实验三 碱金属和碱土金属

一、实验目的

（略）

二、实验步骤

操　作	现　象	解释原因
1. Na、K、Mg、Ca 在空气中燃烧 (1) 取米粒大小的钠加热，观察焰色。 冷却至室温，观察产物颜色。 加 2mL 蒸馏水，加 2 滴酚酞，观察现象。 再加 0.2mol·L^{-1} 的 H$_2$SO$_4$ 至红色褪去，再加 1 滴 0.01mol·L^{-1} 的 KMnO$_4$，观察现象。		
2. …		

四、定性鉴定类实验报告格式示例

此类报告的实验步骤或分离步骤可画出流程图。示例如下：

实验四 未知物鉴别设计实验

一、目的要求

（略）

二、实验原理

（略）

三、实验内容

1. 离子鉴定反应（同性质实验类格式）

（略）

2. 混合物分析分离

Pb^{2+}、Ba^{2+}、Al^{3+}、Cu^{2+}、K$^+$ 分离与检出流程如图 1 所示。

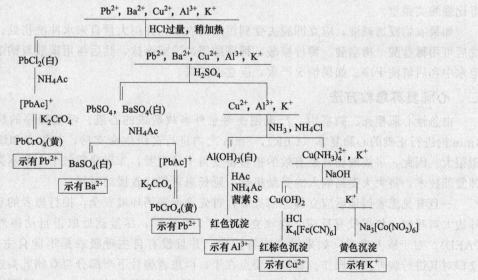

图 1 Pb^{2+}、Ba^{2+}、Al^{3+}、Cu^{2+}、K$^+$ 的分离

3.（以下略）

知识拓展与课程思政

一、酸碱伤害等意外事故的紧急处理

在进行化学实验操作时，经常会接触到酸碱盐类物质，如果不慎接触到皮肤，会因为浓度、接触面积、液体量的不同而造成不同程度的伤害。如果懂得一些急救常识，往往可以及时地进行自救或互救，有效地降低伤害的程度。掌握一定的意外事故处理知识，不仅能体现出一定的职业素养，而且能够在危难时刻给予伤者一定的人文关怀，体现了中华民族善良仁爱的品格。

1. 强酸类物质

强酸类物质（如硫酸、硝酸、盐酸、王水、苯酚等）与皮肤接触时，会引起组织蛋白的凝固、脱水，甚至坏死，从而形成厚痂。结痂的形成可防止酸液继续浸润深层组织，减少对皮肤的伤害，有利于恢复。

如果衣服、鞋袜浸透酸液，应立即脱去，并迅速用大量清水反复冲洗伤处，然后用弱碱性的碳酸氢钠溶液（0.5%）、肥皂水等中和。苯酚烧伤后可用酒精中和，效果较好。如果现场无中和物质，充分冲洗即可。

硫酸灼伤时应尽快脱离事故现场并把酸除去。一般灼伤时，先用大量自来水冲洗，并脱下沾有酸的衣物，直到全部冲掉为止。不论哪个部位受伤，都应立即用大量自来水冲洗，不能用弱碱类物质中和，防止进一步灼伤。如灼伤过重，已经引起脉搏加速、虚脱、昏迷等症状，应使伤者仰卧、全身保温后，迅速送往医院救治。

如果硫酸溅到眼睛中，不论浓度大小，先撑开或翻开眼皮，立即用大量无压力的清水冲洗 15~20min，将眼球和眼皮全部仔细冲洗干净，然后立即送到医院检查治疗。

2. 强碱类物质

强碱类物质（如氢氧化钠、氢氧化钾、石灰等）对皮肤组织的渗透性较强，可深入组织使细胞脱水，溶解组织蛋白，形成强碱与蛋白结合的产物使创面加深，因此对皮肤的侵害比强酸类稍重。

如果衣物浸透碱液，应立即脱去受到污染的衣物，并用大量自来水冲洗伤处。充分清洗后可用稀盐酸、稀醋酸、稀柠檬酸、稀硼酸等冲洗或涂抹，然后再用碳酸氢钠溶液或肥皂水中和后清洗干净。如果情况严重，应立即送医。

二、心肺复苏急救方法

由急性心肌梗死、脑卒中、严重创伤等意外事故造成的心脏、呼吸骤停的病人，在 4min 内进行正确的心肺复苏（CPR），8min 之内进行高级生命支持，其生存和康复的希望很大。因此，事故现场开展有效的抢救将变得十分重要，如果我们每个人都掌握一些心肺复苏技术，将大大提高病人的受助机会，延长患者等待救援的时间。

一旦看见患者倒地后应立即上前查看，首先确保现场环境安全，拍打患者的双肩并在耳边大声呼喊。如果没有反应，应该立即拨打 120 求助，尽量就近取得自动体外除颤器（AED）。对于成人患者，如果没有应答反应，并且没有自主呼吸或是不能自主呼吸时，立即对其进行胸外按压操作。其操作要点在于，以患者胸骨下半部分与双侧乳头连线的交点处为按压点，频率控制在 100~120 次/min，按压幅度控制在 5~6cm，不要过度用力以免引起肋骨骨折。按压过程当中，施救者以其上半身的重量快速下压胸壁，尽可能保证按压和放松的时间大致相等。放松时，手掌不应离开患者的胸壁，但是必须要让患者的胸廓有充分的回弹。注意，在按压的过程当中，应该尽可能的减少按压的中断次数和时间。每完成 30 次的胸外按压后，采取仰头抬颏法或托颌法，开放患者的气道，进行人工呼吸。如果患者开放气道不顺利，要及时清理患者口腔中的异物。气道开放后，可以对患者进行口对口或口对鼻的人工呼吸。在人工呼吸的过程当中，施救者应该注意观察患者的胸廓情况。一旦患者胸廓有起伏，便可以停止吹气。其操作要点在于，施救者平静吸气后，对患者进行吹气，吹气的时间控制在一秒钟左右，只要患者的胸廓隆起便可以，吹气量一般控制在 500~600mL。施救的过程当中避免快速过分加压吹气，以免造成患者的过度通气。另外，需要注意的是，人工呼吸前应该先进行 30 次的胸外按压操作，心脏按压与人工呼吸的比例为 30：2。5 个轮回后进行评估，直到患者呼吸、颈动脉搏动恢复或 120 人员到场接手。值得强调的是，若现场有 AED，要马上使用 AED。

  AED 即自动体外除颤器，又称自动体外电击器、自动电击器、自动除颤器、心脏除颤器及傻瓜电击器等，是一种便携式的医疗设备，易于操作，稍加培训即能熟练使用，专为现场急救设计的急救设备。它可以诊断特定的心律失常，并且给予电击除颤，是可被非专业人员使用的用于抢救心脏骤停患者的医疗设备。在心跳骤停时，只有在最佳抢救时间的"黄金 4 分钟"内，利用 AED 对患者进行除颤和心肺复苏，才是最有效防止猝死的办法。

模块二

无机化学实验基本操作

第一节 化学实验常用仪器及用途

仪器	主要用途	使用方法和注意事项
试管　离心试管	1. 盛放少量试剂 2. 作少量试剂反应的容器 3. 制取和收集少量气体 4. 检验气体产物,也可接到装置中用 5. 离心试管可用于溶液中少量沉淀的分离	1. 液体不要超过试管容积的1/2,加热时不要超过1/3 2. 加热前试管外壁要擦干,加热时要用试管夹夹持 3. 加热后的试管不能骤冷,否则容易破裂 4. 离心试管只能用水浴加热 5. 加热固体时,管口应略向下倾斜,避免管口冷凝水回流炸裂试管
试管架	放置试管	1. 试管架上不能放置热的物品,加热后的试管应以试管夹夹持悬放在架上 2. 洗净的试管可以倒置于柱上也可以正放在小孔内 3. 要保持试管架的清洁
烧杯	1. 常温或加热条件下作大量物质反应的容器 2. 配制溶液 3. 接受滤液或代替水槽	1. 反应液体不超过容量的2/3,以免搅动时液体溅出或沸腾时溢出 2. 加热前要将烧杯外壁擦干,加热时烧杯底要垫石棉网,以免受热不均匀而破裂
平底烧瓶　圆底烧瓶	1. 圆底烧瓶可供试剂量较大的物质在常温或加热条件下反应,优点是受热面积大而且耐压 2. 平底烧瓶可配制溶液或加热用,因平底放置平稳 3. 装配气体发生器	1. 液体的盛放量不要超过烧瓶容量的2/3,也不能太少,避免加热时喷溅或烧瓶破裂 2. 加热时,烧瓶要固定在铁架台上,下垫石棉网,不能直接加热。加热前外壁要擦干,避免受热不均而破裂 3. 圆底烧瓶竖放在桌面上时,下面要垫木环或石棉环,防止滚动
滴瓶	盛放少量液体试剂或溶液,便于取用	1. 棕色瓶盛放见光易分解或不太稳定的物质,防止分解变质 2. 滴管不能吸得太满,也不能倒置,防止试剂侵蚀橡皮胶帽 3. 滴管专用,不得互换,以免污染试剂 4. 滴加完毕后,应将滴管中剩余试剂挤入滴瓶中,不能捏扁胶帽后将滴管放回滴瓶,以免滴管中充有试剂

续表

仪器	主要用途	使用方法和注意事项
广口瓶　细口瓶	1. 细口试剂瓶用于储存溶液和液体药品 2. 广口试剂瓶用于存放固体试剂 3. 可兼用于收集气体（但要用毛玻璃片盖住瓶口）	1. 不能直接加热，防止破裂 2. 瓶塞不能互换，防止沾污试剂 3. 盛放碱液时应使用橡皮塞 4. 不能用作反应容器 5. 不用时应洗净并在磨口塞与瓶口间垫上纸条
移液管　吸量管	精确移取一定体积的液体	1. 使用前需用少量待取溶液润洗 1～2 次，确保所取溶液浓度或纯度不变 2. 不能加热和移取热溶液 3. 移液时，将液体吸入，使液面超过刻度，再用食指按住管口，轻轻转动放气，使凹液面降至刻度后，用食指按住管口，移至指定容器中，放开食指，使液体沿容器壁自动流下，确保量取准确 4. 未标明"吹"字者，残留的最后一滴液体，不能吹出
量筒　量杯	粗略量取一定体积的液体	1. 不可加热，不可做实验容器（如溶解、稀释等），防止破裂 2. 不可量取热溶液或热液体，需在标明的温度范围内使用，否则容积不准确 3. 读数时，量筒应放在桌面上，视线应与液面水平，读取与凹液面底部相切的刻度
容量瓶	配制准确浓度的溶液或溶液的定量稀释	1. 溶质先在烧杯内全部溶解，然后移入容量瓶 2. 不能加热，不能量取热的液体 3. 不能代替试剂瓶用来存放溶液，避免影响容积的准确 4. 磨口瓶塞是配套的，不能互换

续表

仪器	主要用途	使用方法和注意事项
漏斗	1. 过滤液体 2. 倾注液体 3. 长颈漏斗常用于装配气体发生器时加液用	1. 不可直接加热,防止破裂 2. 过滤时,滤纸紧贴漏斗壁。滤纸边缘低于漏斗边缘,液体液面低于滤纸边缘;烧杯紧靠玻璃棒,玻璃棒紧靠滤纸,漏斗颈尖端必须紧靠承接滤液的容器内壁(即一贴、二低、三靠),防止滤液溅出 3. 长颈漏斗作加液用时,漏斗颈应插入液面下,防止气体自漏斗逸出
试管刷	洗涤试管等玻璃仪器	1. 小心试管刷顶部的铁丝撞破试管底部 2. 洗涤时手持刷子的部位要合适,要注意毛刷顶部竖毛的完整程度,避免洗不到仪器顶端或因刷洗顶端而撞破仪器 3. 不同的玻璃仪器要选择对应的试管刷
酸式滴定管 碱式滴定管	滴定时使用,用以较精确量取一定体积的溶液	1. 酸式、碱式滴定管不可对调使用。因为酸液腐蚀橡胶,碱液腐蚀玻璃 2. 使用前应检查旋塞是否漏液,转动是否灵活,酸管旋塞应擦凡士林油。碱管下端胶管不能用洗液洗,因为洗液腐蚀橡胶 3. 酸式管滴定时,用左手开启旋塞,防止拉出或喷漏。碱式管滴定时,用左手捏住橡皮管内玻璃珠,溶液即可放出。在使用碱管时,要注意赶尽气泡,这样读数才准确 4. 不能加热及量取较热的液体 5. 酸式滴定管磨口塞不能互换,长期不用应在磨口处垫上纸片。碱液不能长期保存在碱管中
点滴板	有色物质的反应或生成少量有色沉淀的反应	1. 常用白色点滴板 2. 有白色沉淀的用黑色点滴板 3. 试剂常用量为1～2滴 4. 不能用于含HF和浓碱的反应,用后要洗净
研钵	1. 研碎固体物质 2. 混匀固体物质 3. 按固体的性质和硬度选用不同的研钵	1. 不能加热或用作反应容器 2. 不能将易爆物质混合研磨,防止爆炸 3. 盛固体物质的量不宜超过研钵容积的1/3,避免物质甩出 4. 只能研磨、挤压,勿敲击,大块物质只能压碎,不能舂碎,防止击碎研钵,杵或使物品飞溅

续表

仪器	主要用途	使用方法和注意事项
分液漏斗	1. 互不相溶的液-液分离 2. 气体发生装置中加液时用	1. 不能加热,防止玻璃破裂 2. 在旋塞上涂一层凡士林油,可防止旋塞处漏液,且旋转灵活 3. 分液时,下层液体从漏斗颈流出,上层液体从上口倒出,防止分离不清 4. 作气体发生器时漏斗颈应插入液面下,防止漏气 5. 分液漏斗上的磨口塞子、旋塞都是配套使用,不能互换
蒸发皿	1. 溶液的蒸发、浓缩和结晶 2. 焙干物质	1. 盛液量不得超过容积的2/3 2. 可直接加热,耐高温但不宜骤冷 3. 加热过程中应不断搅拌以促使溶剂蒸发 4. 临近蒸干时,降低温度或停止加热,利用余热蒸干
表面皿	1. 盖在烧杯或蒸发皿上 2. 作点滴反应器皿或气室用 3. 盛放干净物品	1. 不能直接用火加热,防止破裂 2. 不能当蒸发皿用 3. 表面皿直径要大于所盖容器的瓶口
酒精灯	1. 常用热源之一 2. 进行焰色反应	1. 使用前应检查灯芯和酒精量(不少于容积的1/3,不超过容积的2/3) 2. 用火柴点火,禁止用燃着的酒精灯去点燃另一盏酒精灯 3. 不用时应立即用灯帽盖灭,轻提后再盖紧,防止下次打不开及酒精挥发
铁架台(单爪夹、持夹、铁圈)	1. 固定或放置反应容器 2. 铁圈可代替漏斗架用于过滤	1. 先调节好铁圈、铁夹的距离和高度,注意重心,防止站立不稳 2. 用铁夹夹持仪器时,应以仪器不能转动为宜,以防夹破或脱落 3. 加热后的铁圈不能撞击或摔落在地,避免断裂

续表

仪器	主要用途	使用方法和注意事项
坩埚	灼烧固体,随固体性质不同可选用不同质地的坩埚（如灼烧 NaOH 应选用铁坩埚）	1. 放在泥三角上直接灼烧,瓷坩埚受热温度不得超过 1473K 2. 加热前坩埚钳应预热,反应完毕后取下坩埚时,应待坩埚稍冷后再取下,以防骤热或骤冷而使坩埚破裂。取下的坩埚应放在石棉网上,防止烫坏桌面
吸滤瓶 布氏漏斗	吸滤瓶又叫抽滤瓶,它与布氏漏斗配套组成减压过滤装置,吸滤瓶用作承接滤液的容器。吸滤瓶的瓶壁较厚,能承受一定压力。它与布氏漏斗配套后,利用真空泵或抽气管减压。在真空泵与吸滤瓶之间常连接一个洗气瓶作缓冲器,以防止倒流现象	1. 不能直接加热 2. 安装时,布氏漏斗径下端的斜口要对准吸滤瓶的侧管（抽气嘴）。抽滤时速度要缓慢且均匀,吸滤瓶内的滤液不能超过侧管 3. 滤纸要小于漏斗内径,但要将瓷孔全部盖住;要先开真空泵,后过滤;抽滤完毕后,先分开真空泵与抽滤瓶的连接处,后关真空泵,以免水流倒吸。或将缓冲器的活塞打开,待瓶内真空度为零后,再关闭真空泵 4. 抽滤过程中,若漏斗内沉淀物有裂纹时,要用玻璃棒或干净的角匙及时压紧消除,以保证吸滤瓶的低压,便于吸滤至干
试管夹	加热试管时夹试管用	1. 加热时,夹在距离管口约 1/3 处,便于摇动试管,也避免烧焦夹子 2. 不要把拇指按在夹子的活动部位,避免试管脱落 3. 要从试管底部套上或取下试管夹
石棉网	1. 使受热物体均匀受热 2. 石棉是一种不良导体,它能使受热物体均匀受热,不致造成局部高温	1. 石棉脱落的不能用,否则起不到作用 2. 不能与水接触,以免石棉脱落和铁丝锈蚀 3. 不可卷折,因为石棉松脆,易损坏

续表

仪器	主要用途	使用方法和注意事项
药匙	1. 取用少量固体试剂时用 2. 有的药匙两端各有一个勺,一大一小。根据用药量大小分别选用	1. 保持干燥、清洁 2. 取完一种试剂后,必须洗净,并用滤纸擦干或干燥后,再取用另一种药品 3. 不能用来取灼热的药品
坩埚钳	灼烧或者加热坩埚时,夹持热的坩埚用	1. 不要和化学药品接触,以免腐蚀 2. 放置时应将钳的尖端向上,以免沾污
称量瓶	减量法称量试样,低型称量瓶也可用于测定水分	1. 不能直接加热 2. 盖子是磨口配套的,不能互换 3. 不用时应洗净,在磨口间垫上纸条 4. 烘干试样时不能盖紧瓶塞
洗瓶	装蒸馏水或去离子水。用于挤出少量水洗涤沉淀或仪器	不能漏气,远离火源
温度计	测量温度	1. 加热时不可超过其最大量程 2. 不可当搅拌器来使用 3. 测量液体温度时,温度计下端水银泡应完全浸入液体中,但不得接触容器壁;测蒸气温度时水银泡应在液面以上;测蒸馏分温度时,水银泡应略低于蒸馏烧瓶支管 4. 读数时,视线应与水银温度计水银液柱凸面最高点或酒精温度计红色凹面最低点水平

续表

仪器	主要用途	使用方法和注意事项
玻璃棒	搅拌、引流,在溶解、稀释、过滤、蒸发、溶液配制等实验中应用广泛	搅拌时避免与器壁接触(悬空搅拌),以免液体溅出或损坏仪器
干燥器	存放干燥的物质,或使潮湿的物质干燥	1. 很热的物体稍冷后放入。温度较高的物体放入后,在短时间内应开盖一次,以免造成负压 2. 开闭器盖时要水平推动 3. 常用干燥剂一般有无水氯化钙、硅胶等
燃烧匙	燃烧少量固体物质	可直接加热,加热能与Cu、Fe反应的物质时要在匙内铺细砂或垫石棉绒
三脚架	放置较大或较重的受热容器,做石棉网和仪器的支撑物	放置加热容器时要垫泥三角
泥三角	灼烧时放置坩埚的工具,有大小之分,视坩埚大小而选用	1. 常与三脚架配合使用 2. 不能强烈撞击,以免损坏瓷管 3. 灼烧后的泥三角应放在石棉网上

续表

仪器	主要用途	使用方法和注意事项
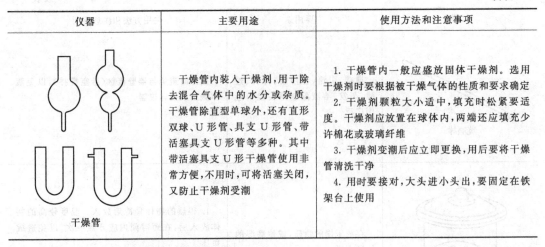 干燥管	干燥管内装入干燥剂,用于除去混合气体中的水分或杂质。干燥管除直型单球外,还有直形双球、U形管、具支U形管、带活塞具支U形管等多种。其中带活塞具支U形干燥管使用非常方便,不用时,可将活塞关闭,又防止干燥剂受潮	1. 干燥管内一般应盛放固体干燥剂。选用干燥剂时要根据被干燥气体的性质和要求确定 2. 干燥剂颗粒大小适中,填充时松紧要适度。干燥剂应放置在球体内,两端还应填充少许棉花或玻璃纤维 3. 干燥剂变潮后应立即更换,用后要将干燥管清洗干净 4. 用时要接对,大头进小头出,要固定在铁架台上使用

第二节 玻璃仪器的洗涤与干燥

一、玻璃仪器的洗涤

在实验前后,都必须将所用玻璃仪器洗涤干净。

在化学实验中,玻璃仪器的洗涤不仅是一项必做的准备工作,也是一项技术性的工作。仪器洗涤是否符合要求,对实验结果的准确度和精密度均有影响,严重时甚至导致实验失败。因此,实验所用的仪器必须是洁净的。

洗涤玻璃仪器前,应首先用肥皂将手洗净,以免手上的油污沾在仪器上,不易洗净。

洗涤仪器的方法很多,应根据实验的要求、污物的性质和沾污程度以及仪器的类型和形状来选择合适的洗涤方法。一般来说,附着在仪器上的污物既有可溶性物质,也有尘土和其他不溶性物质,还有油污等有机物质。应针对不同的情况选用不同的方法来洗涤,洗涤方法可分为如下几种。

1. 一般洗涤

像烧杯、试管、量筒、漏斗等仪器,一般先用自来水洗刷仪器上的灰尘和易溶物,然后用适当大小、形状的毛刷将仪器内外全部刷洗一遍,再用自来水冲洗,或蘸去污粉、洗衣粉或合成洗涤剂用同样方法刷洗。使用毛刷时,毛刷顶端必须有竖毛,没有竖毛的不能用。洗涤试管时,将刷子顶端竖毛顺着试管伸入,一手捏住试管,另一手捏住毛刷,来回刷或在管内旋转刷。注意不要用力过猛,以免毛刷顶部的铁丝将试管刺穿。洗涤仪器时应该单个清洗,不可同时抓住多个仪器一起洗,以防碰坏或摔坏仪器。

自来水洗涤的仪器,往往还残留着一些Ca^{2+}、Mg^{2+}、Cl^-等离子,需再用蒸馏水或去离子水润洗几次,润洗时通常使用洗瓶。用蒸馏水或去离子水润洗仪器时应采用"少量多次"法:挤压洗瓶使其喷出一股细流,均匀地喷射在仪器内壁上并不断地转动仪器,再将水倒掉,一般润洗2~3次即可。

2. 铬酸洗液洗涤

洗液洗涤常用于一些形状特殊、容积精确、不宜用毛刷刷洗的容量仪器，如滴定管、移液管、容量瓶等。常用洗液有铬酸洗液、王水、碱性高锰酸钾洗液、NaOH-乙醇洗液等。

铬酸洗液可按下述方法配制：将 25g 重铬酸钾固体在加热下溶于 50mL 水中，冷却后在搅拌下向溶液中慢慢加入 450mL 浓硫酸（注意安全！切勿将重铬酸钾溶液加到浓硫酸中），冷却后储存在试剂瓶中备用。铬酸洗液是一种具有强酸性、强腐蚀性和强氧化性的暗红色溶液，对还原性的污物（如有机物、油污）的去污能力特别强。铬酸洗液可重复使用，故洗液在洗涤仪器后应倒回原瓶，多次使用后当颜色变绿时，就丧失了去污能力，需再生后才能继续使用。

王水也是实验室中经常用的一种强氧化性的洗涤剂。王水为浓硝酸和浓盐酸（体积比为 1∶3）的混合液，因王水不稳定，所以使用时应现用现配。

以上两种洗液在使用时要注意不能溅到身上，以防"烧"破衣服和损伤皮肤。

用洗液洗涤仪器的一般步骤如下：仪器先用自来水和洗涤剂洗，并尽量把仪器中残留的水倒净，以免稀释洗液。然后向仪器中加入少许洗液，倾斜仪器并使其慢慢转动，使仪器的内壁全部被洗液润湿，并浸泡一段时间。若用热的洗液洗，则洗涤效果更佳。用完的洗液需倒回原瓶。用洗液刚浸洗过的仪器应先用少量水冲洗，冲洗废水不要倒入水池和下水道，应倒在废液缸中，经集中处理后排放。然后用自来水冲洗干净，最后用蒸馏水或去离子水润洗 2~3 次即可。

3. 特殊污垢的洗涤

一些仪器上常有不溶于水的污垢，特别是原来未清洗而长期放置后的仪器。这就需要根据污垢的性质选用合适的试剂（见表 2-1），使其经化学溶解而除去。

表 2-1　常见污物处理方法

污　物	处理方法
可溶于水的污物、灰尘等	自来水清洗
不溶于水的污物	肥皂、合成洗涤剂
氧化性污物（如 MnO_2、铁锈等）	浓盐酸、草酸洗液
油污、有机物	碱性洗液（Na_2CO_3、NaOH 等），有机溶剂、铬酸洗液、碱性高锰酸钾洗液
残留的 Na_2SO_4、$NaHSO_4$ 固体	用沸水使其溶解后趁热倒掉
高锰酸钾污垢	酸性草酸溶液
黏附的硫黄	用煮沸的石灰水处理
瓷研钵内的污迹	用少量食盐在研钵内研磨后倒掉，再用水洗
被有机物染色的比色皿	用体积比为 1∶2 的盐酸-酒精溶液处理
银迹、铜迹	硝酸
碘迹	用 KI 溶液浸泡，用温热的稀 NaOH 或 $Na_2S_2O_3$ 溶液处理

除了上述清洗方法外，现在还有先进的超声波清洗器。只要将用过的仪器放在配有合适洗涤剂的清洗器中，接通电源，利用声波产生的振动，就可将仪器清洗干净，既方便又省时。

4. 洗净标准

将洗涤过的仪器倒置、空净水，若洗涤干净，器壁上的水应均匀分布且不挂水珠。如还挂有水珠，说明未洗净需要重新洗涤。凡洗净的仪器，不要用布或滤纸擦拭，以免使布或纸上的纤维留在仪器上，反而沾污了仪器。

二、玻璃仪器的干燥

化学实验中有时需要用干燥的仪器，因此在仪器洗净并润洗后，还应进行干燥。

1. 晾干

不急用的仪器，应尽量采用晾干法。可将润洗后仪器内的水尽量倒净，然后倒置于合适的仪器架上或带有透气孔的玻璃柜中自然干燥。不可倒置的仪器应正放自然干燥。

2. 烘干

带鼓风机的电热恒温干燥箱主要用来干燥玻璃仪器或烘干无腐蚀性、热稳定性比较好的药品。挥发性物质，易燃品，或刚用酒精、丙酮淋洗过的仪器切勿放入烘箱内，以免发生爆炸。一般烘干时烘箱温度保持在 100~120℃，鼓风可以加速仪器的干燥。仪器放入前要尽量倒净其中的水，口朝上平放入烘箱内，需用坩埚钳把已烘干的仪器取出来，放在石棉板上冷却，注意别让烘得很热的仪器骤然碰到冷水或冷的金属表面，以防炸裂。厚壁仪器及量筒、吸滤瓶、冷凝管等，不宜在烘箱中烘干。分液漏斗和滴液漏斗必须在拔去盖子和旋塞并擦去油脂后，才能放入烘箱烘干。

烘干的药品取出后一般应放在干燥器中保存，以免在空气中吸收水分。

3. 吹干

用热或冷的空气流将玻璃仪器干燥，常用的工具是电吹风机或玻璃仪器气流干燥器。使用气流干燥器时，倒净仪器内残留的水分后，将仪器套到气流干燥器的多孔金属管上即可。使用时要注意调节热空气的温度。气流干燥器不宜长时间连续使用，否则易烧坏电机和电热丝。

4. 烤干

可根据不同的仪器选用不同的烤干设备，实验室常用的烤干设备有煤气灯、酒精灯、电炉等。烧杯、蒸发皿可置于石棉网上用小火烘烤，烤前应先擦干仪器外壁的水。烘烤试管时试管口应向下倾斜，以免水蒸气冷凝后倒流炸裂试管。烘烤时应先从试管底部开始，慢慢移向管口，来回移动试管，以防局部过热。烤到不见水珠后再将管口朝上，将水汽赶尽。

5. 有机溶剂干燥

通常用少量乙醇、丙酮（或最后再用乙醚）倒入已控去水分的仪器中，将仪器转动使有机溶剂浸润器壁，倒出溶剂（尽量倒净），然后用电吹风机吹冷风，使其尽快挥发。用过的溶剂应倒入回收瓶中。带有刻度的计量仪器，如移液管、容量瓶、滴定管等不宜用加热的方法进行干燥，因为热胀冷缩会影响这些仪器的精密度。急于使用仪器时可采用此法。

三、干燥器的使用

有些易吸水潮解的固体、烘干的药品或灼烧后的坩埚等应放在干燥器内，以防吸收空气中的水分。干燥器是一种有磨口盖子的厚质玻璃器皿，磨口上涂有一层薄薄的凡士林，以防水汽进入并能很好地密合。干燥器的底部装有干燥剂（变色硅胶、无水氯化钙等），中间放置一块干净的带孔瓷板，用来承放被干燥物品。

应严格按照干燥器的使用方法进行操作。开启干燥器时，左手按住下部，右手按住盖子上的圆顶，沿水平方向向左前方推开器盖，如图 2-1（a）所示。盖子取下后应放在桌上安全的地方（注意要磨口向上，圆顶朝下），用左手放入或取出物体，并及时盖好盖子。加盖时，也应当拿住盖子圆顶，沿水平方向推移盖好。

搬动干燥器时，应用两手的大拇指同时将盖子按住，以防盖子滑落而打碎，见图2-1(b)。当坩埚或称量瓶等放入干燥器时，应放在瓷板圆孔内。但称量瓶若比圆孔小时则应放在瓷板上。温度很高的物体必须冷却至室温或略高于室温时，才能放入干燥器内。

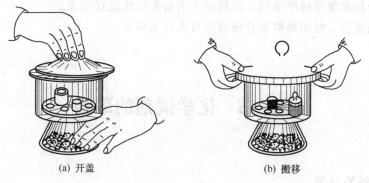

(a) 开盖　　　　　　　　(b) 搬移

图2-1　干燥器的使用

实验2-1　实验导言及玻璃仪器的认领、洗涤与干燥

【实验目的】
1. 了解无机化学实验的目的和学习方法。
2. 了解实验室规则，安全规则。
3. 学习无机化学实验报告的书写方法。
4. 了解化学实验中常见仪器的用途和使用方法。
5. 练习玻璃仪器的洗涤和干燥。

【预习内容】
1. 无机化学实验的目的。
2. 无机化学实验的学习方法。
3. 实验室规则及安全规则。
4. 无机化学实验报告的书写方法。
5. 了解化学实验常见仪器的用途和使用方法。
6. 玻璃仪器的洗涤方法和干燥方法。

【仪器、药品及材料】

仪器：无机化学实验常用玻璃仪器一套，试管架，试管夹，毛刷，药匙，洗瓶，酒精灯，称量瓶。

材料：洗衣粉，洗洁精，肥皂。

【实验内容】
1. 按照化学实验常用仪器表逐一认识和领取仪器。

2. 将认领的玻璃仪器和实验用品逐一洗涤干净，整齐有序地摆放在实验柜内自然晾干。
3. 将实验台、抽屉和柜子整理、擦拭干净，将破碎、不用的物品清理出去。
4. 布置本学期实验题目。

【注意事项】
1. 实验台按照学号顺序排列，此后学生实验都在此位置完成。
2. 实验结束后，经老师检查合格后方可离开实验室。

第三节 化学试剂的取用

一、化学试剂的分类

化学试剂的种类很多，世界各国对化学试剂的分类和分级的标准不尽相同，各国都有自己的国家标准和其他标准（如行业标准、学会标准等）。我国化学试剂主要有国家标准（GB）、原化学工业部标准（HG 或 HGB）和企业标准（QB）三级，目前部级标准已归纳为行业标准（ZB）。化学试剂的种类繁多，有分析试剂、仪器分析专用试剂、指示剂、有机合成试剂、生化试剂、电子工业专用试剂、医用试剂等。目前为止，还没有统一的分类标准。一般将化学试剂分为标准试剂、一般试剂、高纯试剂、专用试剂四大类。一般试剂是实验室最普遍使用的试剂，一般分为五个等级。一般试剂的分级、标志、标签颜色及适用范围见表 2-2。

表 2-2 化学试剂的级别和适用范围

等级	中文名称	英文名称	英文缩写	适用范围	标签颜色
一级品	优级纯（保证试剂）	guaranteed reagent	GR	纯度很高，适用于精密分析工作和科研工作	绿色
二级品	分析纯（分析试剂）	analytical reagent	AR	纯度仅次于 GR 级，适用于多数分析工作和科研工作	红色
三级品	化学纯	chemical pure	CP	适用于一般分析工作	蓝色
四级品	实验试剂	laboratory reagent	LR	纯度较低，适用于实验辅助试剂	棕色或其他色
	生物试剂	biological reagent	BR	生物化学及医用化学实验	黄色或其他色

实验中应根据实验的不同要求选用不同级别的试剂，一般无机化学实验中选用化学纯试剂就能基本满足要求，分析化学实验或要求较高的实验中可用分析纯试剂。无机化学实验所用溶液需用蒸馏水或去离子水配制。

化学试剂在分装时，一般把固体试剂装在广口瓶中，把液体试剂或溶液装在细口瓶中。每一试剂瓶上都贴有标签，写有试剂名称、规格、浓度、配制日期及配制人员等，并在标签外涂上一层石蜡或用透明胶带保护。

二、试剂的存放

化学试剂的贮存在实验室中是一项十分重要的工作，一般化学试剂应贮存在通风良好、干净和干燥的房间，要远离火源，并要注意防止水分、灰尘和其他物质的污染，同时还要根据试剂的性质及方便取用原则来存放试剂。

固体试剂一般存放在易于取用的广口瓶内，液体试剂则存放在细口瓶中。一些用量小且使用频繁的试剂，如指示剂、定性分析试剂等可盛装在滴瓶中。见光易分解的试剂（如$AgNO_3$、$KMnO_4$、饱和氯水等）应装在棕色瓶中。对于H_2O_2，虽然也是见光易分解的物质，但不能盛放在棕色的玻璃瓶中，因为棕色玻璃中含有催化分解H_2O_2的重金属氧化物。通常将H_2O_2存放于不透明的塑料瓶中，置于阴凉的暗处。试剂瓶的瓶盖一般都是磨口的，密封性好，可使试剂长期保存而不变质。但盛放强碱性溶液（如NaOH、KOH、Na_2SiO_3等）的瓶塞应换成橡皮塞，以免长期放置时瓶塞和瓶口粘连。易腐蚀玻璃的试剂（氟化物等）应保存于塑料瓶中。

特种试剂应采取特殊的储存方法。如易受热分解的试剂，必须存放在冰箱中；易吸湿或氧化的试剂则应储存于干燥器中。如金属钠应浸在煤油中，白磷要浸在水中等，吸水性强的试剂如无水碳酸盐、苛性钠、过氧化钠等应严格用蜡密封。

对于易燃、易爆、强腐蚀性、强氧化性及剧毒品的存放应特别加以注意，一般需要分类单独存放。强氧化剂要与易燃物、可燃物分开隔离存放。低沸点的易燃液体要放在阴凉通风处，并与其他可燃物和易产生火花的物品隔离放置，更要远离火源。闪点在-4℃以下的液体（如石油醚、苯、丙酮、乙醚等）理想的存放温度为-4～4℃，闪点在25℃以下的液体（如甲苯、乙醇、吡啶等）存放温度不得超过30℃。

三、化学试剂取用规则

1. 试剂取用的一般规则

（1）取用试剂前首先应看清标签，不能取错。取用时，先打开瓶塞，将瓶塞倒放在实验台上，若瓶塞顶端不是平的，可放在洁净的表面皿上。

（2）要用干燥、洁净的药匙取试剂。用过的药匙要洗净、擦干后方可使用。不能用手和不洁净的工具接触试剂。

（3）应根据试剂用量取用，多取的试剂不得倒回原瓶，以防污染整瓶试剂。对确认可以再用的（或派作它用的），要另用清洁的容器回收。

（4）每次取用完试剂后都应立即盖好瓶盖，并把试剂瓶放回原处，标签朝外。

（5）取用试剂时，转移的次数越少越好。

（6）取用易挥发的试剂，应在通风橱中操作，防止污染室内空气。有毒药品要在教师指导下按规程使用，称取时要做好防护措施，如戴好口罩、手套等。

2. 固体试剂的取用规则

（1）取用固体试剂一般用干净的药匙（牛角匙、不锈钢药匙、塑料匙等），其两端为大小两个勺，按取用药量多少选用。使用时要专匙专用。试剂取用后，要立即把瓶塞盖好，把药匙洗净、晾干，以备再用。

（2）要严格按用量取用药品，在一般常量实验中，"少量"固体试剂是指半个黄豆粒大小的体积，微型实验中约为常量的1/5～1/10体积。注意不要多取。多取的药品，不能倒回原瓶，可放在指定的容器中供它用。

（3）定量药品要称量，一般固体试剂可以放在称量纸上称量。对于具有腐蚀性、强氧化性、易潮解的固体试剂要用小烧杯、称量瓶、表面皿等装载后进行称量。颗粒较大的固体应在研钵中研碎后再称量。固体试剂可根据精确度的要求，选择托盘天平和电子天平进行称量。

(4) 把药品装入口径较小的试管中时，应把试管平放，小心地把盛有药品的药匙放入试管底部，以免药品沾附在试管内壁上（图2-2）。也可先用一窄纸条做成"小纸槽"，用药匙将固体药品放在纸槽上，然后将装有药品的纸槽送入平放的试管底部（图2-3），再将纸槽和试管直立，并用手指轻弹纸槽，让药品慢慢滑入试管底部，将纸槽取出。

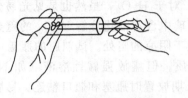

图2-2　用药匙送入药品

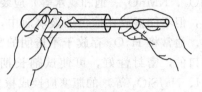

图2-3　用纸槽送入药品

(5) 取用大块药品或金属颗粒时要用镊子夹取。先把容器平放，再用镊子将药品放在容器口，然后慢慢将容器竖起，让药品沿着容器壁慢慢滑到底部，以免击破容器，对试管而言，也可将试管斜放，让药品沿着试管壁慢慢滑到底部（图2-4）。

图2-4　块状固体沿管壁滑下

图2-5　往试管中倾倒液体

3. 液体试剂的取用规则

(1) **大量液体试剂的取用**　取用大量液体试剂时，一般采用倾倒法，具体做法是：先取下瓶塞倒放在桌面上或放在洁净的表面皿上，右手握持试剂瓶，使试剂瓶上的标签向着手心（如果是双标签则要放在两侧），以免瓶口残留的少量液体腐蚀标签。左手持承接容器，使容器口紧贴试剂瓶口，慢慢沿器壁将液体试剂倒入。倒出需要量后，将试剂瓶瓶口在容器上刮一下，再将试剂瓶直立，这样可以避免遗留在瓶口的试剂沿瓶子外壁流下来腐蚀标签。把液体试剂倒入试管、量筒、滴定管时，均采用上述方法（图2-5，图2-6）。倒入烧杯时也可用玻棒引流。具体做法是：用右手握住试剂瓶，左手拿玻璃棒，使玻璃棒的下端斜靠在烧杯中，将试剂瓶口靠在玻璃棒上，使液体沿着玻璃棒流入烧杯中（图2-7）。

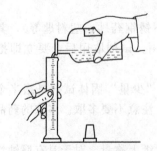

图2-6　往量筒中倾倒液体

图2-7　往烧杯中倾倒液体

(2) **少量液体试剂的取用**　取用少量液体试剂时，通常使用胶头滴管，具体做法是：先提起滴管，使滴管口离开液面，捏扁胶帽以赶出空气，然后将管口插入液面下吸取试剂。滴加溶液时，须用拇指、食指、中指和无名指夹住滴管，将它悬空放在试管口的上方，垂直滴加（图 2-8）。

绝对禁止将滴管伸进试管中或触及管壁，以免沾污滴管口，使滴瓶内的试剂受到污染。滴管不能倒持，以防试剂腐蚀胶帽使试剂变质。滴完溶液后，滴管应立即放回滴瓶，一个滴瓶上的滴管不能用来移取其他试剂瓶中的试剂，也不能用别的滴管伸入该滴瓶内吸取试剂。如试剂瓶不带滴管又需取用少量时，则可将试剂按需要量倒入小试管中，再用滴管取用。

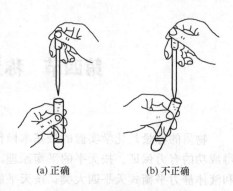

图 2-8　滴加液体的方法

长时间不用的滴瓶，滴管有时与试剂瓶口粘连，滴管不能直接提起，这时可在瓶口处滴上 2 滴蒸馏水，让其润湿后再轻摇几下即可。

（3）定量取用液体　在试管实验中经常要取"少量"溶液，这是一种估计体积，对常量实验是指 0.5～1.0mL，对微型实验一般指 3～5 滴，应根据实验的要求灵活掌握。在某些不需要准确体积的实验中，可以估计取用量，例如用滴管取用 1mL 液体时相当于多少滴，5mL 液体占容器的体积比等。倒入容器的溶液量，一般不超过其容积的 1/3。要准确量取溶液时，则需根据准确度和量的要求，分别选用量筒、移液管或滴定管等量器。

四、配制溶液时的注意事项

根据所配制试剂的纯度和浓度要求，选用不同级别的化学试剂并计算溶质的用量。

对溶液浓度的准确度要求不高的实验，一般可利用托盘天平、量筒等仪器配制溶液。此类溶液的含量一般在某个范围内，试剂纯度较低或试剂存放时组成会发生变化，如发生氧化还原反应、吸湿、吸收 CO_2 等，这种试剂往往先粗配，必要时再进行标定。

对溶液浓度的准确度要求较高的实验，如定量分析实验，则需要使用电子天平和移液管、容量瓶等仪器配制溶液。稀释准确浓度的溶液时，需要使用移液管、容量瓶进行配制，可直接得到准确浓度的溶液。

配制饱和溶液时，所用溶质的量应稍多于计算量，加热使之溶解，冷却，待结晶析出后再用，这样可以保证溶液达到饱和。

配制溶液时如溶质有较高的溶解热，则配制操作要在烧杯中进行，待溶液冷却至室温后再定容。特别是配制盐酸或硫酸溶液时，应先在容器内加入水后，再将盐酸或硫酸缓缓加入，边加边搅拌。溶液配制过程中，加热和搅拌可加速溶解，但搅拌不宜太剧烈，搅拌棒不能触及烧杯壁，要悬空搅拌。

配制易水解盐的溶液时，必须将盐先溶解在相应的酸或碱溶液中，如 $SnCl_2$、$SbCl_3$ 溶于稀 HCl，$Bi(NO_3)_3$ 溶于稀 HNO_3，Na_2S 溶于稀 NaOH 中，再用蒸馏水稀释到所需的浓度，这样可防止水解。对于易氧化的低价金属盐类，不仅需要酸化溶液，而且应在溶液中加入少量相应的纯金属，防止低价金属离子的氧化。

配好的溶液要保存在试剂瓶中，所有盛装试剂的试剂瓶上都应贴有清晰的标签，写明试剂的名称、规格、浓度及配制日期。没有标签的试剂，在未查明前不能随便使用。书写标签最好用碳素笔，以免日久褪色。

第四节　称量仪器及称量方法

物质的称量是化学实验的最基本操作之一，合理地使用称量仪器、准确称量是实验取得成功的有力保证。按天平的平衡原理，可分为杠杆式天平、弹力式天平、电磁力式天平和液体静力平衡式天平四大类；按天平的使用目的，可分为通用天平和专用天平两大类。

实验中由于对称量精确度的要求不同，需使用不同类型的天平进行称量。常用的天平有托盘天平、化学天平和分析天平等。一般来说，托盘天平（台秤）的感量（称量的精确程度）是 0.1g，化学天平（扭力天平）是 0.001g，分析天平是 0.0001g。对于精确度要求不高的情况，可选用托盘天平和低精度的化学天平，对于精确度要求较高的情况，需使用分析天平。

一、托盘天平

托盘天平（台秤）用于精确度要求不高的称量，一般能称准至 0.1g。实验室常用托盘天平的最大量程为 100～500g（见图 2-9）。

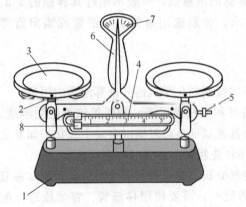

图 2-9　托盘天平
1—底座；2—托盘架；3—托盘；4—标尺；
5—平衡螺母；6—指针；7—刻度盘；8—游码

（1）调零　称量前先将游码调至标尺"0"刻度处，若指针停在刻度盘中间或指针的左右摆动幅度相等，表示天平平衡，可以称量。否则应调节托盘下方左右两侧的平衡螺丝，使指针的左右摆动幅度相等或停在刻度盘中间。

（2）称量　称量时左盘放被称量物品，右盘放砝码。先估计一下物品的大致质量，然后在右盘内添加砝码。砝码通常从大到小添加，如果偏重，就换成稍小一点的砝码，小于 10g（或 5g）时可通过移动标尺上的游码来调节，当移动游码使指针刚好停在刻度盘的中间位置时，此时被称量物品的质量等于砝码加游码的质量。称量没有腐蚀性的固体药品时，可在两个托盘内各放一张质量相等的称量纸（可用硫酸纸或白色蜡光纸），将药品放在纸上称量。称量 NaOH、KOH 等易吸潮或具有腐蚀性的固体时，应使用表面皿、小烧杯或其他容器；称量液体药品时，要用已称过质量的容器盛放药品。

称量完毕，应将游码拨回标尺"0"刻度处，砝码放回砝码盒。

使用托盘天平时应注意：①不能称量热的物品。②砝码只能放在砝码盒或称盘上而不能放在其他位置。③砝码和游码要用镊子夹取或移动，不能用手接触，防止被手上的油污沾污。④称量完毕，砝码应放回砝码盒，游码归零，天平恢复原状。⑤被称量物品不能直接放在托盘上，依其性质分别放在称量纸、表面皿或其他容器里。

二、分析天平

分析天平的种类很多，按分度值的大小，可分为常量（0.1mg）、半微量（0.01mg）、微量（0.001mg）分析天平等。

常用的分析天平有普通分析天平、空气阻尼天平、半自动电光天平、全自动电光天平、单盘天平、电子分析天平等。前五种是根据杠杆原理制成的，电子分析天平是利用电子装置完成电磁力补偿调节，或是通过电磁力矩的调节实现重力场中力矩平衡的。

1. 电光天平

电光天平也叫电光分析天平，根据加码方式分为半机械加码电光天平和全机械加码电光天平，即半自动电光天平和全自动电光天平。一般最大量程为200g，精度为0.1mg，其结构和称量方法均较为复杂。随着科学技术的发展，电光天平逐渐被电子分析天平所代替。半自动电光天平的构造示意见图2-10。

2. 电子分析天平

电子分析天平简称为电子天平、分析天平，是高精度电子称量仪器，可以精确地称量到0.1mg 或 0.01mg。

电子分析天平的最基本功能是：自动调零，自动校准，自动扣除空白和自动显示称量结果，它称量方便、准确，读数稳定而迅速。

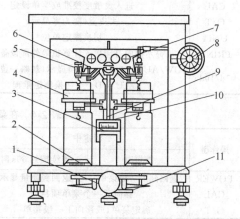

图 2-10　半自动电光分析天平
1—升降旋钮；2—称盘；3—投影屏；
4—空气阻尼器；5—玛瑙刀；6—天平梁；
7—平衡螺丝；8—机械加码器；
9—指针；10—立柱；11—金属拉杆

（1）电子天平的构造　以岛津AUY120型电子天平为例，构造见图2-11。最大载荷质量为120g。

按键面板各键功能见表2-3、表2-4。

(a) 岛津AUY120型电子天平实物图
1—天平门；2—称量盘；3—显示屏；4—水平仪；5—水平调节螺丝；6—按键面板

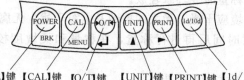

【POWER】键　【CAL】键　【O/T】键　【UNIT】键　【PRINT】键　【1d/10d】键
(b) 按键面板图

图 2-11　电子天平实物图

表 2-3　在测定中各按键功能

操作键	测定中	
	按短时	连续按约 3s 时
POWER	切换动作/待机	切换键探测蜂鸣音的 ON/OFF
CAL	进入灵敏度校准或菜单设定	进入灵敏度校准或菜单设定
O/T	去皮重(变为零显示)	
UNIT	切换测定单位	
PRINT	显示值向打印机或计算机等外部设备输出	向外部设备输出时刻(AUY 除外)
1d/10d	AUW/AUX/AUY——切换显示(忽略一位最小显示) AUW-D——切换测定量程	切换 1d/10d 显示(忽略 1 位最小显示)切换测定量程

表 2-4　在菜单选择中各按键功能

操作键	测定中		操作键	测定中	
	按短时	连续按约 30s 时		按短时	连续按约 30s 时
POWER	返回到上一级菜单	返回到质量显示	UNIT	数值设定菜单时,在闪烁位的数值上+1	
CAL	移向下一个菜单项目		PRINT	数值设定菜单时,移动闪烁中的位	
O/T	确定菜单,或移向下一级菜单		1d/10d	不使用	

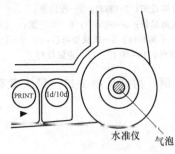

图 2-12　天平水准仪示意图

(2) 天平的水平调整　天平前面的两个垫脚是水平调节螺丝。由上方向下看（俯视）时，顺时针方向转动时垫脚伸长，逆时针方向转动时垫脚缩短。调整水平调节螺丝，使水准仪（如图 2-12 所示）中的小气泡位于其中心的圆圈内，天平底板即达到水平状态。

(3) 电子天平的使用方法

① 取下天平防尘外罩，折叠好后放在天平旁。

② 检查天平内部是否干净，可用毛刷轻轻刷扫。取下天平称盘上物品，保持称盘空载。

③ 调整天平水平，观察水平泡，调节左右两个垫脚使水平泡位于水准仪中心，使天平底板保持水平。

④ 单击"POWER"键，天平开机同时开始自检，自检完成后，天平显示"0.0000g"。如果不是"0.0000g"，按"O/T"键清零。待显示屏左上角出现"→"后，可以开始称量。

⑤ 将待称物品放入称量盘的中央，屏幕上显示物品的质量。关上天平门后，当显示屏左上角的"→"出现时，表示测量稳定可以读数。

⑥ 称量完毕，需将物品取出，清扫天平内部，关好天平门，按下"POWER"键，拔下电源，盖上防尘罩。

(4) 使用电子天平时的注意事项

① 天平是精密仪器，称量时要轻拿轻放。

② 电子天平的工作环境应干燥，无大的振动及电源干扰，无腐蚀性气体或液体。

③ 通电后应预热一段时间后再进行称量，在称量和灵敏度校准时，天平门一定要关上。

④ 电子天平应定期由技术人员校准。

⑤ 注意称量时不要超出天平的最大载荷质量。

⑥ 天平使用完毕一定要清理干净。

(5) 称量方法　电子天平的称量方法有直接称量法、固定质量称量法和减量称量法三种。

① 直接称量法　天平稳定后，在称量盘上放上干净的表面皿、小烧杯或称量纸，关上天平门，显示称量值，按"O/T"键去皮重（去掉了表面皿、小烧杯、称量纸等容器的质量），显示"0.0000g"后，将待称物品放在表面皿或称量纸上，待天平读数稳定，显示屏左上角出现"→"后，读数。

② 固定质量称量法（又称增量法）　天平稳定后，在称量盘上放上干净的表面皿、小烧杯或折成簸箕状的称量纸，关上天平门，显示称量值。按"O/T"键去皮重，显示"0.0000g"。打开天平右侧门，极其小心地将盛有试样的药匙伸向承接容器中心上方约2~3cm处，匙柄端顶在掌心，拇指、中指握匙柄，以食指轻弹匙柄将试样慢慢抖入承接容器。也可用右手握匙柄，用左手轻拍右手腕处，使药品抖落在容器内，直至屏幕数字显示与指定质量相等（图2-13）。停止加样并关上天平门，此时显示的数据便是所称量药品的实际质量。如果不慎多加了试样，可用药匙将多余试样取出（不可放回原试剂瓶）。此法只能用来称取不易吸湿的、且不与空气中各种组分发生作用的、性质稳定的粉末状物质。

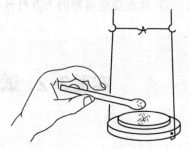

图 2-13　直接加样操作

③ 减少质量称量法（又称减量法）　称取试样的质量为两次称量值之差，当所需药品质量在某一范围内可用此法。分析化学实验中用到的基准物和待测固体试样大都采用此法称量。称量时，被称量的物质不直接暴露在空气中，适合称量易挥发、易吸潮以及易与空气中 O_2、CO_2 发生反应的物质。

操作方法如下：用手拿住表面皿的边沿，连同放在上面的称量瓶一起从干燥器里取出（称量瓶和表面皿每次用后洗净，一起烘干后存放在干燥器中备用）。用对折成约1cm宽的两张纸条分别套在称量瓶瓶身和瓶盖盖柄上（也可戴上细纱白手套拿取），捏紧纸条将称量瓶瓶身和瓶盖盖柄夹紧，打开瓶盖，将稍多于需要量的试样用药匙加入称量瓶内，盖上瓶盖。左手捏紧纸条将称量瓶瓶身夹紧，如图2-14所示，放到天平称量盘的正中位置，取出纸条，关上天平门。待天平读数稳定后，按"O/T"键去皮重，显示"0.0000g"。左手仍用原纸条将称量瓶从天平盘上取下，拿到接受容器（烧杯或锥形瓶）的上方，右手用纸条夹住瓶盖盖柄，打开瓶盖（注意：瓶盖不能离开接受容器上方），将瓶身慢慢倾斜，用瓶盖轻轻敲击瓶口上方，使试样缓缓落入接受容器内，如图2-15所示。待加入的试样量接近需要量时，一边继续用瓶盖轻敲瓶口，一边逐渐将瓶身竖直，使粘在瓶口附近的试样落入接受容器或落回称量瓶内，盖好瓶盖，把称量瓶放回称量盘上，取出纸带，关好天

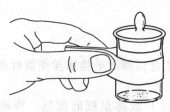

图 2-14　称量瓶的取用

图 2-15　称量瓶敲击方法

平门，待天平读数稳定后读数。此时天平读数为负数，其绝对值即为倒入接受容器里的第一份试样的质量。若加入的试样量不够时，可重复上述操作。若需称取三份试样，则只需按下"O/T"键清零，再重复上述操作两次，即可连续称量三份试样。

操作时应注意：

① 如倒出的试样量超过所需质量，则只能弃去重做。

② 盛有试样的称量瓶除放在表面皿和称量盘上或用纸条拿在手中外，不得放在其他地方，以免沾污。

③ 套上或取出纸条时，不要碰触称量瓶口，纸条应放在清洁干燥的地方。

④ 粘在瓶口上的试样应尽量处理干净，以免粘到瓶盖上损失。

⑤ 要在接受容器的上方打开瓶盖，以免沾在瓶盖上的试样掉落它处。

实验2-2 试剂的取用与天平的称量练习

【实验目的】

1. 了解测定误差的概念及提高测量结果准确度的方法。
2. 学习有效数字的概念及其运算规则。
3. 学习实验数据的记录、处理及实验结果的表达方法。
4. 练习化学试剂的取用方法。
5. 学习托盘天平和电子天平的称量和使用方法。

【预习内容】

1. 测量误差、准确度、精密度的概念。
2. 有效数字及其运算规则。
3. 实验数据的记录、处理方法。
4. 实验结果的表达方法。
5. 化学试剂的分类和取用方法。
6. 托盘天平的使用方法。
7. 电子分析天平的使用方法。

【仪器、药品及材料】

仪器：托盘天平，岛津AUY120型电子天平，表面皿，烧杯（50mL，100mL），称量瓶，药匙，锥形瓶（250mL）。

药品：石英砂。

材料：纸条。

【实验内容】

1. 托盘天平称量练习

（1）调节天平平衡：将游码调至标尺"0"刻度处，调节平衡螺丝使指针指向刻度盘中间位置。

（2）用托盘天平称量三个小烧杯（40～100mL）或称量瓶的质量，将结果记录在表2-5中。

表 2-5 托盘天平称量结果记录表

物品名称					
规格/mL					
质量/g	托盘天平称量				
	电子天平称量				

2. 电子分析天平开机操作

① 取下天平防尘外罩，折叠好后放在天平旁。

② 检查天平内部是否干净，用毛刷轻轻刷扫天平称量盘和底板。检查天平称量盘上是否有物品，保持称盘空载。

③ 调整天平水平，调节左右两个垫脚的高度使水平泡位于水准仪中心，使天平水平。

④ 单击"POWER"键，天平开机的同时开始自检，自检完成后，天平显示"0.0000g"。如果不是"0.0000g"，按"O/T"键清零。待显示屏左上角出现"→"后，可以开始进行称量。

3. 电子分析天平称量练习

(1) 直接称量法　用电子分析天平称量上述同样物品的质量，将结果记入表 2-5 中，注意有效数字的位数（精确到小数点后第四位）。

注意：称量时不要超出天平的最大载荷质量，如超出最大载荷将损坏天平，应更换较小规格玻璃仪器。

(2) 固定质量称量法　用固定质量称量法称取三份 0.05g 石英砂，要求误差为 ±0.005g。具体操作如下：

① 取三个干燥且干净的小烧杯并编号。

② 将 1 号烧杯放置于天平称量盘中央，待读数稳定后，按"O/T"键清零。用药匙向烧杯中慢慢加入石英砂，至读数为 0.05±0.005g。如果多加了试样，可用药匙取出，准确记录所称取试样的质量，精确到小数点后第四位。

③ 用 2 号、3 号烧杯重复上述操作，共称量三份石英砂。将结果记录在表 2-6 中。

表 2-6　固定质量称量法数据记录表

称量次数	1	2	3	4
石英砂质量/g				

(3) 减少质量称量法（减量法）　用减量法称取三份 0.10~0.12g 石英砂：准备三个 250mL 锥形瓶或 50mL、100mL 小烧杯，并编号。在称量瓶中加入 0.4~0.5g 石英砂后，用减量法称取三份 0.10~0.12g 石英砂，将试样分别倾入三个锥形瓶或小烧杯中，记录称量结果，将结果记入表 2-7 中。

表 2-7　减量法称量结果记录表

称量次数	1	2	3	4
石英砂质量/g				

【思考题】

1. 某同学用电子分析天平称取某物质时，得出下列一组数据，哪一个数据是合理的？0.101g，0.10100g，0.1010g。

2. 在什么情况下用固定质量称量法,什么情况下用减量法?

【注意事项】

1. 天平使用完后,应将天平内物品取出,关闭天平门,关闭天平,罩上天平罩。
2. 天平为贵重仪器,使用时应轻拿轻放。

第五节 玻璃量器及其使用

容量器皿可分为量入式容器(如量筒、量杯、容量瓶等)和量出式容器(如滴定管、移液管、吸量管等),前者液面的对应刻度为量器内的容积,后者液面的相应刻度为放出溶液的体积。

量器按准确度和流出时间分成 A、A_2、B 三个等级。A 级的准确度比 B 级高 1 倍,A_2 级的准确度界于 A、B 之间。量器的级别标志,用"一等""二等","Ⅰ""Ⅱ"或"(1)""(2)"等分别表示 A、B 级,无上述字样符号的量器,则表示无级别,如量筒、量杯等。

一、量筒和量杯

量筒和量杯是一种准确度不高、外壁有刻度的量度液体体积的仪器。

量筒有无塞、有塞两类,其定量方式分量出式和量入式两种。有塞量筒仅为量入式,无塞量筒两种定量方式都有。量入式有塞量筒的用法与容量瓶相似,其精度介于容量瓶和量出式量筒之间。化学实验中常用量出式无塞量筒。

量筒的分度均匀,最高标线也是最大容积值,无零刻度,它的测量精度比量杯稍高。量杯为圆锥形。

向量筒或量杯内倾倒液体时,与大量液体试剂的取用方法一致。只是在倾倒时,应注意观察取用量,当接近取用量时,应立即停止倾倒,反复操作,直至达到取用量。

量筒与量杯使用时需注意:读数时,可用拇指与食指握住量筒上部没有刻度的地方,使量筒垂直或是放在水平面上,视线应与凹液面最低点水平相切。不能用量筒配制溶液或进行化学反应。不能加热,也不能盛装热溶液以免炸裂。量取一定体积的液体时应选择容积比该体积略大的量筒,否则会造成误差过大。如量取 15mL 的液体,应选用容量为 20mL、25mL 的量筒,不能选用容量为 50mL 或 100mL 的量筒。

二、移液管和吸量管

移液管用于准确移取一定体积的液体。移液管属于量出式容器,种类较多。它是一细长而中部膨大的玻璃管,上端刻有环形标线,膨大部分标有容积和标定时的温度。由于标线部分管径小,其准确度较高。移液管常用的容积有 1mL、2mL、5mL、10mL、25mL 和 50mL 等多种,如 A 级 25mL 移液管指的是在 20℃时,自标线处放出液体的体积为 25.00mL(最后残留在尖嘴处的液体不能吹出),其最大误差按照国家标准规定不超过 ±0.02mL。吸量管是指有分刻度的玻璃管,可以准确量取刻度范围内某一体积的溶液,但其准确度差一些。移液管和吸量管的使用方法如下:

1. 洗涤和润洗

移液管和吸量管在使用前应洗到内壁不挂水珠。先用自来水清洗，在烧杯中装入自来水，将移液管（或吸量管）下端伸入水中，先将吸耳球内空气挤出，再将吸耳球尖嘴对准移液管管口，待液面上升至容积的 1/3～1/2 时，迅速用持管手的食指（不要用拇指）将管口按住，然后将管横放，左右两手分别拿住管的两端，转动管子，使水均匀布满内壁，然后直立将水放出。如果管子较脏，可将移液管或吸量管插入盛有洗液的高型量筒内浸泡 15min 到数小时，取出后先用自来水冲洗，再用蒸馏水润洗 2～3 次。

吸取待取溶液前，需用待取溶液润洗 2～3 次。润洗前，先用滤纸擦干管外水珠，吸干管口水滴，然后再用待取溶液按同样方法润洗 2～3 次。

2. 溶液的移取

移取溶液前，先用待取溶液将移液管内壁润洗 2～3 次，以保证转移的溶液浓度不变。然后把管口插入待取溶液中，用吸耳球把溶液吸至稍高于标线处，迅速用食指（不要用拇指）按住管口。拿起试剂瓶和移液管（注意：移液管管口不要从试剂瓶中取出），使移液管标线与眼睛基本保持同一高度，将试剂瓶倾斜，使移液管管尖靠着试剂瓶瓶口下方内壁，用拇指和中指轻轻转动移液管，并稍微松开食指，让溶液慢慢流出。同时平视标线，待溶液弯月面下缘与刻度线相切时，立即按紧食指（若管口外有液滴，用管尖轻碰一下试剂瓶内壁，将液滴沾落）。接受容器（如锥形瓶或烧杯）倾斜 45°，将移液管移入容器中，移液管保持竖直，管尖靠着容器瓶口下方内壁，放开食指（图 2-16），让溶液自由流出。待溶液全部流出后，需等 15～30s 再取出移液管。在使用非吹出式的吸量管或无分度移液管时，切勿把残留在管尖的溶液吹出。移液管用毕，应洗净后放在移液管管架上。

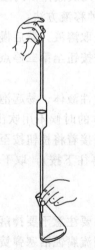

图 2-16 移取溶液的姿势

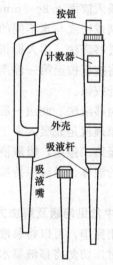

图 2-17 微量移液器

吸量管的用法与移液管基本相同，通常将溶液吸入至最高刻度，然后将溶液放出至适当刻度，两刻度之差即为所需溶液的体积。

三、移液器

移液器是一种体积较小，能方便、连续加入不同液体的可调式定量移液装置，俗称移液枪或加样枪，见图 2-17。移液器的工作原理是活塞通过弹簧的伸缩运动来实现吸液和放液，在活塞的推动下，排出部分空气，利用大气压吸入液体，再由活塞推动空气排出液体。

移液器有不同的量程范围,如 $0.1\sim2.5\mu L$、$0.5\sim10\mu L$、$10\sim100\mu L$、$100\sim1000\mu L$。在化学和生物实验中主要用于多次重复、快速、定量移液,可以只用一只手操作,十分方便,其准确度和精密度(即重复性误差)都很高。移液器的使用方法和步骤如下:

1. 量程调节

旋转移液器上部的体积调节旋钮,使体积显示窗口出现所需容积的数字。如果要从大体积调为小体积,则按照正常的调节方法,逆时针旋转旋钮即可;但如果要从小体积调为大体积时,则可先顺时针旋转刻度旋钮至超过量程的刻度,再回调至设定体积,这样可以保证量取的最高精确度。在该过程中,千万不要将旋钮旋出量程,否则会卡住内部机械装置而损坏移液器。

2. 吸头的装配

在将吸头套上移液器时,将移液器垂直插入吸头中,稍微用力左右微微转动即可使其紧密结合。不要使劲地在吸头盒子上敲击,这样会导致移液器的内部配件(如弹簧)因敲击产生的瞬时撞击力而变得松散,甚至会导致刻度调节旋钮卡住。如果是多道(如8道或12道)移液器,则可以将移液器的第一道对准第一个吸头,然后倾斜地插入,往前后方向摇动即可卡紧。吸头卡紧的标志是略微超过O型环,并可以看到连接部分形成清晰的密封圈。

3. 移液

移液之前要保证移液器、枪头和液体处于相同温度。吸取液体时,移液器保持竖直状态,将枪头插入液面下2~3mm。在吸液之前,可以先吸放几次液体以润湿吸液嘴(尤其是要吸取黏稠或密度与水不同的液体时)。这时可以采取两种移液方法:

(1)前进移液法 用大拇指将按钮按下至第一停点,吸取溶液,然后慢慢松开按钮回原点。接着将按钮按至第一停点排出液体,稍停片刻继续按按钮至第二停点吹出残余的液体,最后松开按钮。

(2)反向移液法 此法一般用于转移高黏液体、生物活性液体、易起泡液体或极微量的液体,其原理就是先吸入多于设置量程的液体,转移液体的时候不用吹出残余的液体。先按下按钮至第二停点,吸取液体,慢慢松开按钮至原点。接着将按钮按至第一停点排出设置好量程的液体,继续保持按钮位于第一停点(千万别再往下按),取下有残留液体的吸头弃之。

4. 使用中常见问题及解决方法

(1)使用完毕,可以将移液器竖直挂在移液器架上,但要注意不要摔落。当移液器吸头里有液体时,切勿将移液器水平放置或倒置,以免液体倒流腐蚀活塞弹簧。

(2)如不使用,要把移液器的量程调至最大刻度,使弹簧处于松弛状态以保护弹簧。

(3)可以在20~25℃环境中,通过重复称量蒸馏水质量的方法来进行校准。使用时要检查是否有漏液现象,方法是吸取液体后悬空垂直放置几秒钟,看看液面是否下降。

(4)最好定期清洗移液器,可以用肥皂水或60%的异丙醇洗涤,再用蒸馏水清洗,自然晾干。

(5)装配吸头时,不要用力过大,以免吸头难以脱卸。

(6)移液器应垂直吸液,慢吸慢放,否则会因吸入速度过快导致液体吸入移液器内部,使量取体积减小,且污染移液器及药品。

四、容量瓶

容量瓶是一种细颈梨形的平底瓶，具磨口玻璃塞或塑料塞，瓶颈上刻有标线，属于量入式容器，瓶上标有其容积和标定时的温度。大多数容量瓶只有一条标线，当液体充满至标线时，瓶内所装液体的体积和瓶上标示的容积相同。常用的容量瓶有 10mL、50mL、100mL、250mL、500mL、1000mL 等多种规格。

容量瓶洗涤前应检查瓶塞处是否漏水。方法是：在瓶内装水至标线附近，盖上瓶塞，一手食指压住瓶塞，另一手的拇指、中指和食指托住瓶底，倒转容量瓶 1~2min，观察瓶口周围是否漏水。如果不漏，将瓶正立，将瓶塞旋转 180°后，再用同样方法检查。洗涤前应将瓶塞用细绳系在瓶颈上，使瓶塞与瓶口配套，防止洗涤时互换。

容量瓶主要用来精确地配制一定体积的溶液或将浓溶液稀释，将溶液稀释至刻度的过程通常称为"定容"。

由固体试剂配制准确浓度的溶液时，一般有溶解、转移、定容、摇匀、装瓶等五步。

溶解：将准确称量的固体试剂转移至烧杯中，加少量蒸馏水使其溶解。

转移：转移时，用玻璃棒引流，将烧杯口紧靠玻璃棒，玻璃棒不要接触容量瓶瓶口，要靠在瓶颈内壁，使溶液沿瓶壁流下，见图 2-18。溶液流尽后，将烧杯轻轻沿着玻璃棒上提，使附在玻璃棒、烧杯嘴之间的液滴回到烧杯中。再用洗瓶挤出水流冲洗烧杯内壁数次，每次按上述方法将洗涤液完全转移到容量瓶中。

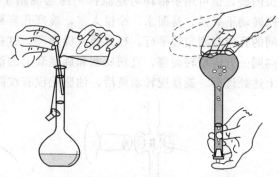

图 2-18 溶液转移入容量瓶及混匀溶液的操作

定容：用蒸馏水稀释，当加水至容积的 2/3 处时，将容量瓶提起，沿水平方向旋摇容量瓶，使溶液初步混合（注意：不能加盖瓶塞，也不能倒转容量瓶）。定容时，当加水至接近标线时，可以用滴管逐滴加水，至弯月面最低点恰好与标线相切为止。盖紧瓶塞，一手食指压住瓶塞，另一手的拇指、中指和食指托住瓶底，倒转容量瓶使瓶内气泡上升到顶部，摇动数次再倒转过来，如此反复十多次，使瓶内溶液充分混匀。

容量瓶内不宜长期存放溶液。如溶液需使用较长时间，应将其转移到试剂瓶中，试剂瓶应事先经过干燥或用少量待装溶液润洗 2~3 次。

由于温度对容器的容积有影响，所以使用时要注意溶液的温度、室温以及量器本身的温度。容量瓶不得在烘箱中烘烤，也不能用其他任何方法进行加热。容量瓶使用结束后应立即用水冲洗干净。如长期不用，磨口处应洗净擦干，并用纸片将磨口隔开。

五、滴定管

滴定管是滴定分析时用来准确测量流出溶液体积的量出式玻璃量器。常量分析最常用的容积为 25mL 和 50mL，其最小刻度是 0.1mL，最小刻度间可估计到 0.01mL，因此读数可达小数点后第二位，一般读数误差为±0.02mL。还有容积为 10mL、5mL、2mL 和 1mL 的半微量和微量滴定管，最小刻度为 0.05mL、0.01mL 或 0.005mL。根据控制流速的方式不同，滴定管一般分为具塞滴定管和无塞滴定管，分别称为酸式滴定管和碱式滴定管。

酸式滴定管（酸管）下端有一玻璃旋塞，开启旋塞时，溶液即从管内流出。酸式滴定管用来装酸性或氧化性溶液，不宜装碱性溶液，因为碱性溶液能腐蚀玻璃，时间一长，旋塞便不能转动。碱式滴定管（碱管）的下端用乳胶管连接一个带尖嘴的小玻璃管，乳胶管内装有玻璃珠，以控制溶液的流出。碱式滴定管用来装碱性和无氧化性溶液，凡是能与乳胶起反应的溶液，如高锰酸钾、碘和硝酸银等溶液，都不能装入碱式滴定管。滴定管除无色的外，还有棕色的，用以装见光易分解的溶液，如 $AgNO_3$、$KMnO_4$ 等溶液。

1. 酸式滴定管的准备

酸式滴定管是滴定分析中经常使用的一种滴定管。除了强碱性的溶液外，其他溶液一般均采用酸式滴定管。

(1) 试漏　酸式滴定管在使用前，首先应检查旋塞是否转动灵活、与旋塞套是否配合紧密。然后装满自来水，将其固定在滴定架上静置 1～2min，观察是否滴水。如有漏液，需要重新涂凡士林。

涂凡士林的操作如下：①取下旋塞上的橡皮筋，取出旋塞。②用滤纸将旋塞和旋塞套擦干。③用手指将少量凡士林涂抹在旋塞的大头上，用滤纸条取少量凡士林涂抹在旋塞小头内壁，也可用手指均匀地涂抹一薄层油脂于旋塞两头，如图 2-19。油脂涂得太少，旋塞转动不灵活，易漏水；涂得太多，旋塞孔容易被堵塞。④将旋塞插入旋塞套时，旋塞中间的孔应与滴定管平行，径直插入旋塞套，这样可以避免将油脂挤到旋塞孔中去。然后，向同一方向旋转旋塞，直到旋塞和旋塞套上的油脂层呈全部透明为止，套上小橡皮圈。经上述处理后，旋塞应转动灵活，油脂层没有纹路。

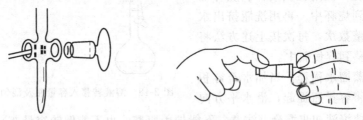

图 2-19　涂凡士林

(2) 洗涤　先用自来水冲洗，再用滴定管刷蘸合成洗涤剂刷洗，但铁丝部分不得碰到管壁（如用泡沫塑料刷代替毛刷更好）。洗净的滴定管内壁应被水完全浸润且不挂水珠。若挂水珠，说明内壁沾有油污，可用热碱水或合适的有机溶剂清洗。也可根据具体情况采用针对性洗液进行清洗，如管内壁有二氧化锰时，可选用亚铁盐溶液或过氧化氢加酸溶液进行清洗。

用各种洗涤剂清洗后，都必须用自来水充分洗净，并将管外壁擦干，以便观察内壁是否挂水珠，然后用蒸馏水润洗 2～3 次。润洗时，分别用约 10mL、5mL、5mL 蒸馏水。洗涤时，关闭旋塞，双手平持滴定管两端，慢慢转动，使水布满全管并轻轻振荡，然后直立，打开旋塞将水放掉，冲洗出口管。也可将少量水从上端管口倒出，再将其余的水从下端管口放出。每次应尽量放尽，不使水残留在管内。最后，将管外壁擦干。

(3) 待装溶液润洗和装入　将溶液装入滴定管前，应将试剂瓶中的溶液摇匀，使凝结在试剂瓶内壁上的水珠混入溶液，这在天气比较热、室温变化较大时更有必要。混匀后将待装溶液直接倒入滴定管中，不得用其他仪器（如漏斗、滴管等）来转移。

装液前需用待装溶液将滴定管润洗 2～3 次，方法是：用左手前三指持滴定管上部无刻度处，并稍微倾斜，右手拿住细口瓶，采用液体试剂的取用方法往滴定管中倾倒溶液。小试剂瓶可以手握瓶身（瓶签向手心）倾倒，大试剂瓶可以放在桌上，手拿瓶颈使瓶身倾斜，让溶液慢慢沿滴定管内壁流下。

应特别注意的是，一定要用待装溶液洗遍滴定管全部内壁，并使溶液接触管壁1～2min，以便与管内残留的溶液混合均匀。每次都要打开旋塞冲洗出口，并尽量放尽残留液。润洗完后，关好旋塞，将待装溶液倒入，直到充满至0刻度以上为止。

(4) 排气泡　观察滴定管的出口是否充满溶液。为使溶液充满出口，右手拿滴定管上部无刻度处，并使之倾斜约30°，左手迅速打开旋塞使溶液冲出，下面用烧杯承接溶液，这样可将气泡排出。若气泡未能排出，可重复操作。

2. 碱式滴定管的准备

使用前应检查乳胶管和玻璃珠是否完好。若胶管已老化，玻璃珠过大（不易操作）或过小（漏水），应予更换。

碱管的洗涤方法与酸管相同。在用自来水冲洗或用蒸馏水润洗时，应特别注意玻璃珠下方死角处的清洗。为此，在捏乳胶管时应不断改变方位，使玻璃珠的四周都能洗到。

碱管排气泡时，先将其垂直地夹在滴定管架上，左手拇指和食指拿住玻璃珠所在部位并使乳胶管向上弯曲，出口管斜向上，然后轻轻捏玻璃珠上部旁边的乳胶管，使乳胶管折起与玻璃珠间产生一条缝隙，溶液从管口流出（可在水槽上方操作，见图2-20）。排出气泡后，松开拇指和食指，将乳胶管放直。

3. 滴定管读数

(1) 装满或放出溶液后，必须等1～2min，使附着在内壁的溶液流下来，再进行读数。如果放出溶液的速度较慢（例如，滴定到最后阶段，每次只加半滴溶液时），等0.5～1min即可读数。每次读数前要检查一下管壁是否挂水珠，管尖是否有气泡。

(2) 读数时，滴定管可以垂直地夹在滴定管架上，也可以用手拿住滴定管上部无刻度处，使之保持垂直。

(3) 对于无色或浅色溶液，应读取弯月面下缘最低点。读数时，视线与凹液面最低处保持水平（图2-21）。若为有色或深色溶液，则读取液面最上缘。

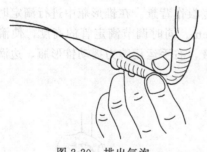

图2-20　排出气泡

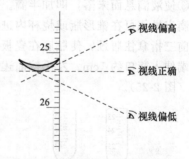

图2-21　滴定管读数时的视线位置

注意初读数与终读数应采用同一标准。

可采用黑白纸板做辅助［图2-22 (a)］，这样能更清晰地读出黑色弯月面所对应的读数。若滴定管带有白底蓝条（称为蓝带滴定管），用蓝带滴定管盛装无色溶液时，管内有两个弯月面尖端相交于滴定管蓝线的某一点上［图2-22 (b)］，读数时视线应与此点在同一水平面上。如为有色或深色溶液，则视线应与液面两侧的最高点相切。

(4) 读数时必须读到小数点后第二位，即要求估计到0.01mL。注意，估计读数时，应该考虑到刻度线本身的宽度。

(5) 读取初读数前，应将管尖外悬挂着的溶液除去。滴定至终点时应立即关闭旋塞，并注意不要使滴定管中的溶液流出,否则终读数便包括流出的数滴溶液。因此,在读取终读数前,应注意检查出口管尖是否悬有溶液,如有,则此次读数不能取用。

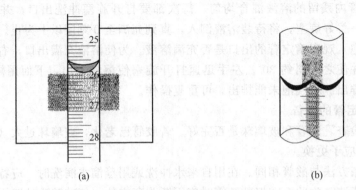

图 2-22 滴定管的读数图

4. 滴定操作

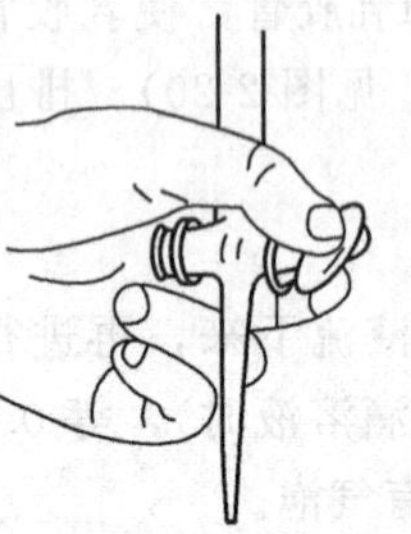

进行滴定操作时,应将滴定管垂直地夹在滴定管管架上。

使用酸管时,左手无名指和小指向手心弯曲,轻轻地贴着出口管,用其余三指控制旋塞的转动(图 2-23)。但应注意不要向外拉或是用掌心向外推旋塞,以免推出旋塞造成漏水;也不要过分往里扣,以免造成旋塞转动困难,不能自如操作。

使用碱管时,左手无名指及小指夹住出口管,拇指与食指捏住玻璃珠外上部乳胶管,使溶液从玻璃珠旁空隙处流出(图 2-24)。注意:①不要用力捏玻璃珠,也不能使玻璃珠上下移动。②不要捏玻璃珠下部的乳胶管。③停止加液时,应先松开拇指和食指,最后才松开无名指与小指。

图 2-23 酸管的操作

无论使用哪种滴定管,都必须掌握下面三种加液方法:①逐滴连续滴加。②只加一滴。③使液滴悬而未落,即加半滴。

滴定操作可在锥形瓶或烧杯内进行,并以白瓷板作背景。在锥形瓶中进行滴定时,用右手前三指拿住瓶颈,使瓶底在瓷板上方约 2~3cm。同时调节滴定管的高度,使滴定管的下端伸入瓶口约 1cm。左手按前述方法滴加溶液,右手运用腕力摇动锥形瓶,边滴加边摇动(图 2-25)。

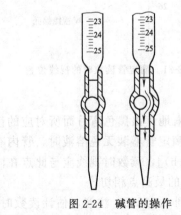

图 2-24 碱管的操作

图 2-25 滴定操作

滴定操作中应注意以下几点:

(1) 摇瓶时，应使溶液向同一方向作圆周运动（左、右旋转均可），但勿使滴定管接触瓶口，溶液也不得溅出。

(2) 滴定时，左手不能离开旋塞任其自流。

(3) 注意观察液滴落点周围溶液颜色的变化。

(4) 开始时，应边摇边滴，滴定速度可稍快，液滴流出可成串但不要成线。接近终点时，应改为加一滴，摇几下。最后，每加半滴，就摇动几下，直至溶液出现明显的颜色变化。加半滴溶液的方法如下：微微转动旋塞，使溶液悬挂在管口上，形成半滴，用锥形瓶内壁将其沾落，再用洗瓶以少量蒸馏水吹洗瓶壁。用碱管滴加半滴溶液时，应先松开拇指与食指，将悬挂的半滴溶液沾在锥形瓶内壁上，再放开无名指与小指，这样可以避免管尖出现气泡。

(5) 每次滴定都应从刻度 0.00 或接近处开始，这样每次滴定都差不多在滴定管的同一个部位，可减小系统误差。

(6) 临近终点时，应用洗瓶将溅在瓶壁上的溶液洗下去，以免引起误差。

(7) 滴定速度一般为 10mL·min^{-1}，即 3~4 滴/s。

在烧杯中进行滴定时（图 2-26），将烧杯放在白瓷板上，调节滴定管的高度，使滴定管下端伸入烧杯内 1cm 左右。滴定管下端应在烧杯中心的左后方处，但不要靠壁过近。右手持玻璃棒在右前方搅拌溶液。在左手滴加溶液的同时，玻璃棒应作圆周搅动，但不得接触烧杯壁和底。滴加半滴溶液时，用玻璃棒下端承接悬挂的半滴溶液，放入溶液中搅拌。注意，玻璃棒只能接触液滴，不要接触滴定管尖。

图 2-26 在烧杯中进行滴定

滴定结束后，滴定管内剩余的溶液应弃去，不得将其倒回原瓶，以免污染整瓶溶液。依次用自来水、蒸馏水洗涤滴定管，并用蒸馏水充满全管，洗净后将滴定管倒挂在滴定管架上。也可将滴定管收起来，酸管长时间不用时，还应将旋塞拔出，洗去凡士林，在旋塞与旋塞套之间夹一张小纸片，再系上橡皮筋。

六、溶液的配制方法

在化学实验中，常需选用不同纯度和精密度的仪器来配制精确度要求不同的溶液，一般有粗略配制和精确配制两种方法。

1. 粗略配制溶液的方法

先计算出配制溶液所需试剂用量，如药品的质量及蒸馏水的体积等，用托盘天平称取所需的固体试剂，倒入带刻度的烧杯中，加入少量蒸馏水搅拌，使固体完全溶解，冷却至室温后，用蒸馏水稀释至指定体积，即得所需浓度的溶液。或用量筒量取所需体积的蒸馏水，先加入少量使固体溶解，然后加入剩余蒸馏水，搅拌均匀即可。

若用液体试剂配制溶液，则先计算出所需液体试剂的体积，用量筒或量杯量取所需液体，倒入装有少量水的烧杯中混合，待溶液冷却至室温后，用蒸馏水稀释至刻度即可。

配好的溶液不可在烧杯中久存，要转移至试剂瓶中长期保存，贴上标签。

2. 精确配制溶液的方法

先计算出所需药品的质量，用电子天平准确称取所需质量的固体试剂，倒入烧杯中，加少量蒸馏水搅拌使之完全溶解，冷却至室温，将溶液转移至相应容积的容量瓶中定容。

用浓溶液配制稀溶液时，先计算出所需浓溶液的体积，用移液管或吸量管吸取溶液后,将液体直接转移至容量瓶中定容。注意,配好的溶液都要转移至试剂瓶中保存。

实验2-3 玻璃量器的使用与溶液的配制

【实验目的】
1. 练习量筒、移液管、容量瓶的使用。
2. 练习酸式滴定管和碱式滴定管的使用。
3. 熟悉有关浓度的计算。
4. 掌握几种配制溶液的常用方法,巩固天平的称量操作。

【预习内容】
1. 量筒、移液管、容量瓶的使用方法。
2. 酸式滴定管和碱式滴定管的准备、润洗、装液、读数方法。
3. 溶液的配制方法及注意事项。

【实验原理】
1. 由固体试剂配制溶液
(1) 粗略配制一定质量分数(w)的溶液 溶质的质量分数 w 的计算公式如下:

$$w = \frac{m_{溶质}}{m_{溶液}} \times 100\%$$

式中,$m_{溶质}$为溶质的质量,g;$m_{溶液}$为溶液的质量,g。

粗略配制一定质量分数(w)的溶液时,根据所配制溶液的质量,计算所需溶质的质量和溶剂的质量。溶剂为水时,密度按照 $1g \cdot mL^{-1}$ 计算。固体溶质用托盘天平称取,用滤纸称量完毕后将药品倒入烧杯中,也可直接用烧杯称取。用量筒量取所需体积的蒸馏水,在烧杯中先加入少量蒸馏水,搅拌使固体全部溶解,然后将剩余蒸馏水全部倒入烧杯内,即得所需溶液。将溶液倒入细口试剂瓶内,贴上标签,注明药品名称、浓度、配制日期,如果需要还可写上配制者名字。

(2) 精确配制一定物质的量浓度(c)的溶液 溶质的物质的量浓度 c 的计算公式如下:

$$c = \frac{n_{溶质}}{V} = \frac{m_{溶质}}{MV}$$

其中,$n_{溶质}$为溶质的物质的量,mol;M 为溶质的摩尔质量,$g \cdot mol^{-1}$;V 为溶液的体积,L。

根据所配制溶液的浓度和体积,计算所需溶质的质量 m ($m=cMV$),用电子分析天平称量所需质量的溶质,倒入小烧杯内,加少量蒸馏水搅拌、溶解,冷却至室温,用玻璃棒引流将溶液转移至容量瓶中,用少量蒸馏水洗涤烧杯和玻璃棒2~3次,洗涤液也转入容量瓶中,稀释至容积2/3时摇匀溶液。用洗瓶加水至刻度线(定容),摇匀溶液。如果长期存放,需将溶液倒入试剂瓶中保存,贴上标签,标签内容同上。

2. 由液体试剂配制溶液
(1) 由两种已知质量分数的溶液配制所需浓度溶液 用两种已知质量分数的溶液配制

所需质量分数的溶液时,需事先计算出各溶液所需体积。可采用十字交叉法计算:把所需溶液浓度放在两条交叉直线的交叉点上,已知溶液浓度放在两条直线的左端,然后将同一条直线上的数字相减,差值写在同一直线的另一端(右端),这样就知道了两种溶液的质量份数。如由80%和45%的溶液混合,配制50%的溶液:

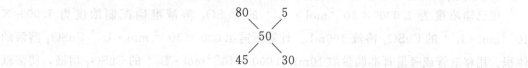

需要5份质量80%的溶液和30份质量45%的溶液混合即可。若由浓溶液直接稀释为稀溶液,则蒸馏水的浓度可按"0"计算。

(2) 由浓溶液配制一定物质的量浓度的溶液 根据 $c_1V_1=c_2V_2$,c_1、c_2 为原溶液和新溶液的浓度,$mol \cdot L^{-1}$;V_1、V_2 为原溶液和新溶液的体积,mL。

根据所配制稀溶液的体积,计算出所需浓溶液的体积,用移液管吸取溶液后,将液体直接移入容量瓶中,加水至刻度线定容,摇匀溶液,即可得到所需浓度溶液。

【仪器、药品及材料】

仪器:药匙,玻璃棒,烧杯,量筒,称量瓶,电子天平,托盘天平,移液管,吸量管,吸耳球,试剂瓶,容量瓶。

药品:NaCl (s, $M_r=58.44$),冰醋酸,$CuSO_4 \cdot 5H_2O$ ($M_r=249.68$)。

【实验内容】

1. 粗略配制质量分数为 0.9% 的 NaCl 溶液

用 NaCl (s) 配制 100g 质量分数为 0.9% 的 NaCl 溶液。计算所用氯化钠质量和蒸馏水质量、体积。用托盘天平称量固体氯化钠,称量时可用称量纸、表面皿或小烧杯盛装药品。将药品倒入小烧杯中。用 100mL 量筒量取 99mL 蒸馏水,先加少量水搅拌使之溶解,再倒入剩余蒸馏水搅拌均匀。将溶液转入细口试剂瓶中,贴上标签。将结果记录在表 2-8 中。

2. 准确配制 0.01mol·L^{-1} 的 $CuSO_4$ 溶液

用 $CuSO_4 \cdot 5H_2O$ (s) 精确配制 100mL 0.01mol·L^{-1} 的 $CuSO_4$ 标准溶液。具体操作如下:

① 根据溶液的浓度和体积,计算所用 $CuSO_4 \cdot 5H_2O$ 质量。

② 用减量法进行称量,具体操作如下:取稍多于所需质量的固体五水硫酸铜于称量瓶内,将称量瓶放于称量盘中央,待天平读数稳定后,按"O/T"键去皮重,此时天平读数为"0.0000g"。取下称量瓶,将药品倾于烧杯内,倾出所需质量后,读数。如果倾出量不足,则可继续倾出,直至达到所需质量。如果倾出质量超出误差要求,则弃去重做。称量完毕,将天平恢复原状。

③ 用少量蒸馏水溶解,将溶液转入 100mL 容量瓶内,用少量蒸馏水洗涤玻璃棒、小烧杯,洗涤液全部转入容量瓶内。摇动容量瓶,用洗瓶加水至刻度线,摇匀。

④ 溶液配制完成后,要转入细口试剂瓶中保存。

⑤ 根据所称取 $CuSO_4 \cdot 5H_2O$ 的实际质量和容量瓶的体积,计算溶液的物质的量浓度。将结果记录在表 2-8 中。

3. 粗略配制 0.1mol·L^{-1} 的 HAc 溶液

用冰醋酸配制 100mL、浓度为 0.1mol·L^{-1} 的 HAc 溶液。已知冰醋酸的浓度为 17mol·L^{-1},密度为 1.05g·mL^{-1},质量分数为 99%,计算所需冰醋酸的体积。量取

99mL 蒸馏水倒入 250mL 烧杯内,用量程为 1mL 的吸量管量取 0.6mL 冰乙酸,沿着烧杯壁放入烧杯内,用玻璃棒搅拌均匀即可。将结果记录在表 2-8 中。

注意:取用浓醋酸及配制其稀溶液时应在通风橱内进行。

4. 用浓溶液配制 1.000×10^{-3} mol·L^{-1} 的 $CuSO_4$ 溶液

用已知浓度为 1.000×10^{-2} mol·L^{-1} 的 $CuSO_4$ 溶液准确配制浓度为 1.000×10^{-3} mol·L^{-1} 的 $CuSO_4$ 溶液 100mL。计算所需 1.000×10^{-2} mol·L^{-1} $CuSO_4$ 溶液的体积。用移液管或吸量管准确量取 10mL 1.000×10^{-2} mol·L^{-1} 的 $CuSO_4$ 溶液,将溶液转移至 100mL 容量瓶内,稀释后定容。根据所取溶液的浓度和体积,计算稀释后 $CuSO_4$ 溶液的浓度。将结果记录在表 2-8 中。

5. 酸式滴定管和碱式滴定管的使用

将酸式滴定管洗净、装满自来水,检查是否漏液。如果漏液,进行涂油操作。若仍旧漏液,可更换滴定管。用配制好的浓度为 0.1mol·L^{-1} 的 HAc 溶液润洗 2~3 次,然后装满滴定管,练习排气泡。排出气泡后,将滴定管装满 0.1mol·L^{-1} 的 HAc 溶液,调节液面的读数,使其低于或等于 0.00mL,读数。该读数称为零刻度值或初始读数,该操作也称为调节零刻度。将零刻度值记录在表 2-8 中。

将碱式滴定管洗净、试漏。如果漏液,更换乳胶管和玻璃球。用蒸馏水润洗 2~3 次,装满蒸馏水,练习排气泡,调节零刻度,记录零刻度值,将结果记录在表 2-8 中。

【数据记录】

表 2-8 数据记录表

实验次数		1	2
1. 粗略配制质量分数 0.9% 的 NaCl 溶液	实际称取的 NaCl 质量/g		
	所用天平类型		
	实际所取蒸馏水体积/mL		
	NaCl 溶液的质量分数/%		
2. 精确配制 0.01mol·L^{-1} 的 $CuSO_4$ 溶液	实际称取的 $CuSO_4$ 质量/g		
	容量瓶体积/mL		
	所用天平类型、型号和最大载荷		
	$CuSO_4$ 溶液的实际浓度/(mol·L^{-1})		
3. 配制 0.1mol·L^{-1} 的 HAc 溶液	实际所取冰醋酸的体积/mL		
	所用量器名称		
	量器的量程/mL		
	实际所取蒸馏水的体积/mL		
	HAc 溶液的实际浓度/(mol·L^{-1})		
4. 用浓溶液配制 1.000×10^{-3} mol·L^{-1} 的 $CuSO_4$ 溶液	实际所取 $CuSO_4$ 浓溶液的体积/mL		
	所用量器名称或类型		
	量器的量程/mL		
	$CuSO_4$ 溶液的实际浓度/(mol·L^{-1})		
5. 酸式滴定管和碱式滴定管的零刻度值	酸式滴定管零刻度值/mL		
	碱式滴定管零刻度值/mL		

【思考题】
1. 如果稀释浓硫酸，应注意什么问题？
2. 配制好的溶液应该如何保存？

第六节 物质的分离与提纯

固体物质的分离与提纯常依据固体物质在溶解性上的差异达到分离与提纯的目的，在无机物制备、固体物质的分离与提纯等过程中常常用到溶解、蒸发（浓缩）、结晶（重结晶）和固-液分离等基本操作。因此，掌握这些物质分离与提纯的方法是十分必要的。

一、固体的溶解

常用加热、搅拌等方法加快固体物质的溶解。当固体物质颗粒较大时，可在研钵中研磨，但易潮解及易风化的固体不可研磨。

对一些溶解度随温度升高而增加的物质来说，加热对溶解过程有利。搅拌可加速溶质的扩散，从而加快溶解速度。

搅拌时注意手持玻璃棒并转动手腕使玻璃棒在溶液中转圈，玻璃棒不要触及容器底部和内壁。在试管中溶解固体时，可用振荡的方法加速溶解，振荡时不能上下振荡，也不能用手指堵住管口振荡。

二、蒸发和结晶

为使溶质从溶液中析出，常采用蒸发浓缩和冷却结晶的方法。

1. 蒸发（浓缩）

当溶液很稀而所制备物质的溶解度又较大时，可通过加热使水分蒸发，溶液不断浓缩，浓缩到一定程度时冷却，就可析出晶体。

当物质的溶解度较大时，必须蒸发到溶液表面出现晶膜时才能停止。当物质的溶解度较小或溶解度随温度变化较大时（高温时溶解度较大而室温时较小），此时不必蒸发到液面出现晶膜就可以冷却。

蒸发操作在蒸发皿中进行，并不断搅拌。蒸发皿的面积较大，有利于快速浓缩。注意蒸发皿中液体量不得超过其容积的 2/3，以防液体飞溅。如果液体量较多，随水分蒸发可在蒸发皿内继续添加液体。注意不要骤冷，以免炸裂。

若无机物对热是稳定的，蒸发皿可以直接加热（应先预热），否则用水浴间接加热。

2. 结晶与重结晶

结晶是提纯固体物质的重要方法之一。结晶时要求溶质的浓度达到饱和，通常有两种方法，一种是蒸发法，即通过蒸发或汽化减少一部分溶剂，使溶液达到饱和后，继续蒸发母液至呈稀粥状后再冷却，从而得到较多的晶体。此法主要用于溶解度随温度变化不大的物质（如氯化钠）。另一种是冷却法，即将溶液加热至饱和状态后，不必再蒸发浓缩，直接降温而析出大量晶体。这种方法主要用于溶解度随温度下降而明显减小的物质（如硝酸钾）。有时需要将两种方法结合使用。

析出晶体的颗粒大小与结晶条件有关。如果溶液的浓度较高，或溶质的溶解度较小时，冷却得越快或溶剂蒸发得越快，析出的晶体就越细小，否则就得到较大颗粒的结晶。搅拌溶液和静置溶液，可以得到不同的效果，前者有利于细小晶体的生成，后者有利于大颗粒晶体的生成。实际操作中，常根据需要，控制适宜的结晶条件，以得到大小合适的晶体颗粒。

如溶液易发生过饱和现象，可以用搅拌、摩擦器壁或投入几粒晶体（晶核）等办法，使其形成结晶中心，过量的溶质就会全部析出。

如果第一次结晶的纯度不合要求，可进行重结晶。其方法是在加热情况下将所得晶体溶于少量的水中，形成饱和溶液，趁热过滤，除去不溶性杂质，然后进行蒸发或冷却，被纯化的物质即结晶析出，而杂质则留在母液中，过滤便得到较纯净的物质。若一次重结晶达不到要求，可再次重结晶。

三、固液分离

固体与液体分离的方法主要有三种：倾析法，离心分离法和过滤法。应根据沉淀的形状、性质及数量，选用合适的分离方法。

1. 倾析法

当沉淀的密度较大或结晶的颗粒较大、静置后容易沉降时，可用倾析法分离。

待沉淀下沉到烧杯底部后，把上层清液先倒至漏斗上，尽可能不搅起沉淀。洗涤时，将洗涤液加在盛有沉淀的烧杯中，充分搅起沉淀，静置一会后，倒出上层清液。一般晶形沉淀洗 2~3 次，胶状沉淀需洗 5~6 次。这样，一方面可避免沉淀堵塞滤纸，从而加速过滤，另一方面可使沉淀洗涤得更充分。

具体操作（图 2-27）如下：待沉淀下沉后，一手拿玻璃棒，垂直地持于滤纸的三层部分上方（防止过滤时液流冲破滤纸），玻璃棒下端尽可能接近滤纸，但勿接触滤纸。另一只手将盛着沉淀的烧杯拿起，使杯嘴贴着玻璃棒，慢慢将烧杯倾斜，尽量不搅起沉淀，将上层清液沿玻璃棒慢慢倒入漏斗中。停止倾注溶液时，将烧杯沿玻璃棒往上提，并逐渐扶正烧杯，保持玻璃棒位置不动。倾注完成后，将玻璃棒放回烧杯。用洗瓶将 20~30mL 溶剂（通常为蒸馏水）沿烧杯壁吹至沉淀上，充分洗涤。待烧杯内沉淀下沉后，重复上述操作 2~3 次即可。

图 2-27　倾析法过滤

2. 离心分离法

当被分离的沉淀量较少时，可用离心分离法。实验室常用电动离心机（图 2-28）进行沉淀的分离。使用时将盛有待分离物的离心试管或小试管放入离心机的试管套内，在其对称位置上必须放置一支装有相近质量水的试管，使离心机两臂平衡。放好离心管后，盖好离心机盖，打开旋钮并逐渐加大转速，一般调至 2000r/min 左右，运行 2~3min 后，调低转速至最小，待其自行停止后，打开盖子，取出离心试管。注意：千万不可用外力强行停止机器转动。

在离心试管内进行固液分离时，用一根带有毛细管的长滴管，先挤出胶帽内的空气，再伸入液面下，将溶液缓缓吸入滴管内，但切勿接触沉淀，见图2-29。

若沉淀需要洗涤，可加入少量水，用玻璃棒充分搅起，再进行离心分离。通常洗涤1~2次即可。

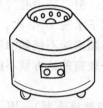 

图2-28　电动离心机　　　　　　　　图2-29　用滴管吸出沉淀上的溶液

3. 过滤法

分离固体和液体最常用的方法就是过滤法。当沉淀和溶液通过过滤器时，沉淀留在滤纸上（称为滤饼），溶液通过过滤器进入接受容器，溶液称为滤液。常用的过滤方法有常压过滤和减压过滤。

(1) 常压过滤　常压过滤通常使用长颈漏斗和滤纸，也可使用微孔玻璃漏斗。漏斗的规格按照半径划分，常用的有30mm、40mm、60mm、100mm、120mm等几种。漏斗锥体角度应为60°。滤纸分定性滤纸和定量滤纸两种。在质量分析中，当需将滤纸连同沉淀一起灼烧后称重时，需使用定量滤纸。在无机定性实验中常用定性滤纸。滤纸按孔隙大小分为"快速""中速"和"慢速"三种，应根据沉淀的性质选择滤纸的类型。如$BaSO_4$为细晶型沉淀，应选用"慢速"滤纸；NH_4MgPO_4为粗晶型沉淀，可选用"中速"滤纸；$Fe_2O_3 \cdot nH_2O$为胶状沉淀，应选用"快速"滤纸。一般要求沉淀的总体积不得超过滤纸锥体高度的1/3。

常压过滤通常包括以下几个步骤：

① 过滤器的准备　滤纸一般按照四折法折叠，如图2-30所示，先将手洗净，将滤纸对折，再对折，打开成圆锥体，每次折时均不能用手压中心点，避免使中心有清晰折痕，否则中心可能会有小孔而发生穿漏。对折时应用手指由近中心处向外压折。第二次对折时不要折死，如果滤纸上部边缘与漏斗不十分密合，则稍稍改变滤纸的折叠角度，直到与漏斗密合为止，此时可把第二次的折叠边折死。然后把三层滤纸处的外层折角部分撕下一点，这样可以使该处滤纸更好地贴在漏斗上。撕下来的纸角保存在干燥的表面皿上，供擦

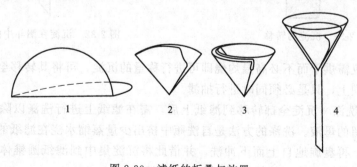

图2-30　滤纸的折叠与放置

拭烧杯、玻璃棒用。注意漏斗边缘要比滤纸上部边缘高出 0.5～1cm。

滤纸放入漏斗后，用手按在滤纸三层处，由洗瓶吹出水流润湿滤纸，轻压滤纸边缘使滤纸锥体上部与漏斗之间没有空隙。按好后，加水达到滤纸边缘，这时漏斗颈内应全部被水充满，形成水柱。若颈内不能形成水柱，可以用手指堵住漏斗下口，稍稍掀起滤纸的一边，用洗瓶向滤纸和漏斗之间的空隙里加水，直到漏斗充满水（但必须把漏斗内的气泡完全排除）。然后把纸边按紧，再放开手指，此时水柱即可形成。如果水柱仍不能保留，则滤纸与漏斗之间不密合或是漏斗不干净。如果水柱虽然形成，但是其中有气泡，则纸边可能有微小空隙，可以再将纸边按紧。水柱准备好后，用去离子水洗 1～2 次。

将准备好的漏斗放在漏斗架上，漏斗位置的高低以漏斗颈末端不接触滤液为准。漏斗必须放置端正，否则滤纸一边较高，在洗涤沉淀时，这部分较高的地方就不能经常被洗涤液浸没，从而留下部分杂质。

② 过滤和转移　过滤时，漏斗下面的烧杯要干净（即使滤液不要），因为万一滤纸破裂或沉淀漏进滤液里，还可重新过滤。过滤时溶液最多加到滤纸边缘下 5～6mm 的地方。如果液面过高，沉淀会因毛细作用而越过滤纸边缘。烧杯的容积应为滤液总量的 5～10 倍，并斜着盖上表面皿。漏斗颈口长的一边紧贴烧杯内壁，使滤液沿杯壁流下，不致溅出。过滤过程中应经常观察，勿使滤液淹没或触及漏斗末端。

过滤时，先用倾析法将上层清液转入漏斗中，待溶液流尽后再转移沉淀，防止沉淀堵塞滤纸而减慢过滤速度。要将沉淀完全转入漏斗中，可以按图 2-31 方法操作：将玻璃棒横放在烧杯口上，伸出 3～5 cm，用左手食指按住玻璃棒，将烧杯倾斜放于漏斗上方，烧杯嘴向着漏斗，玻璃棒下端对准三层滤纸处，用右手使用洗瓶冲洗烧杯内壁，沉淀及洗涤液即顺着玻璃棒流入漏斗内。若还有少量沉淀附着在烧杯壁上，可用淀帚将其刷下，或用制过滤器时撕下的一块滤纸将其擦下，放在漏斗内。玻璃棒上沾附的沉淀，亦应用前面撕下的滤纸角将它擦净，与沉淀合并。然后仔细检查烧杯内壁、玻璃棒、表面皿是否彻底洗净。若有沉淀痕迹，要再行擦拭、转移，直到沉淀完全转移为止。

图 2-31　沉淀的转移

图 2-32　沉淀在漏斗中的洗涤

对于一些仅需烘干而不必高温灼烧即可进行称量的沉淀，可将其转移至玻璃砂芯坩埚内，转移方法同上，只是必须同时进行抽滤。

③ 沉淀的洗涤　沉淀全部转移到滤纸上后，需在滤纸上进行洗涤以除去沉淀表面吸附的杂质和残留的母液。洗涤的方法是自洗瓶中挤出少量蒸馏水浇在滤纸的三层部分离边缘稍下的地方，再盘旋地自上而下冲洗，并借此将沉淀集中到滤纸圆锥体的下部，如图 2-32 所示，切勿使洗涤液突然冲在沉淀上，以防溅出。

为了提高洗涤效率，应遵循"少量、多次"的原则进行洗涤，即每次使用少量洗涤液，洗后尽量沥干，然后再用洗涤液进行下一次洗涤，如此反复几次。

沉淀洗涤至最后，用干净的试管接取约 1mL 滤液（注意不要使漏斗下端触及滤液），选择灵敏而又迅速显示结果的定性反应来检验洗涤是否完成。

过滤与洗涤沉淀的操作必须不间断地一次完成。若间隔较久，沉淀就会干涸，粘成一团，这样就几乎无法洗净。盛有沉淀或滤液的烧杯，都应该用表面皿盖好。过滤时倾注完溶液后，亦应将漏斗盖好，以防尘埃落入。

(2) 减压过滤　减压过滤又称吸滤、抽滤，利用真空泵或抽气泵将吸滤瓶中的空气抽走而产生负压，使过滤速度加快，并使沉淀抽吸得较为干燥。

减压过滤装置由真空泵、布氏漏斗、吸滤瓶组成，见图 2-33。在水泵和吸滤瓶之间往往安装安全瓶，以防止因关闭水阀或水流量突然变小而使自来水倒吸入吸滤瓶，污染滤液。

布氏漏斗通过橡皮塞与吸滤瓶相连接，橡皮塞与瓶口间必须紧密不漏气。吸滤瓶的侧管用橡皮管与安全瓶相连，安全瓶与水泵的侧管相连。停止抽滤或需用溶剂洗涤晶体时，先将吸滤瓶侧管上的橡皮管拔开，或将安全瓶的活塞打开与大气相通，再关闭水泵，以免水泵内的水倒流入安全瓶内。布氏漏斗的下端斜口应正对吸滤瓶的侧管。滤纸要比布

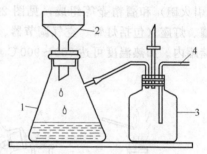

图 2-33　带安全瓶的减压过滤装置
1—吸滤瓶；2—布氏漏斗；
3—安全瓶；4—接真空泵

氏漏斗内径略小，但必须全部覆盖漏斗的小孔。滤纸也不能太大，否则边缘会贴到漏斗壁上，使部分溶液不经过过滤，沿壁直接漏入吸滤瓶中。抽滤前用同一溶剂将滤纸润湿后再抽滤，使其紧贴于漏斗的底部，然后再向漏斗内转移溶液。

第七节　加热与冷却

一、实验室常用加热仪器

1. 酒精灯

由灯帽、灯芯、灯壶三部分组成，其构造见图 2-34，酒精灯的火焰组成见图 2-35，加热温度约 300~500℃。

图 2-34　酒精灯

图 2-35　酒精灯的火焰

使用酒精灯时，应先检查灯芯，剪去灯芯烧焦部分，露出灯芯管约 0.8～1cm 为宜。然后提一下灯芯管，让灯壶内压力释放后，再点燃酒精灯。添加酒精时必须将灯熄灭，待灯冷却后，借助漏斗将酒精注入，酒精加入量约为灯壶容积的 1/3～2/3，即稍低于灯壶最宽位置（肩膀处）。必须用火柴点燃酒精灯，绝对不能用另一燃着的酒精灯去点燃，以免酒精洒落引起火灾（图 2-36）。酒精灯用后要用灯帽盖灭，不可用嘴吹灭，灯罩盖上片刻后，还应将灯帽再打开一次，以免冷却后盖内产生负压难以打开。灯帽与灯身是配套的，密封不严会使酒精挥发，灯口破损的不能使用。

2. 酒精喷灯

有挂式和座式两种。座式酒精喷灯由灯管（喷火管）、空气调节器、预热管、预热盘（引火碗）和酒精壶等组成，见图 2-37，乙醇储存在酒精壶内。挂式酒精喷灯由酒精储罐、灯座（包括灯管、空气调节器、预热盘）和连接胶管组成，乙醇储存在悬挂于高处的储罐内。加热温度可达 700～900℃，此温度可用于玻璃的简单加工或灼烧实验。

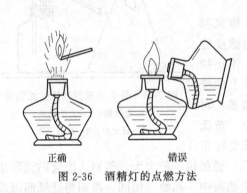

图 2-36 酒精灯的点燃方法

图 2-37 座式酒精喷灯实物图

酒精喷灯以乙醇为燃料，加料量不宜超过酒精壶（座式）或储罐（挂式）容积的 2/3。点火时先在预热盘内加少量的乙醇，点燃以使灯管受热至灯管内的乙醇汽化。当预热盘内的乙醇快烧完时，乙醇与空气的混合气体喷出，遇高温而燃烧，喷嘴开始喷火。若不能燃烧，用火柴点燃管口气体。正常燃烧时火焰呈现浅蓝色或无色，调节空气调节器可以控制火焰大小。

注意：① 当火焰出现黄色时说明酒精汽化不好，应该立即将空气调节器阀门关小或者关闭，以防发生火雨。关闭阀门后，需待灯冷却后再重新点火。

② 如发现灯身温度升高或罐内酒精沸腾（有气泡破裂声）时，要立即停用，避免由于罐内压强增大导致罐身崩裂。

③ 停止使用时，可用石棉网覆盖燃烧口，同时用湿布盖在灯座上使之降温，并加大空气量，灯焰即可熄灭。

④ 使用后应将剩余酒精倒出，每次连续使用的时间不要过长。

3. 电炉

单纯加热可用电炉，根据功率不同有 300W、500W、1000W 等规格，见图 2-38。加热时需垫石棉网，并注意防止触电。

4. 电加热套（电热套）

专为加热圆底容器而设计，由玻璃纤维包裹着电阻丝编织成"碗"状的凹套，由电压调节器控制其升温速度或温度的高低，其最高温度可达 400℃左右，见图 2-39。用电热套加热时受热均匀，热效率较高。它的容积大小一般与烧瓶的容积相匹配，从 50mL 起，各种规格都有,常用于有机实验、无机实验的加热操作。加热有机物时,由于它不是明火,因此具有不易引起火灾的优点,有机实验中常用作蒸馏、回流等操作的热源。在蒸馏或减压蒸馏时,随着瓶内物质的减少,容易造成瓶壁过热,使蒸馏物被烤焦炭化。为避免这种情况发生,宜选用稍大一号的电加热套,并设法使它能向下移动。随着蒸馏的进行,用降低电加热套高度的方法来防止瓶壁过热。

图 2-38　电炉实物图　　　　　　　　图 2-39　电加热套实物图

5. 烘箱

用于烘干玻璃仪器和固体试剂。工作温度从室温至设定最高温度,可任意选择,有自动控温系统。箱内装有鼓风机,使箱内空气对流,温度均匀,见图 2-40。

使用时需注意:

① 烘箱应在干燥、水平处放置,箱体外壳必须有效接地。

② 每台烘箱工作室内装有两块网状搁板供放置物品,并可按物品大小调节搁板间距。

③ 放置物品不宜过密,以便于热空气流通。工作室的底板上面不准放置物品,避免因过热烧坏物品。

④ 取放物品时,勿撞击伸入工作室内的传感器,以防损坏传感器的测温装置导致控制失灵。

⑤ 开机前将箱顶排气阀旋开约 10mm 左右,以利于箱内空气交换对流,并将潮气和废气排出。

⑥ 欲观察工作室内物品情况,可开启外门,或从玻璃门向内窥视。但外门不宜常开,以免热量外泄,且当温度升到 300℃ 左右时,开启箱门可能会使玻璃仪器骤冷而破裂。

⑦ 切勿在箱内烘烤易燃、易爆、易挥发的物品,以防爆炸。

6. 高温炉

包括管式炉和马弗炉(图 2-41),由炉体和温控仪两部分组成,最高温度可达 950~1300℃,常在分析实验中用于灼烧或一些高温反应。

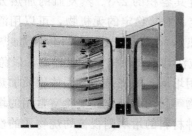 

图 2-40　烘箱实物图　　　　　　　　图 2-41　马弗炉实物图

二、加热操作

按加热的方式不同,可分为直接加热和间接加热。

1. 直接加热

当被加热的液体在较高温度下稳定而不分解,又无着火危险时,可以把盛有液体的容器放在石棉网上用酒精灯直接加热。实验室常用于直接加热的玻璃器皿中,烧杯、烧瓶、蒸发皿、试管等,能承受一定的温度,但不能骤冷骤热,因此在加热前必须将器皿外的水擦干,加热后也不能立即与潮湿物体接触。

(1) 试管的加热 少量液体或固体一般置于试管中加热。用试管加热时,由于温度较高,应用试管夹夹持试管或将试管用铁夹固定在铁架台上。加热液体时,应控制液体的量不超过试管容积的1/3,用试管夹夹持试管的中上部加热,并使管口稍微向上倾斜(图2-42),管口不要对着自己或别人,以免被爆沸溅出的溶液灼伤。为使液体各部分受热均匀,应先进行预热,即先加热液体的中上部,再慢慢往下移动加热底部,并不时地摇动试管。以免由于局部过热,蒸气骤然产生将液体喷出管外,或因受热不均匀而使试管炸裂。加热固体时,试管口应稍微向下倾斜(图2-43),以免凝结在试管口的水珠回流到灼热的试管底部,使试管破裂。加热固体时也可以将试管用铁夹固定在铁架台上。

图 2-42 加热液体

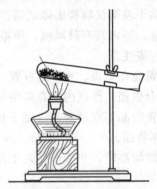

图 2-43 加热固体

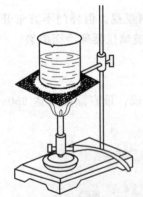

图 2-44 加热烧杯中的液体

(2) 烧杯、烧瓶、蒸发皿的加热 蒸发液体或加热量较大时可选用烧杯、烧瓶或蒸发皿。用烧杯、烧瓶加热液体时,应将器皿放在石棉网上(图2-44),不可用明火直接加热,否则易因受热不均匀而使器皿破裂。使用烧杯、蒸发皿加热液体时,为了防止爆沸,在加热过程中要适当加以搅拌,用烧瓶加热时可放入1~2颗沸石。

加热时,烧杯中的液体量不应超过烧杯容积的1/2。蒸发皿中的盛液量不应超过其容积的2/3。蒸发皿的加热方式可视被加热物质的性质而定,对热稳定的无机物,可以用酒精灯直接加热(应先均匀预热),一般情况下可采用水浴加热,或垫石棉网加热。加热时应注意不要使瓷蒸发皿骤冷,以免炸裂。

(3) 坩埚的加热 高温灼烧或熔融固体时使用坩埚。灼烧是指将固体物质加热到高温以达到脱水、分解或除去挥发性杂质、烧去有机物等目的的操作。实验室常用的坩埚有瓷坩埚、氧化铝坩埚、金属坩埚等。至于要选用何种材料的坩埚则视被灼烧物质的性质及加热的温度而定。

瓷坩埚可放在泥三角上用酒精灯、煤气灯等直接灼烧，坩埚在泥三角上正放或斜放皆可，可视实验的需求安置，见图2-45（a）、（b）。坩埚加热时通常应将坩埚盖斜放在坩埚上，以防止内容物受热弹出，并让空气能自由进出，见图2-45（c）。

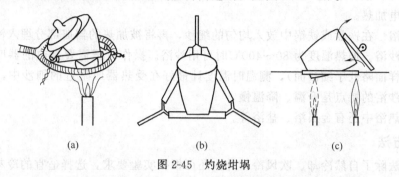

图 2-45　灼烧坩埚

在定量分析中用滤纸过滤的沉淀，须在瓷坩埚中灼烧至恒重。因此要事先准备好已知质量的坩埚。将洗净的坩埚倾斜放在泥三角上，斜放好盖子，用小火加热坩埚盖，使热空气流反射到坩埚内部将其烘干。稍冷，用硫酸亚铁铵溶液（或硝酸钴、三氯化铁等溶液）在坩埚和盖上编号，然后在坩埚底部继续灼烧至恒重。灼烧温度与时间应与灼烧沉淀时相同（沉淀灼烧所需的温度与时间随沉淀而定）。

坩埚钳使用前先在火焰上预热一下，再去夹取。在灼烧过程中要用热坩埚钳慢慢转动坩埚数次，使其灼烧均匀，也可放入马弗炉中灼烧至恒重。

空坩埚第一次灼烧30min后，停止加热，稍冷却（红热退去，再冷却1min左右），用热坩埚钳夹取放入干燥器内冷却45～50min，然后称量（称量前10min应将干燥器放入天平室）。第二次灼烧15min，冷却（每次冷却时间相同），称量，直至两次称量相差不超过0.2mg，即为恒重，恒重的坩埚放在干燥器中备用。坩埚加热后不可立刻将其置于冷的金属桌面上，以避免它因骤冷而破裂。热坩埚不要直接放在实验台面上，

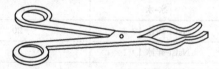

图 2-46　坩埚钳的放置方法

要放在石棉网上，稍冷却后盖好坩埚盖移入干燥器中进行冷却。坩埚钳使用后应使尖端朝上放在桌子上（图2-46），以保证坩埚钳尖端洁净。用煤气灯灼烧可获得700～900℃的高温，若需更高温度可使用马弗炉或电炉。

2. 间接加热

当被加热的物体需要均匀受热，而且受热温度又不能超过一定限度时，可根据具体情况，选择特定的热浴进行间接加热。所谓热浴是指先用热源将某些介质加热，介质再将热量传递给被加热物质的一种加热方式。它是根据所用的介质来命名的，如用水作为加热介质称为水浴，类似的还有油浴、沙浴等。热浴的优点是加热均匀，升温平稳，并能使被加热物保持较为恒定的温度。

（1）水浴　以水为加热介质的一种间接加热法，水浴加热常在水浴锅中进行。在水浴加热操作中，水浴中水的表面略高于被加热容器内反应物的液面，可获得较好的加热效果。如采用电热恒温水浴锅加热，则可使加热温度恒定。实验室也常用烧杯代替水浴锅，在烧杯上放上蒸发皿，也可作为简易的水浴加热装置，进行蒸发浓缩。如将烧杯、蒸发皿等放在水浴盖上，通过接触水蒸气来加热，这就是蒸汽浴。如果要求加热的温度稍高于100℃，可选用无机盐类的饱和水溶液作为热浴溶液。

(2) 油浴 油浴也是一种常用的间接加热方式，温度可达100～250℃，所用油多为植物油（如花生油、豆油、亚麻油、蓖麻油、菜籽油等，加热温度不超过200℃）、甘油（140～150℃）、液体石蜡（约200℃）、硅油（约250℃）、真空泵油等。为了安全起见，油浴时宜用电加热。

(3) 沙浴 在铁盘或铁锅中放入均匀的细沙，再将被加热的器皿部分埋入沙中，下面加热就成了沙浴。加热温度为80～400℃时可用沙浴。操作时把需要加热的器皿部分埋入细沙中（试样面略低于细沙面），测温时温度计最好在受热器皿附近的细沙中，受热器皿不能触底。沙浴的特点是升温、降温慢。

另外，热浴中还有金属浴、盐浴等。

三、冷却方法

冷却方法除了自然冷却、吹风冷却外，还可根据实验要求，选择适宜的冷却剂（制冷剂）进行低温冷却。

冷却剂一般可分为水冷却剂、冰-冰水冷却剂、冰-无机盐冷却剂、干冰-有机溶剂冷却剂、低沸点的液态气体等五大类。

水是最简单、经济而又方便的冷却剂，冷却温度接近室温。冰-冰水冷却剂的制冷温度为0℃。冰-无机盐冷却剂的制冷温度为0～-40℃。干冰-有机溶剂冷却剂的制冷温度可达-70℃以下。某些低沸点的液态气体的制冷温度更低，如液态氦可达到-269℃。常见制冷剂及其最低制冷温度见表2-9。

表2-9 常见制冷剂及其最低制冷温度

制冷剂	最低温度/℃	制冷剂	最低温度/℃
冰-水	0	$CaCl_2 \cdot 6H_2O$-冰 1:1	-29
NaCl-碎冰 1:3	-20	$CaCl_2 \cdot 6H_2O$-冰 1.25:1	40
NaCl-碎冰 1:1	-22	液氨	-33
NH_4Cl-碎冰 1:4	-15	干冰	-78.5
NH_4Cl-碎冰 1:2	-17	液氮	-196

在低温操作时，要特别注意安全，防止冻伤事故发生，对液态氢、液态氧、有机溶剂冷却剂等，更应注意安全操作，以防燃烧、爆炸事件的发生。

实验2-4 粗食盐的提纯

【实验目的】
1. 掌握粗食盐提纯的原理和方法。
2. 练习溶解、常压过滤、减压过滤、蒸发浓缩、结晶、干燥、加热等基本操作。
3. 掌握Ca^{2+}，Mg^{2+}，SO_4^{2-}的定性检验方法。

【预习内容】
1. 固体的溶解与结晶。

2. 固液分离的三种方法。
3. 常用加热仪器及加热方法。
4. 冷却方法。

【实验原理】

一般粗食盐中含有泥沙等不溶性杂质及 Ca^{2+}、Mg^{2+}、K^+、SO_4^{2-} 等可溶性杂质。氯化钠的溶解度随温度的变化很小，不能用重结晶的方法提纯。泥沙等不溶性杂质通过将粗食盐溶于水后用过滤的方法除去。Ca^{2+}、Mg^{2+}、SO_4^{2-} 等可溶性杂质可以通过化学方法使之转化为沉淀除去。例如粗食盐中的 SO_4^{2-} 可用 $BaCl_2$ 沉淀除去；Mg^{2+}、Ca^{2+} 及过量的 Ba^{2+} 用 Na_2CO_3 和 $NaOH$ 沉淀除去；过量的 CO_3^{2-} 和 OH^- 用 HCl 中和除去。一般粗食盐中可溶性离子的去除过程也按照上述顺序进行，涉及的离子反应方程式如下：

$$Ba^{2+}(aq) + SO_4^{2-}(aq) = BaSO_4(s)$$
$$Ca^{2+}(aq) + CO_3^{2-}(aq) = CaCO_3(s)$$
$$Mg^{2+}(aq) + 2OH^-(aq) = Mg(OH)_2(s)$$
$$Ba^{2+}(aq) + CO_3^{2-}(aq) = BaCO_3(s)$$
$$H^+(aq) + OH^-(aq) = H_2O(l)$$
$$2H^+(aq) + CO_3^{2-}(aq) = H_2O(l) + CO_2(g)$$

其他可溶性杂质如 Br^-、I^-、K^+ 等离子，由于其溶解度较大、含量少，蒸发浓缩时不结晶，残留在母液中除去，因此蒸发结晶时不不能蒸干。

根据溶度积规则，当离子积大于溶度积时会产生沉淀。当沉淀剂过量时，由于同离子效应，会使沉淀生成更加完全，被沉淀离子浓度更低。但同时也会产生盐效应及其他副反应，使沉淀的溶解度增加。一般沉淀剂的加入量应比需要量多 20%～25% 即可。

【仪器、药品及材料】

仪器：托盘天平，烧杯（100mL 2个），量筒（50mL 1个，10mL 1个），酒精灯，滴管，漏斗，铁架台，布氏漏斗，吸滤瓶，真空泵，蒸发皿，泥三角，石棉网，三脚架，坩埚钳。

药品：粗食盐（s），$BaCl_2$（$1.0mol·L^{-1}$），$NaOH$（$2.0mol·L^{-1}$），HCl 溶液（$2.0mol·L^{-1}$），Na_2CO_3（$1.0mol·L^{-1}$），$(NH_4)_2C_2O_4$（$0.50mol·L^{-1}$），镁试剂。

材料：pH 试纸。

【实验步骤】

1. 粗食盐的提纯

（1）粗食盐称量与溶解　用托盘天平称取粗食盐 8g，放入小烧杯中，加入约 30～50mL 蒸馏水，搅拌，加热使其溶解。

（2）SO_4^{2-} 的除去　待溶液加热近沸时，边搅拌边滴加 $1.0mol·L^{-1}$ 的 $BaCl_2$ 溶液（约 2～8mL）至沉淀完全。为了检验沉淀是否完全，可将烧杯从石棉网上取下，待沉淀沉降后，在上层清液中滴加 1～2 滴 $BaCl_2$ 溶液，观察是否有浑浊现象。若无浑浊现象，则说明 SO_4^{2-} 已沉淀完全。否则，需继续滴加 $BaCl_2$ 至沉淀完全。继续加热 5min，使 $BaSO_4$ 颗粒增大，便于过滤。采用倾析法用普通漏斗过滤，用少量水洗涤沉淀 2～3 次，将滤液合并，弃去沉淀。如果溶液中或漏斗内有氯化钠结晶析出，应加入少量水溶解后再过滤或用少量水冲洗使结晶溶解。

（3）除去 Ca^{2+}、Mg^{2+}、Ba^{2+} 等离子　在滤液中逐滴加入适量 $2.0mol·L^{-1}$ 的

NaOH 溶液（约 1~10mL）和 1.0mol·L^{-1} 的 Na$_2$CO$_3$ 溶液（约 3~10mL），加热至沸。按照（2）中方法检查沉淀完全后，再继续加热 5min。采用倾析法用普通漏斗过滤，洗涤沉淀，保留滤液。

(4) 调节溶液 pH 值　在滤液中滴加 2.0mol·L^{-1} 的 HCl 溶液至 pH 值约为 6（用玻璃棒蘸取少量滤液在 pH 试纸上检验）。

(5) 蒸发浓缩　将滤液转入蒸发皿中，放于三角架上，用小火加热蒸发并不断搅拌，浓缩至表面出现晶膜或稀糊状稠液为止。不能将溶液蒸干，这样可使少量可溶性杂质留于溶液中。

(6) 结晶与减压过滤　将浓缩液冷却至室温，用布氏漏斗减压过滤，尽量抽干。再将晶体转移到蒸发皿中，放在石棉网上，用小火加热并不断搅拌，待冷却至室温，得到氯化钠晶体（精盐），称量，计算产率：

$$产率 = \frac{精盐质量}{粗食盐质量} \times 100\%$$

2. 精盐产品纯度检验

称取 0.5g 粗盐和精盐，分别用 5mL 蒸馏水溶解，各自分别装入 3 支试管中（粗盐溶解后取上清液），提纯前、后的食盐溶液各为一组，分成三组，用下述方法对照检验并比较其纯度。

(1) SO$_4^{2-}$ 的检验　在第一组试液中各加入 2 滴 1.0mol·L^{-1} 的 BaCl$_2$ 溶液，观察有无 BaSO$_4$ 白色沉淀生成，比较其浑浊情况。

(2) Ca^{2+} 的检验　在第二组试液中各加入 2 滴 0.50mol·L^{-1} 的 (NH$_4$)$_2$C$_2$O$_4$ 溶液，观察有无 CaC$_2$O$_4$ 白色沉淀生成，比较其浑浊情况。

(3) Mg^{2+} 的检验　在第三组试液中各加入 2~3 滴 2.0mol·L^{-1} 的 NaOH 溶液，使溶液呈碱性，再分别加入几滴镁试剂，如有蓝色沉淀生成，表示有 Mg^{2+} 存在，比较其颜色的深浅。

【思考题】

1. 粗盐提纯中涉及哪些基本操作？实验中主要的注意事项有哪些？
2. 去除杂质离子的过程中，为什么要先加 BaCl$_2$ 溶液，然后再加 Na$_2$CO$_3$ 和 NaOH 溶液，最后加盐酸？（可否改变加入试剂的次序？为什么？）
3. 用盐酸调节滤液 pH 值时，为何要调节至弱酸性？
4. 如果在蒸发浓缩时将滤液蒸得太干或未蒸至稀糊状即停止加热，对精盐的提纯结果有何影响？

实验2-5　转化法制备及提纯硝酸钾

【实验目的】

1. 了解利用各种易溶盐在不同温度时溶解度差异制备易溶盐的原理和方法。
2. 学会溶解、常压过滤、蒸发、结晶、减压过滤操作。
3. 学习用重结晶法提纯物质。

【实验原理】

硝酸钾的分子量为101.11，无色透明斜方晶体，有潮解性。相对密度为2.1109，熔点为333℃，易溶于水和甘油，不溶于无水乙醇。有强氧化性，与有机物接触、摩擦或撞击能引起燃烧或爆炸。

工业上常采用转化法制备硝酸钾晶体，其反应如下：

$$NaNO_3(aq) + KCl(aq) \rightleftharpoons NaCl(s) + KNO_3(aq)$$

反应是可逆的。在氯化钾（$M_r = 74.55$）和硝酸钠（$M_r = 84.99$）的混合溶液中，同时存在着Na^+、NO_3^-、K^+和Cl^-四种离子，由它们组成的四种盐在不同温度下的溶解度见表2-10。氯化钠的溶解度随温度变化不大，硝酸钠、氯化钾和硝酸钾在高温时具有很大的溶解度，而温度降低时溶解度明显减小（如氯化钾、硝酸钠）或急剧下降（如硝酸钾）。根据这几种盐溶解度的差异，将一定浓度的硝酸钠和氯化钾混合溶液加热浓缩，当温度达到118～120℃时，由于硝酸钾溶解度增加很多，达不到饱和，不析出。氯化钠溶解度增加很少，随浓缩容积减少，氯化钠结晶析出。趁热过滤除去，将此溶液冷却至室温，即有大量硝酸钾析出，而仅有少量氯化钠析出，得到硝酸钾粗产品。再经过重结晶提纯，可得到纯品。

表2-10　硝酸钾等四种盐在不同温度下的溶解度　单位：$g \cdot (100g\ H_2O)^{-1}$

物质	0℃	10℃	20℃	30℃	40℃	60℃	80℃	100℃
KNO_3	13.3	20.9	31.6	45.8	63.9	110	169	246
KCl	27.6	31.0	34.0	37.0	40.0	45.5	51.1	56.7
$NaNO_3$	73	80	88	96	104	124	148	180
$NaCl$	35.7	35.8	36.0	36.3	36.6	37.3	38.4	39.8

【仪器、药品及材料】

仪器：量筒，烧杯（100mL），托盘天平，酒精灯，石棉网，三角架，铁架台，热滤漏斗，布氏漏斗，吸滤瓶，真空泵，蒸发皿，试管，玻璃棒，量筒。

药品：硝酸钠（工业级），氯化钾（工业级），$AgNO_3$（$0.1mol \cdot L^{-1}$），硝酸（$5mol \cdot L^{-1}$）。

材料：滤纸。

【实验内容】

1. 硝酸钾的制备

称取5.0g $NaNO_3$和4.4g KCl，倒入100mL烧杯中，加入10mL蒸馏水。

将小烧杯放在石棉网上用酒精灯加热，不断搅拌至固体全部溶解。继续加热蒸发至溶液为原体积的2/3时，烧杯内开始有较多氯化钠晶体析出。趁热用热滤漏斗快速过滤，滤液中很快出现硝酸钾晶体。

将滤液转入烧杯中，并用5mL热蒸馏水分数次洗涤吸滤瓶，洗液转入烧杯内。将烧杯放在石棉网上加热蒸发至原有体积的2/3，冷却至室温，待晶体析出后减压过滤，尽量抽干，得到硝酸钾粗产品，称量，记录称量结果。

保留少量（0.1～0.2g）粗产品供纯度检验，其余产品进行重结晶。

2. 硝酸钾的提纯

将粗产品与水按质量比2∶1溶于蒸馏水中，加热并不断搅拌，待晶体全部溶解后停止加热，冷却至室温，待晶体析出后减压过滤，尽量抽干，得到纯度较高的硝酸钾晶体，称量，计算产率。

3. 产品纯度检验

分别取 0.1g 粗产品和 0.1g 重结晶后产品放入两支小试管中，各加入 2mL 蒸馏水溶解。在溶液中分别加入 1 滴 $5mol·L^{-1}$ 的 HNO_3 酸化，再各加入 2 滴 $0.1mol·L^{-1}$ 的 $AgNO_3$ 溶液，观察现象，进行对比（重结晶后的产品溶液应为澄清）并得出结论。

【思考题】
1. 什么是重结晶？本实验都涉及哪些基本操作，应注意什么？
2. 制备硝酸钾时，为什么要把溶液进行加热和热过滤？
3. 产品的主要杂质是什么？怎样提纯？
4. 重结晶时，取粗产品与水的质量比为 2:1，为什么？

【注意事项】
1. 蒸发时应选择细玻璃棒，在不搅动溶液时，可将玻璃棒搁在另一烧杯上防止因玻璃棒长而重、烧杯小而轻，重心不稳而倾翻烧杯。
2. 在"硝酸钾的制备"中，若溶液总体积已小于原体积的 2/3，过滤的准备工作还未做好，则不能过滤，可在烧杯中加水至 2/3 以上，再蒸发浓缩至 2/3 后趁热过滤。

第八节 试纸和滤纸

一、试纸

试纸能用来定性检验一些溶液的酸碱性或判断某些物质是否存在。试纸要密闭保存，取用试纸要用镊子。

1. 试纸的分类

常用的试纸有石蕊试纸、酚酞试纸、苯胺黄试纸、pH 试纸、淀粉-碘化钾试纸、醋酸铅试纸、硝酸银试纸等。

石蕊试纸分红色和蓝色两种，酸性溶液使蓝色试纸变红，碱性溶液使红色试纸变蓝。酚酞试纸为白色，遇碱性溶液变红。苯胺黄试纸为黄色，遇酸性溶液变红。

pH 试纸分广泛 pH 试纸和精密 pH 试纸两种。广泛 pH 试纸按变色范围分为 1~10、1~12、1~14、9~14 四种。精密 pH 试纸按变色范围分类较多，常见的有 2.7~4.7、3.8~5.4、5.4~7.0、6.8~8.4、8.2~10.0、9.5~13.0 等。广泛 pH 试纸的颜色变化值为 1 个 pH 单位，精密 pH 试纸的颜色变化值小于 1 个 pH 单位，较易受空气中酸碱性气体影响而变质。

淀粉-碘化钾试纸是将滤纸放入盛有淀粉、KI 和 Na_2CO_3 的溶液中浸渍，取出放在阴凉处晾干成白色制成，晾干后剪成条状贮存于棕色瓶中。可用来检验 Cl_2、Br_2、NO_2、O_2、$HClO$、H_2O_2 等氧化性物质，它们可使试纸变蓝。

醋酸铅试纸是将滤纸用 10% $Pb(Ac)_2$ 溶液浸泡后晾干制成。可用来检验痕量的 H_2S 气体。H_2S 气体与湿润的 $Pb(Ac)_2$ 试纸反应生成 PbS 沉淀，PbS 沉淀为黑褐色并有金属光泽，有时颜色较浅，但一定有金属光泽出现。当溶液中 S^{2-} 浓度太小时，则不易检出。

硝酸银试纸为黄色，遇 AsH_3 气体有黑斑生成。

2. 试纸的使用

使用 pH 试纸，可快速检验出溶液的酸碱性及大致的 pH 范围。使用方法为：将剪成小块的试纸放在表面皿、玻璃片或点滴板上，用洁净干燥的玻璃棒蘸取待测溶液，点滴于试纸的中部，待试纸变色后，将其与所附的标准色板比较，便可粗略确定溶液的 pH 值。

使用 pH 试纸时需要注意：

① 不能将试纸浸泡在待测溶液中，以免造成误差或污染溶液。

② 试纸不能测浓硫酸的 pH 值。

③ 试纸不可接触试管口、试剂瓶口、导管口等。

④ 测定溶液的 pH 值时，试纸不可事先用蒸馏水润湿，因为润湿试纸相当于稀释了被检验的溶液，导致测量不准确。

⑤ 取出试纸后，应将盛放试纸的容器盖严，以免被实验室的一些气体沾污。

⑥ 用过的试纸不能倒入水槽内。

⑦ 用试纸检查挥发性物质及气体时，先将试纸用蒸馏水润湿，粘在玻璃棒的一端，悬空放在气体出口处，观察试纸颜色变化，判断气体的性质。

二、滤纸

我国生产的滤纸主要有定量分析滤纸、定性分析滤纸和层析定性分析滤纸三种。按过滤速度和分离性能的不同，又分为快速、中速和慢速三种。在实验过程中，应当根据沉淀的性质和数量，合理地选用滤纸。

定量分析滤纸在制造过程中，纸浆经过盐酸和氢氟酸处理，再经过蒸馏水洗涤，纸纤维中的大部分杂质都已除去，所以灼烧后残留灰分很少，对分析结果几乎不产生影响，适于精密定量分析。如直径 12.5cm 的定量滤纸质量约为 1g，灼烧后其灰分质量不超过 0.1mg，在重量分析中可忽略不计，故定量分析滤纸又称无灰滤纸。

目前国内生产的定量分析滤纸分快速、中速、慢速三类，在滤纸盒上分别用白带（快速）、蓝带（中速）、红带（慢速）为标志分类。滤纸的外形有圆形和方形两种，圆形定量滤纸的规格按直径分有 $\phi 9cm$、$\phi 11cm$、$\phi 12.5cm$、$\phi 15cm$ 和 $\phi 18cm$ 数种。方形定量滤纸的规格有 $60cm \times 60cm$ 和 $30cm \times 30cm$。

定性分析滤纸一般残留灰分较多，常用于定性分析和过滤操作，不能用于质量分析。在使用定性分析滤纸过滤沉淀时应注意：由于滤纸的机械强度和韧性都较差，尽量少用抽滤的办法过滤，如必须加快过滤速度，为防止滤纸破裂而导致过滤失败，在减压过滤时，可根据真空度大小在漏斗中叠放 2~3 层滤纸。在用真空抽滤时，可先垫一层致密滤布，上面再放滤纸过滤。

层析定性分析滤纸主要是在纸色谱分析法中用作担体，进行待测物的定性分离。

第九节 pH计

pH 计也称酸度计，是用电位法测定溶液 pH 值的一种电子仪器。它能准确测量各种溶液的 pH 值，也能测量电池的电动势。pH 计主要是利用指示电极、参比电极在不同

pH 值的溶液中产生不同的电动势，将此电动势输入到电位计后，经过电子转换，最后在指示器上指示出测量结果。

一、基本原理

由 pH 玻璃电极（指示电极）、甘汞电极（参比电极）和被测的试样溶液组成一个化学电池，由 pH 计在零电流的条件下测量该化学电池的电动势。根据 pH 计使用定义：

$$pH_X = pH_s + \frac{E_X - E_s}{0.0592} \quad (25℃)$$

式中，pH_X 和 E_X 分别为未知试样的 pH 值和电动势；pH_s 和 E_s 为标准缓冲溶液的 pH 值和电动势。

用标准缓冲溶液校正 pH 计后，pH 计即直接给出被测试液的 pH 值。其原理是当测量标准缓冲溶液 pH 值的时候，利用电位调节器，把读数直接调节在标准缓冲溶液的 pH 值上，这样测定未知溶液时，指针就直接指出溶液的 pH 值，省去计算手续。一般把前一步称为"校准"，后一步称为"测量"。一台已校准过的仪器在一定时间内可连续测量若干份未知液，如果电极不十分稳定，则需经常校准。

二、PHSJ-4A 型 pH 计结构

PHSJ-4A 型 pH 计外形结构见图 2-47。

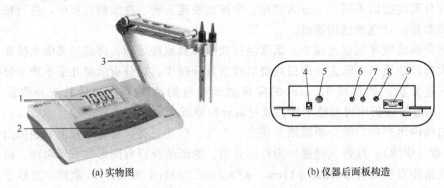

(a) 实物图　　　　　　　　　　　(b) 仪器后面板构造

图 2-47　PHSJ-4A 型 pH 计

1—显示屏；2—按键面板；3—电极架；4—电源插座；5—测量电极插座；6—参比电极接线柱；
7—接地接线柱；8—温度传感器插座；9—RS-232 接口（打印机接口）

三、PHSJ-4A 型 pH 计使用方法

1. 开机

按下"ON/OFF"键，仪器将显示"PHSJ—4A pH 计"和"雷磁"商标，显示几秒后，仪器自动进入 pH 值测量工作状态。

2. 仪器校准

仪器校准有一点校准和二点校准两种方式。

（1）一点校准　只采用一种标准缓冲溶液对仪器进行校准，用于自动校准仪器的定位值。仪器把 pH 复合电极的理论斜率作为 100%，在测量精度要求不高的情况下，可采用此方法，简化操作。操作步骤如下：

① 将 pH 复合电极和温度传感器分别插入仪器的测量电极插座和温度传感器插座内，并将该电极用蒸馏水清洗干净后，放入标准缓冲溶液中。

② 在仪器处于任何工作状态下，按"校准"键，仪器即进入"标定 1"工作状态，此

时,仪器显示"标定1"以及当前测得的pH值和温度值。

③ 当显示屏上的pH值读数趋于稳定后,按"确认"键,仪器显示"标定1结束!"以及pH值和斜率值,说明仪器已完成一点校准。此时,"pH""mV""校准"和"等电位点"键均有效。如按下其中某一键,则仪器进入相应的工作状态。

(2) 二点校准 选用二种标准缓冲溶液对仪器进行校准,可测得pH复合电极的实际斜率。操作步骤如下:

① 在完成一点校准后,将电极取出重新用蒸馏水清洗干净,放入另一标准缓冲溶液中。

② 再按"校准"键,使仪器进入"标定2"工作状态,仪器显示"标定2"以及当前的pH值和温度值。

③ 当显示屏上的pH值读数趋于稳定后,按下"确认"键,仪器显示"标定2结束!"以及pH值和斜率值,说明仪器已完成二点校准。此时,"pH""mV""温度"和"等电位点"键均有效。如按下其中某一键,仪器进入相应的工作状态。注意:仪器经过校准后得到的参数值关机后不会丢失。

3. pH值/mV测量

pH复合电极校准后,再按"pH"键或"mV"键,仪器进入pH或电动势测量状态。

四、注意事项

(1) 电极在测量前必须用已知pH值的标准缓冲溶液进行校准,而且其pH值越接近被测溶液的pH值越好。

(2) 每测定一个溶液之前,必须用蒸馏水冲洗电极,并用滤纸吸干上面的水珠,以免污染或稀释被测溶液,影响测量结果。

(3) 测量完毕,应将电极保护帽套上,电极帽内应放少许外参比补充液,以保证电极球泡的湿润。

(4) 复合电极的外参比补充液为$3mol·L^{-1}$的KCl,补充液可从上端小孔加入。

(5) 仪器输入端(复合电极插口)必须保持清洁干燥,不使用时将短路插头插入,使仪器输入处于短路状态,这样能防止灰尘进入,并能保护仪器不受静电影响。

(6) 电极应避免长期浸在蒸馏水、蛋白质溶液、酸性氟化物溶液中,并防止和有机硅油脂接触。

实验2-6 醋酸解离常数的测定

【实验目的】

1. 练习溶液的配制及移液管的使用。
2. 学习pH法测定醋酸的解离常数。
3. 掌握pH计的使用方法。

【实验原理】

醋酸(CH_3COOH,HAc)是一元弱酸,在溶液中存在着如下解离平衡:

$$HAc(aq) + H_2O(l) \rightleftharpoons H_3O^+(aq) + Ac^-(aq)$$

HAc 解离常数表达式为：

$$K_a^\ominus(HAc) = \frac{[c(H_3O^+)/c^\ominus][c(Ac^-)/c^\ominus]}{[c(HAc)/c^\ominus]}$$

可简写为：
$$K_a^\ominus(HAc) = \frac{c(H_3O^+)c(Ac^-)}{c(HAc)} = \frac{c(H^+)c(Ac^-)}{c(HAc)}$$

若忽略水的解离，则 $c(H^+) = c(Ac^-)$，设 HAc 的初始浓度为 $c_0 \text{ mol·L}^{-1}$，则平衡时：$c(HAc) = c_0 - c(H^+)$，则：

$$K_a^\ominus(HAc) = \frac{c^2(H^+)}{c_0 - c(H^+)}$$

在一定温度下，用 pH 计测定已知浓度 (c_0) 醋酸溶液的 pH，根据 $pH = -\lg[c(H^+)/c^\ominus]$，求出 $c(H^+) = 10^{-pH}$，代入上式，可求出该溶液的 $K_a^\ominus(HAc)$。测定一系列已知浓度的醋酸溶液的 pH 值，求出一系列 $K_a^\ominus(HAc)$，取其平均值，即为该温度下醋酸的解离常数。

25℃时，$K_a^\ominus(HAc)$ 理论值为 1.8×10^{-5}，$pK_a^\ominus(HAc) = 4.74$。

【仪器、药品及材料】

仪器：PHSJ-4A 型 pH 计，容量瓶（50mL 4 个），烧杯（50mL 5 个），移液管（25mL，10mL），吸量管（5mL），吸耳球。

药品：HAc 标准溶液（0.10mol·L^{-1}）。

【实验步骤】

1. 不同浓度醋酸溶液的配制

将 4 个 50mL 容量瓶贴上标签并编号，用移液管或吸量管准确移取 2.5mL，5.0mL，10mL，25mL 0.10mol·L^{-1} 的 HAc 标准溶液分别置于 1~4 号容量瓶中，加蒸馏水至刻度，摇匀。

2. 不同浓度醋酸溶液 pH 的测定

(1) 将 5 个 50mL 小烧杯贴上标签并编号后，用上述容量瓶中的 HAc 溶液分别润洗相应烧杯 2~3 次，然后将 HAc 溶液倒入烧杯中。取约 25mL 0.1mol·L^{-1} 的 HAc 标准溶液放入 5 号烧杯中。

(2) 用 pH=4.00 的标准缓冲溶液校准仪器。

(3) 按 HAc 浓度由低到高的顺序，用 pH 计依次测定溶液的 pH 值，记录实验数据（注意保留两位有效数字）。

3. 数据记录与处理

温度：_____ ℃　　pH 计编号：_____　　标准醋酸溶液的浓度：_____ mol·L^{-1}

烧杯编号	c_0/(mol·L^{-1})	pH	$c(H_3O^+)$/(mol·L^{-1})	$K_a^\ominus(HAc)$	$\overline{K_a^\ominus}(HAc)$
1					
2					
3					
4					
5					

将实验测得的 5 个 $K_a^\ominus(\text{HAc})$ 取平均值作为实验结果,并计算标准偏差 s:

$$s = \sqrt{\frac{\sum_{i=1}^{n}[K_{a,i}^\ominus - \overline{K_a^\ominus}(\text{HAc})]^2}{n-1}}$$

【注意事项】
1. 实验所用烧杯如果是干净且干燥的,则不用润洗。容量瓶不需干燥。
2. 注意要用蒸馏水稀释醋酸溶液,不能用自来水。
3. 应按照醋酸溶液浓度由低到高的顺序进行测定。
4. 缓冲溶液及待测醋酸溶液所用烧杯、容量瓶均需要贴上标签并编号,以免混乱。
5. pH 计使用后,应将 pH 复合电极清洗干净后,将电极帽拧上,使玻璃泡浸入补充液中保存。

第十节 分光光度计

分光光度计是根据物质分子对不同波长的光或特定波长的光具有吸收特性而进行定性、定量或结构分析的光学仪器。常见的仪器类型有可见分光光度计、紫外-可见分光光度计、紫外分光光度计。分光光度计具有较高的灵敏度和准确度,操作简单,测定快速,是在紫外、可见光区进行吸光度分析的常用仪器。

一、基本原理

物质对可见光或紫外光的选择性吸收在一定的实验条件下符合 Lambert-Beer(朗伯-比尔)定律,即溶液中的吸光分子吸收一定波长光的吸光度与溶液中该吸光分子的浓度 c 的关系为:

$$A = \lg\frac{I_0}{I_t} = \kappa b c$$

式中,A 为物质吸光度;I_0 为入射光强度,I_t 为透射光强度;κ 为该物质的摩尔吸收系数;b 为样品溶液的厚度;c 为溶液中待测物质的浓度。

根据 A 与 c 的线性关系,通过测定标准溶液和试样溶液的吸光度,用图解法或计算法,可求得试样中待测物质的浓度。

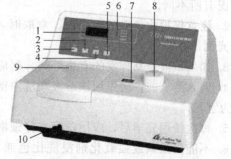

图 2-48 722s 型分光光度计实物图
1—数值显示窗;2—0%ADJ 键;3—100%ADJ 键;4—FUNC 键;5—MODE 键;6—模式指示灯(TRANS:透射比指示灯;ABS:吸光度指示灯;FACT:浓度因子指示灯;CONC:浓度直读指示灯);7—波长视窗;8—波长调节旋钮;9—样品室;10—样品架拉杆

二、722s 型分光光度计结构

仪器外形结构见图 2-48。

三、使用方法

1. 开机预热

为使仪器内部达到热平衡,开机后预热时间不少于 30min。

2. 改变波长

通过旋转波长调节旋钮改变波长，选择需要的波长值。调节波长时，视线一定要与视窗垂直。

3. 放置参比溶液和样品溶液

把盛有参比溶液和样品溶液的比色皿放到四槽位样品架内，参比溶液放在第一格。用样品架拉杆来改变四槽位样品架的位置。当拉杆到位时有定位感，到位时请前后轻轻推拉一下以确保定位正确。

4. 置0%T

检查透射比（TRANS）指示灯是否亮。若不亮则按 MODE 键，点亮透射比指示灯。打开样品室盖，切断光路（或将黑体置入四槽位样品架中，用样品架拉杆来改变四槽位样品架的位置，使黑体遮断光路）后，按"0%ADJ"键即能自动置0%T为0.000，一次未到位可加按一次。

5. 置100%T

将参比溶液置入样品室光路中，关闭掀盖后，按"100%ADJ"键即能自动置100%T为100.0，一次未到位可加按一次。可重复调整0%T和100%T。

6. 测定

待仪器稳定后，将拉杆拉出，测定样品溶液的吸光度。测定完成后，取出比色皿，洗净擦干（或晾干），放入盒内，切断电源，关闭仪器。

四、注意事项

1. 改变波长后必须重新调整0%T和100%T。
2. 仪器在预热、间歇期间，要将样品室暗箱盖打开，以防光电管受光时间过长疲劳。

五、比色皿的使用方法

1. 比色皿要配对使用，因为相同规格的比色皿仍有差异，导致光通过待测溶液时吸收情况有所不同。
2. 注意保护比色皿的透光面。拿取时，手指应捏住其毛玻璃的两面，以免沾污或磨损透光面。
3. 如果试液是易挥发的有机溶剂，则应加盖后，放入样品架拉杆上。
4. 倒入溶液前，应先用该溶液润洗内壁2~3次，倒入量不可过多，以比色皿高度的4/5为宜。
5. 每次使用完毕后，应用蒸馏水仔细淋洗，并用高级擦镜纸擦拭。
6. 不能用强碱或强氧化剂浸洗比色皿，可用稀盐酸或有机溶剂清洗，再用水洗涤，最后用蒸馏水淋洗2~3次。

实验2-7　无机化学实验基本操作阶段考试

【实验目的】

1. 通过考试，复习和巩固无机化学实验的基本操作技能。

2. 通过考试，考核学生对无机化学实验基本操作的掌握情况。

【评分标准】

1. 采用扣分制，根据评分细则表中规定的扣分项目，如果违反了该项操作则扣除相应分数，剩余分数即为得分。

2. 如果基本操作中关键步骤发生错误，该项目考试成绩按零分处理。如托盘天平操作中胶托一直未取下，配制溶液时在量筒内溶解等。

3. 实验基本操作考试不及格的学生，可参加一次补考。

【考试形式和具体方法】

采用抽签式，学生在所有考试题目中抽签决定考试题目，一般为1~2个题目。抽到相同题目的考生同时进行考试。考生可根据实验需要选取所需的仪器，实验药品由教师事先准备。考试时间长短根据实验内容确定。考试时，应自带笔、纸，将实验数据及处理结果及时记录下来。考试结束时，应将实验数据记录及处理结果一起上交。

【考题及评分细则】

1. **给试管中的水加热**（满分100分）

操作内容：取一个试管，在试管中加入少量水，用酒精灯加热。

扣分内容	扣分标准	扣分内容	扣分标准
试管未洗涤	5	管口对人	5
液体超过试管体积1/3	5	试管未倾斜45°	5
手拿试管加热	5	试管炸裂	5
试管夹用法不对	5	试管用后未处理	5
点火方法不对	5	未用灯帽盖灭并复盖	5
未事先预热	5	未清理实验台	5
未用外焰加热	5	超时	5

2. **用托盘天平称量一只小烧杯的质量**（满分100分）

操作内容：用托盘天平称量一只小烧杯的质量。

扣分内容	扣分标准	扣分内容	扣分标准
胶托未取下	100	平衡时指针偏差1小格以上	5
调节平衡前游码未回零	5	砝码读数错误	5
未调节平衡	5	未及时记录数据	5
物砝错位	100	托盘天平未复原	5
手拿砝码	5	未清理实验台	5
砝码使用顺序不当	5	超时	5
未使用游码	5		

3. **称量5.6g氯化钠晶体**（满分100分）

操作内容：用托盘天平称量5.6g氯化钠晶体。

扣分内容	扣分标准	扣分内容	扣分标准
胶托未取下	100	多取药品放回原瓶	10
调零前游码未回零	5	药品撒落台面	5
未调节平衡	5	零停点偏差1小格外	5
未用称量纸等	5	读数错误	5
手拿砝码	5	未及时记录数据	5
物砝错位	100	托盘天平未复原	5
砝码使用顺序不当	5	未清理实验台	5
未使用游码	5	超时	5
药匙未用滤纸擦拭	5		

4. 减量法称量0.10~0.12g硫酸铜晶体于锥形瓶中（满分100分）

操作内容：在电子天平上用减量法称量0.10~0.12g硫酸铜晶体于小烧杯中。

扣分内容	扣分标准	扣分内容	扣分标准
未使用称量瓶	5	倒出药品方式不当	10
称量瓶内药品过量较多	5	药品撒落台面未重做	100
天平未调节水平	5	药品撒落台面未清理	5
开机时天平未清零	5	天平未复原	5
未用纸条套住称量瓶瓶身	5	称量完毕称量瓶未倒空	5
未用纸条套住称量瓶瓶盖	5	称量完毕称量瓶未清洗	5
放入称量瓶后未清零	5	未清理实验台	5
称量时天平门未关	5	超时	5

5. 碘水中碘的萃取（满分100分）

操作内容：使用分液漏斗，用四氯化碳萃取碘水中的碘。

扣分内容	扣分标准	扣分内容	扣分标准
玻璃塞旋塞未检漏	5	放液时未与大气相通	5
液体总体积超过分液漏斗的3/4	5	上层液体未从漏斗口倒出	5
用错萃取剂	20	未多次萃取	5
未振摇混合	5	未清理实验台	5
未解除超压	5	超时	5

6. 用移液管移取10mL水于锥形瓶中（100分）

操作内容：用移液管或吸量管移取10.00mL蒸馏水于锥形瓶中。

扣分内容	扣分标准	扣分内容	扣分标准
移液管量程错误	5	移液管液面定位错误	5
移液管未清洗或未润洗	5	移液管未靠锥形瓶内壁	5
用移液管时手的操作错误	20	吹尖嘴内液体（带"吹"字除外）	5
移液管未伸入液面下约1cm处	5	未清理实验台	5
移液管有吸空现象	5	超时	5

7. 试剂的取用（一）（满分 100 分）

操作内容：

(1) 取少量氯化钠晶体，用纸槽送入试管底部。

(2) 用镊子取 1～2 粒锌粒于试管中。

(3) 在滴瓶中取 5 滴液体于试管中。

(4) 将所用仪器洗净，试剂归位。

	扣分内容	扣分标准		扣分内容	扣分标准
(1)	药匙未干燥	5	(3)	滴管在液面下鼓泡	5
	试剂瓶瓶盖未倒置	5		滴管不垂直	5
	取药品后瓶盖未立即盖上	5		滴管伸入试管	5
	粉末固体未用纸槽	5		滴管接触试管内壁	5
	药匙或纸槽未送入管底	5		滴管余液未挤入瓶内	5
	药品撒落台面	5		放回滴管时未松开胶帽，滴管内有试剂	5
	取用完毕台面未复原	5	(4)	实验完药品未处理	5
(2)	块状固体未用镊子取	5		实验完毕未清洗仪器	5
	镊子未洗净或擦净	5		未清理实验台	5
	装块状固体时试管未倾斜	5		仪器未归位	5
	击破试管	5		药品未归位	5
(3)	取液前未捏扁滴管胶帽	5		超时	5

8. 试剂的取用（二）（满分 100 分）

操作内容：

(1) 将细口瓶中的氯化钠溶液倾注约 2mL 于试管中。

(2) 用移液管取 6.00mL 硫酸铜溶液于小烧杯中。

(3) 用量筒量取 8.0mL 水倾入烧杯中。

(4) 将所用仪器洗净，试剂归位。

	扣分内容	扣分标准		扣分内容	扣分标准
(1)	细口瓶标签未对手心	5	(2)	承接仪器未倾斜 45°	5
	试管中所取氯化钠溶液体积大于 2mL	5		最后一滴吹出移液管	5
	试剂滴落试管外	5	(3)	量筒量程选择不当	5
	取用液体完毕未立即盖上瓶盖	5		量筒未清洗	5
	试剂瓶未放回原处	5		量筒读数方法不对	5
	试剂瓶标签未向外	5	(4)	实验完药品未处理	5
(2)	移液管未清洗	5		实验完毕未清洗仪器	5
	移液管未润洗	5		未清理实验台	5
	用拇指按住移液管管口	5		仪器未归位	5
	移液管内凹液面未与标线水平	5		药品未归位	5
	移液管未接触承接仪器内壁	5		超时	5

9. 溶液的配制（一）：0.02000mol·L^{-1}硫酸铜溶液的配制（满分100分）

操作内容：用0.5000mol·L^{-1}的硫酸铜溶液配制100mL 0.02000mol·L^{-1}的硫酸铜溶液。

扣分内容	扣分标准	扣分内容	扣分标准
计算原液体积不准确	5	移液管管口未接触承接仪器内壁	5
作粗略配制	5	容量瓶定容不准	5
容量瓶未洗涤	5	吸取原液体积错误	5
容量瓶未检漏	5	未上下翻动振摇容量瓶	5
容量瓶用原液润洗	5	未将容量瓶内溶液转入试剂瓶	5
吸量管未洗涤	5	试剂瓶未贴标签	5
吸量管未润洗	5	试剂瓶未归位	5
用拇指按住吸量管管口	5	未清理实验台	5
承接仪器未倾斜45°	5	超时	5

10. 溶液的配制（二）：0.5%的硫酸亚铁铵溶液的配制（满分100分）

操作内容：用$(NH_4)_2Fe(SO_4)_2·6H_2O$固体配制50g 0.5%的硫酸亚铁铵溶液（已知：$(NH_4)_2Fe(SO_4)_2·6H_2O$的摩尔质量为392.14g·mol^{-1}）。

扣分内容	扣分标准	扣分内容	扣分标准
没有计算过程	5	未用玻璃棒搅拌	5
计算不准确	5	配制的溶液未转入试剂瓶	5
称量不准确	5	未用滴管加水至刻度线	5
作精确配制	5	试剂瓶未贴标签	5
玻璃棒未清洗	5	未清理实验台	5
烧杯未清洗	5	超时	5
玻璃棒连续碰壁	5		

11. 粗盐的溶解与过滤（满分100分）

操作内容：用20mL水溶解约2g含泥沙的粗盐，然后过滤。

扣分内容	扣分标准	扣分内容	扣分标准
称量操作不当	5	玻璃棒未靠近滤纸三层处	5
在量筒内溶解	5	滤纸穿破	5
玻璃棒连续碰壁	5	未用玻璃棒引流	5
滤纸折法不对	5	液面未低于滤纸边缘	5
滤纸边缘未低于漏斗口	5	不澄清时未重新过滤	5
滤纸与漏斗壁间有气泡	5	未清理实验台	5
过滤器高度不当	5	超时	5
漏斗下端口未紧靠内壁	5		

【实验监考】

1. 监考教师必须严格限定考生的考试时间。考试结束要求考生立即停止操作，并退出考场。

2. 监考教师如发现有考生进行非常规操作，但当时无法判断其正误，可询问其理由，并记录，待考完后，交监考组审核。

知识拓展与课程思政

一、中国古代四大发明

2007年，英国《独立报》评出了改变世界的101个发明，中国的五种发明：指南针、造纸术、火药、印刷术及算盘赫然在列，其中前四种就是我们耳熟能详的四大发明。早在1550年，意大利数学家杰罗姆·卡丹就第一个指出，中国对世界具有影响的"三大发明"是司南（指南针）、印刷术和火药，并认为它们是"整个古代人类没有能与之相匹敌的发明"。四大发明这一说法，最早由英国汉学家艾约瑟提出，后来被许多中国的历史学家和大众所接受，四大发明对中国古代的政治、经济、文化发展产生了巨大的推动作用，并且这些发明经由各种渠道传播到西方后，对世界文明的发展也产生了积极的影响。

1. 指南针

中国是世界上公认发明指南针的国家。指南针的发明是我国古代劳动人民在长期的实践中对物体磁性认识的结果。指南针的前身是司南，主要组成部分是一根装在轴上可以自由转动的磁针。磁针在地磁场的作用下能指向地理的北极，利用这一性能可以辨别方向，常用于航海、大地测量、旅行及军事等方面。

2. 造纸术

西汉初年我国发明了造纸术。1986年，在甘肃天水放马滩出土的汉景帝时期的纸，是迄今所知最早的纸。早在西汉时，中国劳动人民就已经开始造纸。东汉时，蔡伦在总结前人经验的基础上，改进了造纸术，称"蔡侯纸"。他用树皮、麻头、破布和旧渔网等材料制成植物纤维纸。其中树皮造纸更是他的发明。根据史书记载和后人研究，蔡伦造纸术的基本特点归纳起来是用植物纤维为原料，经过切断、沤煮、漂洗、舂捣、帘抄、干燥等步骤制成的纤维薄片。他的造纸工艺更为精细，所用原料也更为广泛。

造纸术发展到这个阶段，已经摆脱了纺织品附庸的地位，发展成为一种独立的工艺，随着造纸术的传播，纸张先后取代了埃及的纸草、印度的树叶以及欧洲的羊皮等，引发了世界书写材料的巨大变革，因此，造纸术是书写材料的一次伟大革命。

3. 火药

火药是一种黑色或棕色粉末或颗粒物，是由硝酸钾、木炭和硫黄机械混合而成，因此又被称为黑火药。火药是中国古代炼丹家发明的，距今已有一千多年了。古人为求长生不老而炼制丹药，虽然炼丹术的目的没有实现，但最后却发明了火药。

黑火药着火时，发生如下化学反应：

$$2KNO_3 + S + 3C \longrightarrow K_2S + N_2\uparrow + 3CO_2\uparrow$$

硝酸钾分解放出的氧气，使木炭和硫黄剧烈燃烧，瞬间产生大量的氮气、二氧化碳等气体和热量。在有限的空间里，由于气体体积的急剧膨胀，压力猛烈增大，于是便发生爆炸。由于爆炸时有 K_2S 固体产生，往往有很多浓烟冒出，因此得名黑火药。火药和火药武器的广泛使用是世界兵器史上的一个划时代的进步，使整个作战方法发生了翻天覆地的变革，可以说中国的火药推进了世界历史的进程。如今工业上黑火药早已淘汰，但仍然在民间用于制造节日用的焰火和爆竹，有时还用于采石、伐木和矿山的爆破等。

4. 印刷术

我国唐朝时期，人们把刻制印章和从刻石上拓印文字两种方法结合起来，发明了雕版印刷术。唐代留下的《金刚经》，精美清晰，是世界上最早（868 年）的标有确切日期的雕版印刷品。11 世纪中期的宋代，毕昇（972—1051 年）发明了活字印刷术，使印刷术得到了普遍推广。北宋政治家、科学家、道学家沈括在《梦溪笔谈》（1088 年）中有一篇文章叫《活板》，文章详细介绍了活板印刷术的全过程。沈括详细地描述了毕昇制作陶土字形、捡字排列、印刷、拆解等过程，文字通俗易懂，言简意赅。宋代虽然发明了活字印刷术，但是后来普遍使用的仍然是雕版印刷术。雕版印刷术的发明大大促进了文化的传播。中国的雕版印刷大约在 11 世纪以后由阿拉伯传到欧洲，12 世纪左右传到埃及，14 至 15 世纪欧洲开始流行印刷术。

二、侯氏制碱法的创始人侯德榜

侯德榜（1890 年 8 月 9 日—1974 年 8 月 26 日），男，名启荣，字致本，生于福建闽侯，著名科学家，杰出化学家，侯氏制碱法的创始人，中国重化学工业的开拓者。近代化学工业的奠基人之一，是世界制碱业的权威。

碳酸钠是一种重要的无机化工原料，主要用于平板玻璃、玻璃制品和陶瓷釉的生产。还广泛用于生活洗涤以及食品加工等。碳酸钠在工业生产和国民生活中有着重要应用，但在 20 世纪初一直受制于国外。侯德榜制碱法为科学技术和我国化学工业的发展做出了卓越贡献。

1921 年，侯德榜受永利制碱公司总经理范旭东的邀聘，出任永利技师长，承担起续建碱厂的技术重任。他带领广大职工长期艰苦努力，解决了一系列技术难题，于 1926 年取得成功，正常生产出优质纯碱。同年 8 月，在美国费城万国博览会上，永利的红三角牌纯碱被授予金质奖章。后来，他又领导一大批科研设计人员经过艰苦努力，于 1941 年实现联产纯碱与氯化铵化肥的新工艺。1943 年完成半工业装置试验。1943 年，中国化学工程师学会一致同意将这一新的联合制碱法命名为"侯氏联合制碱法"，又称侯氏制碱法，循环制碱法或双产品法。

侯德榜一生在化工技术上有三大贡献：第一，揭开了索尔维法的秘密；第二，创立了中国人自己的制碱工艺——侯氏制碱法；第三，为发展小化肥工业做出了贡献。

虽然索尔维制碱法的原理很简单，但是具体的生产工艺却完全靠自己摸索。从工艺设计、材料选择到设备的挑选和安装等都要经过一个又一个难关，侯德榜都亲力亲为，不断解决一个又一个的难题。

模块三

物理化学常数测定实验

实验3-1 摩尔气体常数的测定

【实验目的】
1. 学习摩尔气体常数的测定方法。
2. 掌握理想气体状态方程和分压定律的应用。
3. 进一步巩固电子天平的使用和有效数字的概念。
4. 学习数据的测量、记录、处理及计算等方法。

【实验原理】
一定质量的镁或铝与盐酸或硫酸反应，会生成一定物质的量的氢气，测定生成氢气的体积、温度和压力，根据理想气体状态方程，即可计算出摩尔气体常数。

金属铝、镁与硫酸反应的方程式为：

$$2Al(s)+3H_2SO_4(aq)=\!\!=\!\!=Al_2(SO_4)_3(aq)+3H_2(g)$$
$$Mg(s)+H_2SO_4(aq)=\!\!=\!\!=MgSO_4(aq)+H_2(g)$$
$$p_{H_2}V_{H_2}=n_{H_2}RT$$
$$R=\frac{p_{H_2}V_{H_2}}{n_{H_2}T}$$

实验时的温度和压力可通过精密温度计和压力计测得。实验中，氢气是采用排水法收集的，氢气中含有少量水蒸气，根据分压定律：

$$p_{H_2}+p_{H_2O}=p_{大气压}$$

大气压可通过水银气压计测量，单位是 mmHg，760mmHg=101325Pa；水蒸气的饱和蒸气压可通过附录7查得。若室温为16.7℃，则水的饱和蒸气压可用插入法近似求得：查表得，16℃时，p_1=1817Pa；17℃时，p_2=1937Pa；则1℃温差，水的饱和蒸气压相差 (1937−1817) Pa。设16.7℃时水蒸气的饱和蒸气压为p_{H_2O}，则有：

$$p_{H_2O}=[1817+(1937-1817)\times(16.7-16.0)]Pa=1901Pa$$

由此可计算出某温度下水的饱和蒸气压。

氢气的体积V_{H_2}可通过测量量气管内气体体积变化得到。

氢气的物质的量n_{H_2}可通过称量参与反应的金属的质量计算得到：

$$n_{H_2}=\frac{3m_{Al}}{2M_{Al}}=\frac{m_{Mg}}{M_{Mg}}$$

将以上各数据代入理想气体状态方程即可求出摩尔气体常数R。

【仪器、药品及材料】
仪器：电子天平，碱式滴定管（50mL），玻璃漏斗，小试管，蝴蝶夹，铁架台。
药品：H_2SO_4（3mol·L^{-1}），镁条或铝片。

【实验步骤】
(1) 准确称量已去掉氧化膜的镁片（0.029～0.038g）或铝片（0.022～0.030g）。
(2) 按图3-1所示安装仪器。取下小试管，移动漏斗和铁圈，使量气管中的水面略低于零刻度,然后把铁圈固定。

(3) 在小试管中用滴管加入约 3mL 3mol·L^{-1} 的 H_2SO_4 溶液,将已称量的镁条或铝片蘸水贴于管壁,但切勿与硫酸接触。将小试管固定,塞紧胶塞,然后将各连接处塞紧并连接好。

(4) 检漏:将漏斗向下(或向上)移动一段距离,使漏斗内水面略低于(或高于)量气管中的液面。使漏斗固定不动一段时间,如果量气管内液面不断下降(或上升),说明装置漏气。应检查各连接处是否接好,重复检查直至不漏气为止。

(5) 检验完装置的气密性后,调整漏斗位置,使量气管内液面与漏斗内液面在同一水平面上(使管内压力与外界大气压相等),然后读出量气管内液面读数 V_1。此时应使量气管内液面读数在 0~10mL 之间。以免初始体积太大,反应后量气管内液面读数超出 50mL 量程。量气管内液面读数要保留到小数点后两位。

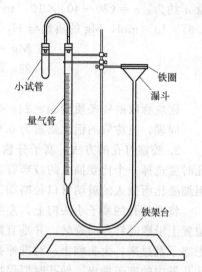

图 3-1 测定摩尔气体常数装置

(6) 轻轻摇落镁条或铝片,此时立即反应放出氢气。为避免量气管内压力过大造成漏气,在量气管内液面下降的同时,随之下移漏斗,使漏斗内液面与量气管内液面保持同高。反应停止后,待小试管及量气管冷却至室温,移动漏斗使漏斗和量气管内液面相平,读出量气管内液面读数 V_2。

(7) 记录室温 t 和大气压 $p_{大气压}$,查表求出该温度下水的饱和蒸气压。

(8) 将上述数据代入理想气体状态方程,计算摩尔气体常数 R。

【数据记录与处理】

镁片质量:$m_{Mg}=$ _____ g　镁片的物质的量:$n_{Mg}=$ _____ mol

铝片质量:$m_{Al}=$ _____ g　铝片的物质的量:$n_{Al}=$ _____ mol

反应前液面读数:$V_1=$ _____ mL= _____ m^3

反应后液面读数:$V_2=$ _____ mL= _____ m^3

氢气体积:$V_{H_2}=V_2-V_1=$ _____ mL= _____ m^3

室温:$t=$ _____ ℃　$T=$ _____ K

大气压:$p_{大气压}=$ _____ mmHg= _____ Pa

室温下水的饱和蒸气压:$p_{H_2O}=$ _____ Pa

氢气分压:$p_{H_2}=p_{大气压}-p_{H_2O}=$ _____ Pa

氢气的物质的量:$n_{H_2}=$ _____ mol

摩尔气体常数:$R=\dfrac{p_{H_2}V_{H_2}}{n_{H_2}T}=$ _____ J·mol^{-1}·K^{-1}

相对误差:$E_r=\dfrac{|R_{实验值}-R_{理论值}|}{R_{理论值}}\times100\%=$ _____ %　($R_{理论值}=8.314$ J·mol^{-1}·K^{-1},要求相对误差≤1%)

【注意事项】

1. 镁条称取质量的计算:根据理想气体状态方程,30~40mL H_2 在室温下的物质的

量 n 约为：$n = (30 \sim 40) \times 10^{-6} \text{m}^3 \times 101325\text{Pa}/8.314\text{J} \cdot \text{K}^{-1} \cdot \text{mol}^{-1} \times 300\text{K} = (1.2 \sim 1.6) \times 10^{-3} \text{mol}$，Mg 的质量与 H_2 的物质的量之间符合下列关系：

$$\begin{array}{ll} \text{Mg} & \text{---} \text{H}_2 \\ 24\text{g} & 1\text{mol} \\ m & (1.2 \sim 1.6) \times 10^{-3} \text{mol} \end{array}$$

则应称取的镁条质量 $m = 24\text{g} \times (1.2 \sim 1.6) \times 10^{-3} \text{mol}/1\text{mol} = 0.029 \sim 0.038\text{g}$。

同理，应称取的铝片质量为 $0.022 \sim 0.030\text{g}$。

2. 胶塞打孔的方法：塞子分软木塞和橡皮塞。软木塞打孔前要压紧压软。橡皮塞钻孔时要选择一个比要插入的玻璃管或温度计管口略粗的打孔器；软木塞钻孔时，打孔器的粗细要比所插入的玻璃管口径略细。

将要钻孔的塞子小头向上，左手拿住塞子放在桌上，右手按住钻孔器手柄，在选定的位置上沿顺时针方向旋转，并垂直向下钻，钻到一半时，按逆时针方向旋转退出钻孔器，把塞子翻过来，大头朝上，对准原孔的方向按同样操作钻孔，直到打通为止，再用通条把钻孔器中的塞子捅出，钻孔时要保持钻孔器与塞子垂直，以免打斜，若塞孔稍小或不光滑时，可用圆锉修整。

3. 蝴蝶夹应安装在铁架台的顶端，漏斗夹应安装在蝴蝶夹的下方，方便向下移动漏斗。

4. 蝴蝶夹应夹在量气管管口附近，漏斗应尽量贴近蝴蝶夹下部，以使液面初始读数 V_1 在 $0 \sim 10\text{mL}$ 之间，以免气体体积过多超出量程。

5. 一定要检查完装置的气密性后再进行实验。

6. 镁条应打磨光亮后再进行称量，铝片也应打磨后称量。

7. 漏斗内的水要少些，以免水满后溢出。下移时如果水量过多，可倒出少许。反应开始后应随即将漏斗向下移动，以免压力过大，造成漏气。

8. 测量氢气体积时，应待量气管内气体降到室温后再进行测量。

9. 胶管不能打折，以免堵塞气道，使胶塞崩开。应事先检查胶管，若老化要及时更换。

10. 可用滴管取约 3mL 硫酸或盐酸溶液，一滴管内溶液的体积约为 1mL。可取 10 滴管水滴入 10mL 量筒内，估算一下每滴管溶液的体积。滴加酸时，注意不要滴在试管壁上。

11. 由于称取的镁条质量只有三位有效数字，因此，R 值只保留三位有效数字。

12. 计算时需要进行单位换算：$1\text{mL} = 10^{-6} \text{m}^3$；$760\text{mmHg} = 101325\text{Pa}$。

实验3-2 氯化铵生成焓的测定

【实验目的】

1. 学习化学反应热效应的测定方法。
2. 学习用简易热量计测定物质生成焓的方法。
3. 学习数据的测量、记录、处理及计算等方法。

【实验原理】

化学反应常伴随着能量的变化。当反应物和生成物的温度相同时，化学反应过程中吸收或放出的热量称为化学反应热。反应热分为定压反应热和定容反应热。在定压条件下进行反应的反应热称为定压反应热，在定容条件下进行反应的反应热称为定容反应热。在化学热力学中，定压反应热用反应的焓变 ΔH 来表示。

标准摩尔生成焓是指在温度 T 下，由参考状态单质生成 1mol 某物质时该反应的标准摩尔焓变（$\Delta_f H_m^{\ominus}$）。可以利用生成反应测定某化合物的标准摩尔生成焓，也可以用其他物质的标准摩尔生成焓，通过设计热力学循环，利用 Hess 定律而求得。氯化铵标准摩尔生成焓可通过如下热力学循环求得：

$$\frac{1}{2}N_2(g) + 2H_2(g) + \frac{1}{2}Cl_2(g) \xrightarrow{\Delta_f H_m^{\ominus}(NH_4Cl,s)} NH_4Cl(s)$$

$$\downarrow \Delta_f H_m^{\ominus}(NH_3,aq) \downarrow \Delta_f H_m^{\ominus}(HCl,aq) \qquad \uparrow -Q_m^{\ominus}$$

$$NH_3(aq) + HCl(aq) \xrightarrow{\Delta_r H_m^{\ominus}} NH_4Cl(aq)$$

则 $\Delta_f H_m^{\ominus}(NH_4Cl,s) = \Delta_f H_m^{\ominus}(NH_3,aq) + \Delta_f H_m^{\ominus}(HCl,aq) + \Delta_r H_m^{\ominus} - Q_m^{\ominus}$

查表可得：$\Delta_f H_m^{\ominus}(NH_3,aq) = -80.29 \text{kJ} \cdot \text{mol}^{-1}$，$\Delta_f H_m^{\ominus}(HCl,aq) = -167.15 \text{kJ} \cdot \text{mol}^{-1}$，$\Delta_f H_m^{\ominus}(NH_4Cl,s)$ 理论值为 $-314.4 \text{kJ} \cdot \text{mol}^{-1}$。利用热量计分别测定 HCl(aq) 与 $NH_3 \cdot H_2O(aq)$ 反应的中和热及 $NH_4Cl(s)$ 的溶解热 $Q_m^{\ominus}$，即可求得 $\Delta_f H_m^{\ominus}(NH_4Cl,s)$。

$\Delta_r H_m^{\ominus}$ 可通过将相同物质的量 n_1 的氨水和盐酸溶液混合后，测定其反应热 ΔH 求得；$Q_m^{\ominus}$ 可通过将一定物质的量 n_2 的固体氯化铵溶解于水，测得溶解热 Q 求得。注意，需将求得的反应热 ΔH 和溶解热 Q 换算成摩尔反应热 $\Delta_r H_m^{\ominus}$ 和摩尔溶解热 $Q_m^{\ominus}$，然后代入公式进行计算。

$$\Delta_r H_m^{\ominus} \approx \frac{\Delta H}{n_1} \qquad Q_m^{\ominus} \approx \frac{Q}{n_2}$$

反应热的测定方法有很多。可采用简易热量计测量反应过程中的热量变化，其原理是假定反应是在绝热体系内进行，这样反应热仅用于与封闭系统内产物体系及热量计进行热交换。根据反应前后系统内温度的变化、水的比热容、热量计的热容、反应物的物质的量可以近似计算反应的反应热。

本实验采用简易热量计（图 3-2）测定反应热和溶解热。对于放热（或吸热）反应，反应放出（或吸收）的热被热量计和生成物溶液吸收，温度升高（或降低）：

$$\Delta H = (mc\Delta T + C_p \Delta T)$$

式中，m 为溶液的质量，g；c 为溶液的比热容，可用水的热容代替，$c = 4.184 \text{J} \cdot \text{g}^{-1} \cdot \text{K}^{-1}$，$\Delta T$ 为反应后与反应前的最大温度差，K；C_p 为热量计热容，$\text{J} \cdot \text{K}^{-1}$。

由于反应后体系的温度需要一段时间才能升到最高值，而实验所用的简易热量计不是严格的绝热系统，在这段时间内热量计不可避免地会与周围环境发生热交换。为了校正由此带来的温度偏差，需用图解法确定系统温度变化的最大值，即以测得的温度为纵坐标，时间为横坐标绘图，见图 3-3。按虚线外推到开始混合的时间（$t=0$），求出温度变化最大值 ΔT，这个外推的 ΔT 值能较客观地反映出由反应热所引起的真实温度变化。

热量计的热容是指使热量计温度升高 1K 时所需的热量。测定方法为：在热量计中加入一定质量 m、温度为 T_1 的冷水，再加入相同质量、温度为 T_2 的热水，测定混合后水的最高温度 T_3（由图解法求得），则

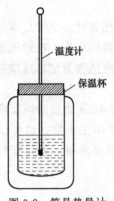

图 3-2 简易热量计

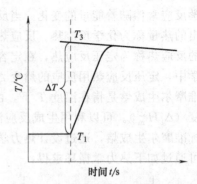

图 3-3 图解法外推求最高温度 T_3

热水失热 $Q=mc(T_2-T_3)$

冷水得热 $Q=mc(T_3-T_1)$

热量计得热 $Q=C_p(T_3-T_1)$

得热之和等于失热之和，则热量计热容为：

$$C_p=\frac{mc(T_2-T_3)-mc(T_3-T_1)}{T_3-T_1}$$

【仪器、药品及材料】

仪器：简易热量计（由保温杯、一支 0.1K 温度计组成），托盘天平，秒表，烧杯（100mL），量筒（100mL）。

药品：HCl（1.5mol·L^{-1}），NH$_3$·H$_2$O（1.6mol·L^{-1}），NH$_4$Cl（s）。

【实验步骤】

1. 热量计热容的测定

（1）用量筒量取 100mL 冷蒸馏水倒入热量计中，盖好后适当摇动，3min 后测量水温 T_1（精确到 0.1℃）。

（2）在 100mL 烧杯中加入 100mL 热蒸馏水（与冷水温差 30℃左右），静置 1~2min，测量水温 T_2（精确到 0.1℃）。尽快将水倒入热量计中，立即盖好带有温度计的杯盖，然后不断摇动保温杯，同时记录时间和水温。每隔 10~30s 记录一次温度，直到温度上升至最高点，再继续测定 2min。作出温度-时间关系图，用外推法求出最高温度 T_3，计算热量计热容 C_p。

2. 盐酸与氨水反应中和热的测定

（1）用量筒取 1.5mol·L^{-1} 盐酸溶液 100mL 倒入烧杯备用。洗净量筒，再量取 1.5mol·L^{-1} 氨水 100mL 倒入热量计中，盖好后摇动保温杯，连续记录氨水温度 3min，每隔 10~30s 记录一次，精确到 0.1℃，以下相同。

（2）将烧杯中的盐酸倒入热量计，立即盖好杯盖后不断摇动保温杯，同时记录时间和水温，直到温度上升至最高点，再继续测定 2min。作出温度-时间关系图，用外推法求出 ΔT。计算盐酸溶液与氨水反应的反应热 ΔH，再根据二者完全反应时消耗的物质的量求出 $\Delta_r H_m^\ominus$。

3. 氯化铵溶解热的测定

称取 4.0g NH$_4$Cl（s）备用。量取 100mL 蒸馏水，倒入热量计中，盖好杯盖后不断摇动保温杯,测量并记录水温 3min。然后加入 NH_4Cl(s) 并立即盖上杯盖,测量温度-时间数据。不断摇动保温杯,促使固体溶解,直至温度降到最低点后,再测量 2min。作出温度-时间关系图,用外推法求出 ΔT。计算氯化铵固体的溶解热 Q,再根据氯化铵固体的物质的量计算 $Q_m^\ominus$。

【数据记录与处理】

1. 热量计热容的测定

（1）混合前

测量项目	冷水 T_1								热水 T_2
时间/s									
温度/℃									

（2）混合后

时间/s	0								
温度/℃									$T_3=$

2. 盐酸和氨水反应中和热的测定

（1）反应前

时间/s									
氨水温度/℃									

（2）反应后

时间/s									
混合液温度/℃									

3. 氯化铵溶解热的测定

（1）溶解前

时间/s									
水的温度/℃									

（2）溶解后

时间/s									
水的温度/℃									

4. 数据处理

	实验次数	1	2	3
1. 热量计热容的计算	冷水温度 T_1/℃			
	热水温度 T_2/℃			
	混合后温度 T_3/℃			
	热水质量 $m=\rho V$/g			
	热水放热 $Q_{热}=mc(T_2-T_3)$/J			
	冷水质量 $m=\rho V$/g			

续表

	实验次数	1	2	3
1. 热量计热容的计算	冷水吸热 $Q_{冷}=mc(T_3-T_1)/J$			
	热量计热容 $C_p/(J \cdot K^{-1})$			
	平均热容 $\overline{C_p}/(J \cdot K^{-1})$			
2. 盐酸和氨水反应中和热的计算	氨水温度/℃			
	盐酸温度/℃			
	反应后温度 T_3/℃			
	反应前后温度差 ΔT/℃			
	溶液的质量 $m \approx m_{盐酸}+m_{氨水}/g$			
	反应的焓变 $\Delta H=-(mc+C_p)\Delta T/J$			
	氨水的物质的量浓度 $c/(mol \cdot L^{-1})$			
	氨水体积/L			
	氨水的物质的量/mol			
	盐酸的物质的量浓度 $c/(mol \cdot L^{-1})$			
	盐酸体积/L			
	盐酸的物质的量/mol			
	实际参与反应的物质的量 n_1/mol			
	反应的摩尔焓变 $\Delta_r H_m^\ominus/(J \cdot mol^{-1})$			
3. 氯化铵溶解热的计算	热量计初始温度 T/℃			
	氯化铵溶解后温度 T_3/℃			
	溶解前后温度差 ΔT/℃			
	溶液的质量 $m=m_{水}/g$			
	溶解热 $Q=-(mc+C_p)\Delta T/J$			
	氯化铵质量 m/g			
	氯化铵物质的量 n_2/mol			
	$NH_4Cl(s)$的摩尔溶解热 $Q_m^\ominus/(J \cdot mol^{-1})$			
4. 氯化铵生成焓的计算	$NH_4Cl(s)$标准摩尔生成焓计算值 $\Delta_f H_m^\ominus(NH_4Cl,s)$(计算值)/(kJ·mol^{-1})			
	误差/(kJ·mol^{-1})			
	相对误差/%			

注：水的比热容 $c=4.18 J \cdot g^{-1} \cdot K^{-1}$，溶液的比热容可认为与水相等。$NH_3$（aq）标准摩尔生成焓 $\Delta_f H_m^\ominus$（NH_3,aq）为 $-80.29 kJ \cdot mol^{-1}$，HCl（aq）标准摩尔生成焓 $\Delta_f H_m^\ominus$（HCl,aq）为 $-167.15 kJ \cdot mol^{-1}$，$NH_4Cl$（s）标准摩尔生成焓理论值 $\Delta_f H_m^\ominus$（NH_4Cl,s）（理论值）为 $-314.4 kJ \cdot mol^{-1}$。

说明：

1. 实验中 NH_4Cl 溶液浓度很小，可作近似处理并假设：①盐酸和氨水溶液混合后总体积为 200mL。②盐酸和氨水溶液反应中和热只能使水和热量计的温度上升。③NH_4Cl（s）溶解时吸热，只能使水和热量计的温度下降。

2. 用实验测得的摩尔反应热 $\Delta_r H_m^\ominus$ 和摩尔溶解热 $Q_m^\ominus$ 近似代替反应的标准摩尔反应热和标准摩尔溶解热。若操作和计算正确，所得结果的误差可小于 3%。

3. 由实验求得 NH_4Cl（s）的标准摩尔生成焓后，应与理论值进行比较并计算测量误差。

【注意事项】
1. 温度计一定要插在液面下，使用温度计时注意不要打碎。
2. 测量热水温度时，应尽快测量，测温后立即倒入热量计中。

实验3-3 化学反应速率与活化能的测定

【实验目的】
1. 通过实验了解浓度、温度、催化剂对化学反应速率的影响。
2. 测定$(NH_4)_2S_2O_8$与KI反应的速率、反应级数、速率系数和活化能，确定反应速率方程。
3. 学习初始速率法的原理、应用及计算。

【实验原理】

$(NH_4)_2S_2O_8$（过二硫酸铵）与KI的反应如下：

$$S_2O_8^{2-}(aq) + 3I^-(aq) \rightleftharpoons 2SO_4^{2-}(aq) + I_3^-(aq) \tag{1}$$

反应的平均速率$\bar{v}$为：

$$\bar{v} = \frac{-\Delta c(S_2O_8^{2-})}{\Delta t} = kc^{\alpha}(S_2O_8^{2-})c^{\beta}(I^-) \tag{2}$$

式中，$\bar{v}$为反应的平均反应速率；$\Delta c(S_2O_8^{2-})$为Δt时间内$S_2O_8^{2-}$浓度的变化；$c(S_2O_8^{2-})$、$c(I^-)$为$S_2O_8^{2-}$、I^-的起始浓度；k为反应的速率系数；α、β为反应物$(NH_4)_2S_2O_8$、KI的反应级数。

测定Δt时间内反应物$(NH_4)_2S_2O_8$浓度的变化$\Delta c(S_2O_8^{2-})$，可求得反应的平均速率。若反应开始的时间很短，反应物浓度变化很小，则这段时间内的平均速率可认为与反应的初始速率相等。再根据反应物不同的起始浓度及初始速率，可确定反应级数，进而求得速率系数。

为了测定在一定时间内$S_2O_8^{2-}$的浓度变化，在混合$(NH_4)_2S_2O_8$和KI的同时，加入一定量的$Na_2S_2O_3$和淀粉，反应(1)的产物I_3^-与$S_2O_3^{2-}$发生如下反应：

$$2S_2O_3^{2-}(aq) + I_3^-(aq) \rightleftharpoons S_4O_6^{2-}(aq) + 3I^-(aq) \tag{3}$$

反应(3)比反应(1)速率快，反应开始时溶液无色；当$S_2O_3^{2-}$耗尽时，生成的I_3^-与淀粉反应使溶液显蓝色。记录溶液变蓝的时间，根据$S_2O_3^{2-}$的浓度变化，推算出$(NH_4)_2S_2O_8$的浓度变化，利用公式(2)即可计算出反应的平均速率。

每反应掉$1mol(NH_4)_2S_2O_8$生成$1mol\ KI_3$，消耗掉$2mol\ Na_2S_2O_3$，即反应掉$2mol\ Na_2S_2O_3$需要$1mol(NH_4)_2S_2O_8$。即：

$$\underset{1}{(NH_4)_2S_2O_8 —— KI_3} \underset{2}{—— Na_2S_2O_3}$$

则

$$\Delta c(S_2O_8^{2-}) = \frac{1}{2}\Delta c(Na_2S_2O_3)$$

Δt 时间内，$Na_2S_2O_3$ 溶液浓度变化 $\Delta c(Na_2S_2O_3) = c_2(Na_2S_2O_3) - c_0(Na_2S_2O_3) = 0 - c_0(Na_2S_2O_3) = -c_0(Na_2S_2O_3)$，这里的 $c_0(Na_2S_2O_3)$ 为 $Na_2S_2O_3$ 的起始浓度，$c_2(Na_2S_2O_3)$ 为完全反应后的浓度，为零。

$$\bar{v} = \frac{-\Delta c(S_2O_8^{2-})}{\Delta t} = \frac{c_0(Na_2S_2O_3)}{2\Delta t}$$

每份溶液中 $Na_2S_2O_3$ 的浓度都是相同的，这样只要记录消耗相同量 $Na_2S_2O_3$ 所需要的时间，即溶液变蓝的时间 Δt，便可得出 $(NH_4)_2S_2O_8$ 不同起始浓度时对应的 $\bar{v}$。

采用初始速率法，当成倍地改变 $(NH_4)_2S_2O_8$ 与 KI 的浓度时，反应速率也会成倍发生变化。根据反应倍数的变化情况，可求出反应级数 α、β，进而根据 $\bar{v} = kc^\alpha(S_2O_8^{2-})c^\beta(I^-)$，求出速率常数 k。

由 Arrhenius（阿仑尼乌斯）公式：

$$\lg k = A - \frac{E_a}{2.303RT}$$

式中，E_a 为反应活化能，$J \cdot mol^{-1}$；R 为摩尔气体常数，$R = 8.314 \, J \cdot K^{-1} \cdot mol^{-1}$；$T$ 为热力学温度，K。

求出不同温度时的 k 值，以 $\lg k$ 对 $\frac{1}{T}$ 作图，可得一直线，由直线的斜率 $-\frac{E_a}{2.303R}$ 可求得反应的活化能 E_a。

Cu^{2+} 作为催化剂可加快该反应，Cu^{2+} 加入量不同，反应速率加快的程度也不同。

【仪器、药品及材料】

仪器：恒温水浴锅，烧杯（50mL 5个，需编号），量筒（10mL 6个，需贴上标签），秒表，玻璃棒。

药品：$(NH_4)_2S_2O_8$（0.20mol·L^{-1}），KI（0.20mol·L^{-1}），$Na_2S_2O_3$（0.050mol·L^{-1}），KNO_3（0.2mol·L^{-1}），$(NH_4)_2SO_4$（0.02mol·L^{-1}），淀粉溶液（0.1%），$Cu(NO_3)_2$（0.02mol·L^{-1}）。

材料：坐标纸。

【实验步骤】

1. 浓度对反应速率的影响，求反应级数 α、β 和速率系数 k

室温下，按表 3-1 所列各反应物用量，用对应量筒准确量取各试剂，除去 $(NH_4)_2S_2O_8$ 不加外，其余试剂按表中用量混合备用。当将五个烧杯内溶液都混合好后，逐个向烧杯中加入相应量的 $(NH_4)_2S_2O_8$ 并立即计时，记下反应开始的时间。逐个摇动烧杯，使溶液混合均匀。等溶液变蓝时，记下时间，计算 Δt（注意：时间差按秒计），记录室温。

利用表 3-1 中 1、2、3 组数据，依据初始速率法求 α，利用表 3-1 中 1、4、5 组数据求出 β，再利用公式 $\bar{v} = kc^\alpha(S_2O_8^{2-})c^\beta(I^-)$，求出 k 值，计算平均值，把结果填入表 3-1 中。

2. 温度对反应速率的影响，求活化能 E_a

用表 3-1 中第 1 组试剂的用量，分别将它们放入比室温高约 5℃、10℃、15℃的水浴锅内加热 5min，记录溶液的温度。擦干烧杯外壁的水，将 $(NH_4)_2S_2O_8$ 溶液与其余溶液混合，立即记录时间。待溶液出现蓝色时，停止计时，计算 Δt。计算不同温度下的反应速率及速率系数，将结果列入表3-2中。

利用表中数据，以$\lg k$-$\frac{1}{T}$作图，求出直线斜率，进而求出反应的活化能。

3. 催化剂对反应速率的影响

按表3-1中实验1的试剂用量和方法取三组，分别加入1、5、10滴$0.02 \text{mol} \cdot \text{L}^{-1}$ $\text{Cu(NO}_3)_2$溶液，为使总体积和离子强度一致，不足10滴的用$0.02 \text{mol} \cdot \text{L}^{-1}$的$(\text{NH}_4)_2\text{SO}_4$溶液补充。然后将$(\text{NH}_4)_2\text{S}_2\text{O}_8$溶液倒入烧杯内，记录溶液变蓝的时间，将结果填入表3-3中，并与表3-1中实验1结果进行比较。

【数据记录与处理】

1. 浓度对反应速率的影响

表3-1 浓度对反应速率的影响

室温_____℃_____K

原始浓度 $c(\text{NH}_4)_2\text{S}_2\text{O}_8 = 0.20 \text{mol} \cdot \text{L}$，$c(\text{KI}) = 0.20 \text{mol} \cdot \text{L}^{-1}$，$c(\text{Na}_2\text{S}_2\text{O}_3) = 0.050 \text{mol} \cdot \text{L}^{-1}$

实验编号	1	2	3	4	5
$V[(\text{NH}_4)_2\text{S}_2\text{O}_8]$/mL	10	5	2.5	10	10
$V(\text{KI})$/mL	10	10	10	5	2.5
$V(\text{Na}_2\text{S}_2\text{O}_3)$/mL	3	3	3	3	3
$V(\text{KNO}_3)$/mL	0	0	0	5	7.5
$V[(\text{NH}_4)_2\text{SO}_4]$/mL	0	5	7.5	0	0
$V(\text{淀粉溶液})$/mL	2	2	2	2	2
$c_0(\text{S}_2\text{O}_8^{2-})/(\text{mol} \cdot \text{L}^{-1})$					
$c_0(\text{I}^-)/(\text{mol} \cdot \text{L}^{-1})$					
$c_0(\text{Na}_2\text{S}_2\text{O}_3)/(\text{mol} \cdot \text{L}^{-1})$					
t_1/s					
t_2/s					
Δt/s					
$\Delta c(\text{S}_2\text{O}_8^{2-})/(\text{mol} \cdot \text{L}^{-1})$					
$\bar{v}/(\text{mol} \cdot \text{L}^{-1} \cdot \text{s}^{-1})$					
$k/[(\text{mol} \cdot \text{L}^{-1})^{1-\alpha-\beta} \cdot \text{s}^{-1}]$					
$\bar{k}/[(\text{mol} \cdot \text{L}^{-1})^{1-\alpha-\beta} \cdot \text{s}^{-1}]$					

计算示例：

由1~3组数据可求得$(\text{NH}_4)_2\text{S}_2\text{O}_8$的反应级数：在前3次测定中，KI的浓度不变，当$(\text{NH}_4)_2\text{S}_2\text{O}_8$浓度变为原浓度的1/2时，若反应速率也变为原速率的1/2。即$c_2(\text{S}_2\text{O}_8^{2-}) = \frac{1}{2}c_1(\text{S}_2\text{O}_8^{2-})$时，$v_2 = \frac{1}{2}v_1$。根据公式：$\bar{v} = kc^\alpha(\text{S}_2\text{O}_8^{2-})c^\beta(\text{I}^-)$，则有$\overline{v_1} = kc_1^\alpha(\text{S}_2\text{O}_8^{2-})c_1^\beta(\text{I}^-)$，$\overline{v_2} = kc_2^\alpha(\text{S}_2\text{O}_8^{2-})c_1^\beta(\text{I}^-)$，将两式相除，则有：$\dfrac{\overline{v_1}}{\overline{v_2}} = 2^\alpha = 2$，即$\alpha = 1$；同理可得$\beta$值。

以表3-1中第1组数据为例，$c_0(\text{S}_2\text{O}_8^{2-}) = 0.20 \text{mol} \cdot \text{L}^{-1} \times 10\text{mL}/(10+10+3+2)\text{mL}$

$=0.080\text{mol} \cdot \text{L}^{-1}$,同理,$c_0(\text{I}^-)=0.080\text{mol} \cdot \text{L}^{-1}$,$c_0(\text{Na}_2\text{S}_2\text{O}_3)=0.050\times 3\text{mL}/(10+10+3+2)\text{mL}=0.0060\text{mol} \cdot \text{L}^{-1}$,$\Delta c(\text{S}_2\text{O}_8^{2-})=-0.0030\text{mol} \cdot \text{L}^{-1}$,$\overline{v}=\dfrac{-\Delta c(\text{S}_2\text{O}_8^{2-})}{\Delta t}=\dfrac{c_0(\text{Na}_2\text{S}_2\text{O}_3)}{2\Delta t}=\dfrac{0.0030}{\Delta t}$。假设 $\alpha=1$,$\beta=1$,则有 $\overline{v}=\dfrac{-\Delta c(\text{S}_2\text{O}_8^{2-})}{\Delta t}=\dfrac{0.0030}{\Delta t}=kc_0(\text{S}_2\text{O}_8^{2-})c_0(\text{I}^-)$,将 $c_0(\text{S}_2\text{O}_8^{2-})$、$c_0(\text{I}^-)$、$\Delta t$,代入公式,即可求出 k。

2. 温度对反应速率的影响

表 3-2　温度对反应速率的影响

室温 _____ ℃

实验编号	1	6	7	8
反应温度/℃				
反应温度 T/K				
淀粉变蓝时间 Δt/s				
$\overline{v}/(\text{mol} \cdot \text{L}^{-1} \cdot \text{s}^{-1})$				
$k/[(\text{mol} \cdot \text{L}^{-1})^{1-\alpha-\beta} \cdot \text{s}^{-1}]$				
$\lg k$				
$\dfrac{1}{T}/\text{K}^{-1}$				
直线斜率				
$E_a/(\text{kJ} \cdot \text{mol}^{-1})$				

计算示例:

第1组数据中,$c_0(\text{S}_2\text{O}_8^{2-})=0.080\text{mol} \cdot \text{L}^{-1}$,$c_0(\text{I}^-)=0.080\text{mol} \cdot \text{L}^{-1}$,$c_0(\text{Na}_2\text{S}_2\text{O}_3)=0.0060\text{mol} \cdot \text{L}^{-1}$,$\overline{v}=\dfrac{-\Delta c(\text{S}_2\text{O}_8^{2-})}{\Delta t}=\dfrac{c_0(\text{Na}_2\text{S}_2\text{O}_3)}{2\Delta t}=\dfrac{0.0030}{\Delta t}=kc_0(\text{S}_2\text{O}_8^{2-})c_0(\text{I}^-)$,可求得不同温度下的 k。

3. 催化剂对反应速率的影响

表 3-3　催化剂对反应速率的影响

室温 _____ ℃

实验编号	9	10	11
加入 $0.02\text{mol} \cdot \text{L}^{-1}$ 的 $\text{Cu(NO}_3)_2$/滴	1	5	10
加入 $0.02\text{mol} \cdot \text{L}^{-1}$ 的 $(\text{NH}_4)_2\text{SO}_4$/滴	9	5	0
Δt/s			
$\overline{v}/(\text{mol} \cdot \text{L}^{-1} \cdot \text{s}^{-1})$			

【注意事项】

1. 量筒应贴上标签,只能量取指定溶液。
2. 滴管、量筒、烧杯要洗净,润洗后再用,量筒还应用待取溶液润洗。
3. 不应用玻璃棒搅拌溶液。可不时在桌面上摇动一下烧杯,使溶液混合均匀,以免局部变蓝。
4. 测定温度对反应速率的影响时,温度计应插在溶液内,测定反应体系的温度。

实验3-4 碘化铅溶度积的测定

【实验目的】
1. 学习碘化铅沉淀的制备方法。
2. 了解分光光度计测定溶度积常数的原理和方法。
3. 学习721型分光光度计的使用方法。

【实验原理】

难溶电解质溶度积常数的测定常采用分光光度法、电导法、电动势法、离子交换树脂法及目视比色法等，通过测定一定温度下难溶电解质饱和溶液中相应离子浓度，利用溶度积常数表达式计算溶度积常数。本实验采用分光光度法测定难溶电解质碘化铅的溶度积常数 $K_{sp}^{\ominus}(PbI_2)$。将硝酸铅溶液与碘化钾溶液混合，会生成碘化铅沉淀。碘化铅饱和溶液中存在着下列沉淀-溶解平衡：

$$PbI_2(s) \rightleftharpoons Pb^{2+}(aq) + 2I^-(aq)$$

PbI_2 的溶度积常数表达式为：

$$K_{sp}^{\ominus}(PbI_2) = [c(Pb^{2+})/c^{\ominus}][c(I^-)/c^{\ominus}]^2$$

在一定温度下，如果测出 PbI_2 饱和溶液中的 $c(I^-)$ 和 $c(Pb^{2+})$，则可以求得 $K_{sp}^{\ominus}(PbI_2)$。

将已知浓度的 $Pb(NO_3)_2$ 溶液（过量）和 KI 溶液（不足）按不同体积比混合，生成 PbI_2 沉淀。待沉淀与溶液达到平衡时，将溶液过滤，测定滤液中剩余的 $c(I^-)$，根据系统的初始组成及反应方程式，可以计算出滤液中的 $c(Pb^{2+})$，由此可求得 PbI_2 的溶度积。

I^- 是无色的，在酸性条件下用 KNO_2 将 I^- 氧化为 I_2 [保持 $I_2(aq)$ 浓度在其饱和浓度以下]，I_2 在水溶液中呈棕黄色。用分光光度计在 525nm 波长下测定各溶液的吸光度 A，然后由标准曲线查出 $c(I^-)$，则可计算出 PbI_2 饱和溶液中 $c(I^-)$。配制一系列 I^- 标准溶液，用相同方法将 I^- 氧化为 I_2 单质溶液，用分光光度计测定各溶液的吸光度，然后以吸光度 A 为纵坐标，相应的 I^- 浓度为横坐标作图，得到 A-$c(I^-)$ 标准曲线。

【仪器、药品及材料】

仪器：721型分光光度计，比色皿（2cm 4个），烧杯（50mL 6个），带刻度比色管（10mL 12支），吸量管（2mL 1支，5mL 2支），漏斗（3个）。

药品：HCl（$6.0 mol \cdot L^{-1}$），$Pb(NO_3)_2$（$0.020 mol \cdot L^{-1}$），KI（$0.010 mol \cdot L^{-1}$，$0.020 mol \cdot L^{-1}$），KNO_2（$0.020 mol \cdot L^{-1}$），KNO_3（$0.010 mol \cdot L^{-1}$）。

材料：滤纸，镜头纸。

【实验步骤】

1. 绘制 A-$c(I^-)$ 标准曲线

在 6 支干燥的比色管中分别加入 1.00mL、1.50mL、2.00mL、2.50mL、3.00mL、4.00mL $0.010 mol \cdot L^{-1}$ 的 KI 溶液，分别加入 2.00mL $0.020 mol \cdot L^{-1}$ 的 KNO_2 溶液及

1滴 $6.0 mol \cdot L^{-1}$ 的 HCl 溶液，用去离子水定容至 10.0mL，盖上瓶塞。摇匀后，分别倒入 2cm 比色皿中，以水做参比溶液，在 525nm 波长下测定吸光度 A。以吸光度 A 为纵坐标，以相应的 I^- 浓度为横坐标绘制出 A-$c(I^-)$ 标准曲线。

注意，氧化后得到的 $I_2(aq)$ 浓度应小于室温下 $I_2(s)$ 的溶解度。不同温度下，碘单质的溶解度见表 3-4。

表 3-4 碘单质溶解度表

温度/℃	20	30	40
溶解度/$[g \cdot (100gH_2O)^{-1}]$	0.029	0.040	0.056

2. 制备 PbI_2 饱和溶液

（1）取 3 支干净、干燥的比色管，按表 3-5 用量，用吸量管加入 $0.020 mol \cdot L^{-1}$ $Pb(NO_3)_2$ 溶液、$0.020 mol \cdot L^{-1}$ KI 溶液 $0.010 mol \cdot L^{-1}$ KNO_3 溶液（为了尽量减小离子强度对难溶电解质溶解度的影响，此处用 KNO_3 溶液代替去离子水。注意，此处不要误加 KNO_2 溶液），使每个试管中溶液的总体积为 10.00mL。

表 3-5 试剂用量表

试管编号	$V[Pb(NO_3)_2]$/mL	$V(KI)$/mL	$V(K_2NO_3)$/mL
1	5.00	3.00	2.00
2	5.00	4.00	1.00
3	5.00	5.00	0.00

（2）盖上瓶塞，充分摇荡试管，大约振荡 20min 后，静置 3~5min。

（3）在装有干燥滤纸的漏斗上，将制得的含有 PbI_2 固体的饱和溶液过滤，弃去初滤液，用干燥的试管接取滤液（或将比色管内溶液离心分离 5min）。弃去沉淀，保留滤液。

（4）另取 3 支干燥比色管，用吸量管分别注入 1 号、2 号、3 号 PbI_2 的饱和溶液 2mL，再分别注入 2.0mL $0.020 mol \cdot L^{-1}$ 的 KNO_2 溶液、$6.0 mol \cdot L^{-1}$ 的 HCl 溶液 1 滴，用去离子水定容至 10mL。摇匀后，分别倒入 2cm 比色皿中，以水做参比溶液，在 525nm 波长下测定溶液的吸光度。

【数据记录与处理】

试管编号	1	2	3
$V[Pb(NO_3)_2]$/mL			
$V(KI)$/mL			
$V(KNO_3)$/mL			
$V_{总}$/mL			
稀释后溶液的吸光度 A			
由标准曲线查得 $c(I^-)$/(mol·L^{-1})			
平衡时 $c(I^-)$/(mol·L^{-1})			
平衡时溶液中 $n(I^-)$/mmol			
初始时 $n(Pb^{2+})$/mmol			
初始时 $n(I^-)$/mmol			
沉淀中 $n(I^-)$/mmol			
沉淀中 $n(Pb^{2+})$/mmol			
平衡时溶液中 $n(Pb^{2+})$/mmol			
平衡时溶液中 $c(Pb^{2+})$/(mol·L^{-1})			
$K_{sp}^{\ominus}(PbI_2)$			

【思考题】
1. 配制 PbI_2 饱和溶液时为什么要充分摇荡？
2. 如果使用湿的比色管配制溶液，对实验结果会产生影响吗？

实验3-5 碘酸铜溶度积的测定

【实验目的】
1. 练习沉淀的制备、洗涤、过滤等操作。
2. 了解分光光度法测定吸光度的原理。
3. 学习工作曲线的制作，学会用工作曲线法测定溶液浓度的方法。

【实验原理】
碘酸铜是难溶强电解质，在其饱和水溶液中，存在着下列平衡：
$$Cu(IO_3)_2(s) \rightleftharpoons Cu^{2+}(aq) + 2IO_3^-(aq)$$
其溶度积常数表达式为
$$K_{sp}^{\ominus} = c(Cu^{2+})c^2(IO_3^-)$$
碘酸铜溶度积常数随温度变化而变化。在一定温度下，若测得碘酸铜饱和溶液中的 $c(Cu^{2+})$ 和 $c(IO_3^-)$，就可以求算出该温度下的 $K_{sp}^{\ominus}$。在碘酸铜的饱和溶液中 $[IO_3^-] = 2[Cu^{2+}]$，代入溶度积常数表达式中，则：
$$K_{sp}^{\ominus} = c(Cu^{2+})c^2(IO_3^-) = 4c^3(Cu^{2+})$$

本实验利用硫酸铜和碘酸钾作用制备碘酸铜饱和溶液，过滤除去沉淀后在其饱和溶液中加入过量 $NH_3 \cdot H_2O$ 溶液，Cu^{2+} 与氨水作用生成深蓝色的配离子 $[Cu(NH_3)_4]^{2+}$。由于 $[Cu(NH_3)_4]^{2+}$ 较稳定，所以溶液中 Cu^{2+} 几乎全部生成 $[Cu(NH_3)_4]^{2+}$，即 $c(Cu^{2+}) \approx c\{[Cu(NH_3)_4]^{2+}\}$。$[Cu(NH_3)_4]^{2+}$ 对波长 600nm 的光具有强吸收，测定该溶液的吸光度，利用标准曲线就能确定碘酸铜饱和溶液中 $c(Cu^{2+})$，通过计算即可求出碘酸铜的溶度积。

配制一系列 $[Cu(NH_3)_4]^{2+}$ 标准溶液，用分光光度计测定各溶液的吸光度，然后以吸光度 A 为纵坐标，Cu^{2+} 浓度为横坐标作图，得到 A-$c(Cu^{2+})$ 标准曲线。

【仪器、药品及材料】
仪器：721型分光光度计，比色皿（2cm 4个），吸量管（2mL 1支，20mL 1支），容量瓶（50mL 6个），托盘天平，温度计，烧杯（100mL 3只），锥形瓶（150mL 1只）
药品：$CuSO_4 \cdot 5H_2O$ (s)，$CuSO_4$ (0.100mol·L^{-1})，KIO_3 (s)，$NH_3 \cdot H_2O$ (2.0mol·L^{-1})
材料：定性滤纸，镜头纸。

【实验步骤】
1. $Cu(IO_3)_2$ 固体的制备
称取 2.0g $CuSO_4 \cdot 5H_2O$ 固体和 3.4g KIO_3 固体，加适量水溶解，制备 $Cu(IO_3)_2$ 沉淀，用蒸馏水洗涤沉淀至无 SO_4^{2-} 为止。

2. Cu(IO₃)₂ 饱和溶液的制备

取少量 $Cu(IO_3)_2$ 沉淀于小锥形瓶（150mL）中，加 60mL 水，加热至烫手为止（不断搅拌），冷却至室温。注意，在冷却的过程中，要不断搅拌并摇动锥形瓶，以免蒸汽冷凝在内壁，影响碘酸铜饱和溶液的浓度。

取上述 $Cu(IO_3)_2$ 饱和溶液进行过滤。用干燥的漏斗和双层滤纸将饱和溶液过滤，弃去初滤液 5~10mL，将剩余滤液收集于一个干燥的烧杯中。注意：剩余的 $Cu(IO_3)_2$ 沉淀应回收。

3. 工作曲线的绘制

分别吸取 0.40mL、0.80mL、1.20mL、1.60mL、2.00mL 0.100mol·L⁻¹ 的 $CuSO_4$ 溶液于 5 个 50mL 容量瓶中，再加入 2.0mol·L⁻¹ 的氨水 1.0mL，摇匀，用蒸馏水稀释至刻度，再摇匀。

以蒸馏水作参比溶液，选用 2cm 比色皿，选择入射光波长为 600nm，用分光光度计分别测定各溶液吸光度，记录在表 3-6 中。绘制标准曲线。

4. 饱和溶液中 Cu²⁺ 浓度的测定

吸取 20.00mL 过滤后的 $Cu(IO_3)_2$ 饱和溶液于 50mL 容量瓶中，加入 1.0mL 2.0mol·L⁻¹ 的氨水，摇匀，用水稀释至刻度，再摇匀，按上述测定标准曲线同样的方法测定溶液的吸光度。根据标准曲线求出饱和溶液中的 $c(Cu^{2+})$。

【数据记录与处理】

表 3-6 标准溶液及待测液吸光度

CuSO₄ 溶液 V/mL	0.40	0.80	1.20	1.60	2.00	待测液
原液 $c_0(Cu^{2+})/(mol \cdot L^{-1})$						
稀释液 $c(Cu^{2+})/(mol \cdot L^{-1})$						
A						

根据 $Cu(IO_3)_2$ 饱和溶液中 $[Cu(NH_3)_4]^{2+}$ 的吸光度，通过标准曲线可求出饱和溶液中 $c(Cu^{2+})$，根据 $c(IO_3^-)=2c(Cu^{2+})$，计算 $K_{sp}^{\ominus}$。

【思考题】

1. 制备碘酸铜沉淀时，为什么必须对沉淀进行多次洗涤？
2. 过滤碘酸铜沉淀时，为什么必须使用干燥的漏斗、滤纸和烧杯？
3. 制备 $[Cu(NH_3)_4]^{2+}$ 时，氨水量的多少对测定结果有影响吗？
4. 测定 Cu²⁺ 的浓度时，为什么将 Cu²⁺ 转化为 $[Cu(NH_3)_4]^{2+}$？
5. 进行分光光度法测量时，为什么要用参比溶液？

模块四

化学反应原理实验

实验4-1 酸碱平衡与缓冲溶液

【实验目的】
1. 了解酸碱平衡及其移动的原理。
2. 学习试管实验的一些基本操作。
3. 学习缓冲溶液的配制及测定 pH 值的方法,了解缓冲溶液的缓冲性能。
4. 进一步熟悉 pH 计的使用方法。

【实验原理】
1. 同离子效应

弱电解质溶液中加入与弱电解质含有相同组分的易溶强电解质,使弱电解质电解度下降的现象叫作同离子效应。强电解质在水中全部解离,弱电解质在水中部分解离。在一定温度下,弱酸、弱碱的解离平衡如下:

$$HA(aq) + H_2O(l) \rightleftharpoons H_3O^+(aq) + A^-(aq)$$
$$B(aq) + H_2O(l) \rightleftharpoons BH^+(aq) + OH^-(aq)$$

2. 盐的水解

强酸强碱盐不水解,强酸弱碱盐水解后溶液显酸性,强碱弱酸盐水解后溶液显碱性,弱酸弱碱盐水解后溶液显酸性还是碱性取决于相应弱酸、弱碱的相对强弱。例如:

$$Ac^-(aq) + H_2O(l) \rightleftharpoons OH^-(aq) + HAc(aq)$$
$$NH_4^+(aq) + H_2O(l) \rightleftharpoons H_3O^+(aq) + NH_3(aq)$$
$$NH_4^+(aq) + Ac^-(aq) + H_2O(l) \rightleftharpoons NH_3 \cdot H_2O(aq) + HAc(aq)$$

NH_4Ac 溶液显酸性还是显碱性,与其水解产物 $NH_3 \cdot H_2O$ 和 HAc 解离常数的相对大小有关。

水解反应是酸碱中和反应的逆反应,中和反应是放热反应,水解反应是吸热反应。因此,加热有利于盐类的水解。

3. 缓冲溶液

缓冲溶液是由弱酸与弱酸盐或弱碱与弱碱盐这样的共轭酸碱对组成的溶液,如 HAc-NaAc,$NH_3 \cdot H_2O$-NH_4Cl,H_3PO_4-NaH_2PO_4,NaH_2PO_4-Na_2HPO_4,Na_2HPO_4-Na_3PO_4 等。

由弱酸-弱酸盐组成的缓冲溶液 pH 值计算公式为:

$$pH = pK_a^\ominus(HA) - \lg\frac{c(HA)}{c(A^-)}$$

由弱碱-弱碱盐组成的缓冲溶液 pH 值计算公式为:

$$pH = 14 - pK_b^\ominus(B) + \lg\frac{c(B)}{c(BH^+)}$$

缓冲溶液的 pH 值可由 pH 试纸或 pH 计测定。

缓冲溶液的缓冲能力与组成缓冲溶液的共轭酸碱对的浓度有关,当弱酸-弱酸盐或弱碱-弱碱盐的浓度较大时,其缓冲能力较强。此外,缓冲能力还与共轭酸碱对的浓度比值有关,当比值接近1时,其缓冲能力最强,一般通常选在 0.1~10 之间。

【仪器、药品及材料】

仪器：PHSJ-4A 型 pH 计，量筒（10mL 2 个），烧杯（50mL 4 个），点滴板，试管，试管夹，石棉网，酒精灯。

药品：HNO_3（$2mol \cdot L^{-1}$），HCl（$0.1mol \cdot L^{-1}$，$2mol \cdot L^{-1}$），HAc（$0.1mol \cdot L^{-1}$，$1mol \cdot L^{-1}$），NaOH（$0.1mol \cdot L^{-1}$），$NH_3 \cdot H_2O$（$0.1mol \cdot L^{-1}$，$1mol \cdot L^{-1}$），NaCl（$0.1mol \cdot L^{-1}$），NaAc（$0.1mol \cdot L^{-1}$），NH_4Cl（$0.1mol \cdot L^{-1}$），$NaHCO_3$（$0.1mol \cdot L^{-1}$），$Fe(NO_3)_3$（$0.5mol \cdot L^{-1}$），NH_4Ac（s），$BiCl_3$（$0.1mol \cdot L^{-1}$），$Al_2(SO_4)_3$（$0.1mol \cdot L^{-1}$），酚酞，甲基橙。

材料：pH 试纸。

【实验步骤】

1. 同离子效应

（1）用试管取少量 $0.1mol \cdot L^{-1}$ 的 $NH_3 \cdot H_2O$ 溶液，用 pH 试纸测定溶液的 pH 值，用酚酞试剂检验溶液的酸碱性。然后加入少量固体 NH_4Ac，观察现象，写出反应方程式，简要解释原因。

（2）用试管取少量 $0.1mol \cdot L^{-1}$ 的 HAc 溶液，用 pH 试纸测定溶液的 pH 值，用甲基橙试剂检验溶液的酸碱性，然后加入少量固体 NH_4Ac，观察现象，写出反应方程式，简要解释原因。

2. 盐的水解

（1）用精密 pH 试纸或 pH 计测定 $0.1mol \cdot L^{-1}$ 的 NH_4Cl、NaCl、NaAc 和 $NaHCO_3$ 溶液的 pH 值，与理论计算值比较，并解释原因。

（2）用试管取三份 $0.5mol \cdot L^{-1}$ 的 $Fe(NO_3)_3$ 溶液，一份用于比较，第二份加入 1~2 滴 $2mol \cdot L^{-1}$ 的 HNO_3 溶液，第三份用小火加热。观察现象，写出反应方程式，并解释原因。

（3）用 1mL 水中加入 1 滴 $0.1mol \cdot L^{-1}$ 的 $BiCl_3$ 溶液，观察现象。再加入 2mL 去离子水，观察沉淀是否增多。滴加几滴 $2mol \cdot L^{-1}$ 的 HCl 溶液，观察有何变化，写出离子反应方程式。

（4）用试管取 1mL $0.1mol \cdot L^{-1}$ 的 $Al_2(SO_4)_3$ 溶液，逐滴加入 1mL $0.1mol \cdot L^{-1}$ 的 $NaHCO_3$ 溶液，观察现象，写出反应方程式。

3. 缓冲溶液

（1）按照表 4-1 试剂用量配制 4 种缓冲溶液，用 pH 计测定 pH 值并与理论值进行比较，将结果填入表中。

表 4-1　几种缓冲溶液的 pH 值计算及测定结果

编号	配制缓冲溶液	pH 理论值	pH 测定值	加入 10 滴 $0.1mol \cdot L^{-1}$ 的 HCl 后 pH 值	再加入 20 滴 $0.1mol \cdot L^{-1}$ 的 NaOH 后 pH 值
1	10.0mL $1mol \cdot L^{-1}$ 的 HAc— 10.0mL $1mol \cdot L^{-1}$ 的 NaAc				
2	10.0mL $0.1mol \cdot L^{-1}$ 的 HAc— 10.0mL $1mol \cdot L^{-1}$ 的 NaAc				

续表

编号	配制缓冲溶液	pH理论值	pH测定值	加入10滴0.1mol·L^{-1}的HCl后pH值	再加入20滴0.1mol·L^{-1}的NaOH后pH值
3	10.0mL 0.1mol·L^{-1}的HAc中加入2滴酚酞，滴加0.1mol·L^{-1}的NaOH，至酚酞变红，加10.0mL 0.1mol·L^{-1}的HAc				
4	10.0mL 1mol·L^{-1} NH$_3$·H$_2$O—10.0mL 1mol·L^{-1} NH$_4$Cl				

(2) 在1号、2号缓冲溶液中加入10滴0.1mol·L^{-1}的HCl溶液，摇匀，用pH计测定溶液的pH值；再加入20滴0.1mol·L^{-1}的NaOH溶液，摇匀，用pH计测定溶液的pH值，将结果填入表4-1中。

【注意事项】
1. 废液应倒入废液缸内集中处理。
2. 实验药品较多，应随手将瓶盖盖上。
3. 滴管一定要洗净再用，应将试剂倒入小烧杯或小试管内，再用滴管取用。

实验4-2　配合物与沉淀-溶解平衡

【实验目的】
1. 加深理解配合物的组成和稳定性，了解配合物形成时的特征。
2. 加深理解沉淀-溶解平衡和溶度积的概念，掌握溶度积规则和应用。
3. 练习离心机的使用和离心分离操作。

【实验原理】

1. 配合物与配位平衡

配合物是由形成体与一定数目的配体以配位键结合而形成的一类复杂化合物，是路易斯（Lewis）酸、碱的加合物，例如，$[Ag(NH_3)_2]^+$ 是Lewis酸Ag$^+$和Lewis碱NH$_3$的加合物，是由形成体Ag$^+$与一定数目的配位体NH$_3$以配位键按一定的空间构型结合形成的离子。其中配离子部分称为配合物的内层，其余简单离子部分称为外层。内层和外层间以离子键结合，在水溶液中完全解离。配离子的解离反应是分步进行的，配合物的生成反应是解离反应的逆反应，生成反应的平衡常数 $K_f^{\ominus}$ 称为该配合物的稳定常数。对于相同类型的配合物，$K_f^{\ominus}$ 数值越大，配合物就越稳定。如 $[Ag(NH_3)_2]^+$ 的生成反应为：

$$Ag^+(aq) + 2NH_3(aq) \rightleftharpoons [Ag(NH_3)_2]^+(aq)$$

在溶液中，常发生配合物的取代反应和生成反应。如：

$$[Fe(SCN)_n]^{3-n}(aq) + 6F^-(aq) \rightleftharpoons [FeF_6]^{3-}(aq) + nSCN^-(aq)$$

$$PbI_2(s) + 2I^-(aq) \rightleftharpoons [PbI_4]^{2-}(aq)$$

配合物生成时常发生溶液颜色、pH值、难溶电解质溶解度、中心离子氧化还原性等的改变。

2. 沉淀-溶解平衡

难溶强电解质在水中会逐渐达到沉淀溶解平衡，在含有难溶强电解质晶体的饱和溶液中，难溶强电解质与溶液中相应离子间的多相离子平衡，称为沉淀-溶解平衡。用通式表示如下：

$$A_mB_n(s) \rightleftharpoons mA^{n+}(aq) + nB^{m-}(aq)$$

其溶度积常数用 $K_{sp}^{\ominus}$ 表示。

在溶液中，沉淀的生成与溶解可用溶度积规则来判断：

$J > K_{sp}^{\ominus}$，平衡向左移动，有沉淀生成。

$J = K_{sp}^{\ominus}$，处于平衡状态，溶液为饱和溶液。

$J < K_{sp}^{\ominus}$，平衡向右移动，沉淀溶解或无沉淀析出。

当溶液的pH值发生改变，生成配合物或发生氧化还原反应时，沉淀的溶解度往往发生改变。

对于相同类型的难溶电解质，可以根据 $K_{sp}^{\ominus}$ 的相对大小判断沉淀的先后顺序。对于不同类型的难溶电解质，则要通过计算所需沉淀剂浓度的大小来判断沉淀顺序。

使一种难溶电解质（沉淀）转化为另一种难溶电解质（沉淀）的过程称为沉淀的转化。对于同一种类型的沉淀，溶度积大的难溶电解质易转化为溶度积小的难溶电解质。对于不同类型的沉淀，能否进行转化，要通过计算溶解度或根据沉淀转化反应的平衡常数来确定。

【仪器、药品及材料】

仪器：点滴板，石棉网，酒精灯，试管，试管架，离心试管，电动离心机。

药品：H_2O_2(3%)，H_2SO_4(2mol·L^{-1})，HCl(2mol·L^{-1}，6mol·L^{-1})，HNO_3(6mol·L^{-1})，NaOH(2mol·L^{-1})，NH_3·H_2O(2mol·L^{-1}，6mol·L^{-1})，KBr(0.1mol·L^{-1})，K_2CrO_4(0.1mol·L^{-1})，KSCN(0.1mol·L^{-1})，KI(0.02mol·L^{-1}，0.1mol·L^{-1}，2mol·L^{-1})，NaF(0.1mol·L^{-1})，NaCl(0.1mol·L^{-1})，Na_2S(0.1mol·L^{-1})，$NaNO_3$(s)，Na_2H_2Y(EDTA, 0.1mol·L^{-1})，$Na_2S_2O_3$(0.1mol·L^{-1})，$AgNO_3$(0.1mol·L^{-1})，NH_4Cl(1mol·L^{-1})，$CaCl_2$(0.1mol·L^{-1})，$MgCl_2$(0.1mol·L^{-1})，$Ba(NO_3)_2$(0.1mol·L^{-1})，$Al(NO_3)_3$(0.1mol·L^{-1})，$Pb(NO_3)_2$(0.1mol·L^{-1})，$Pb(Ac)_2$(0.01mol·L^{-1})，$CoCl_2$(0.1mol·L^{-1})，$FeCl_3$(0.1mol·L^{-1})，$Fe(NO_3)_3$(0.1mol·L^{-1})，$Zn(NO_3)_2$(0.1mol·L^{-1})，$NiSO_4$(0.1mol·L^{-1})，$NH_4Fe(SO_4)_2$(0.1mol·L^{-1})，$K_3[Fe(CN)_6]$(0.1mol·L^{-1})，$BaCl_2$(0.1mol·L^{-1})，$CuSO_4$(0.1mol·L^{-1})，丁二酮肟。

材料：pH试纸。

【实验步骤】

1. 配合物的形成与颜色变化

(1) 在点滴板的一个孔穴内滴加 2 滴 0.1mol·L^{-1} 的 $FeCl_3$ 溶液和 1 滴 0.1mol·L^{-1} 的 KSCN 溶液，观察现象。再加入几滴 0.1mol·L^{-1} 的 NaF 溶液，观察有什么变化，写出反应方程式。

(2) 在点滴板的一个孔穴内滴加 2 滴 0.1mol·L^{-1} 的 $K_3[Fe(CN)_6]$ 溶液，另一个孔穴内滴加 2 滴 0.1mol·L^{-1} 的 $NH_4Fe(SO_4)_2$ 溶液，在两个溶液中分别滴加 1 滴 0.1mol·L^{-1} 的 KSCN 溶液，观察现象并解释原因。

(3) 在点滴板的一个孔穴内滴加 2 滴 0.1mol·L^{-1} 的 $CuSO_4$ 溶液，然后滴加 6mol·L^{-1} 的 $NH_3·H_2O$ 至过量，重复再做一份。然后在一个孔穴内滴加 2 滴 2mol·L^{-1} 的 NaOH 溶

液,在另一个孔穴内滴加 $0.1 mol \cdot L^{-1}$ 的 $BaCl_2$ 溶液,观察现象,写出有关的反应方程式。

(4) 在点滴板的一个孔穴内滴加 2 滴 $0.1 mol \cdot L^{-1}$ 的 $NiSO_4$ 溶液,再逐滴加入 $6 mol \cdot L^{-1}$ 的 $NH_3 \cdot H_2O$,观察现象。然后再加入 2 滴丁二酮肟试剂,观察生成物的颜色和状态。

2. 形成配合物时难溶电解质溶解度的改变

在 3 支试管中分别加入 3 滴 $0.1 mol \cdot L^{-1}$ 的 NaCl 溶液、3 滴 $0.1 mol \cdot L^{-1}$ 的 KBr 溶液、3 滴 $0.1 mol \cdot L^{-1}$ 的 KI 溶液,再各加入 3 滴 $0.1 mol \cdot L^{-1}$ 的 $AgNO_3$ 溶液,观察沉淀的颜色。离心分离,弃去清液。在 AgCl、AgBr、AgI 三种沉淀中分别加入 $2 mol \cdot L^{-1}$ 的 $NH_3 \cdot H_2O$、$0.1 mol \cdot L^{-1}$ 的 $Na_2S_2O_3$ 溶液、$2 mol \cdot L^{-1}$ 的 KI 溶液,振荡试管,观察沉淀的溶解,写出有关反应方程式。

3. 形成配合物时溶液 pH 的改变

取一条 pH 试纸,在一端滴上半滴 $0.1 mol \cdot L^{-1}$ 的 $CaCl_2$ 溶液,记下浸润处的 pH 值,待 $CaCl_2$ 溶液不再扩散时,在距离 $CaCl_2$ 溶液扩散边缘 0.5~1cm 干燥处,滴上半滴 $0.1 mol \cdot L^{-1}$ 的 Na_2H_2Y(EDTA)溶液,待 Na_2H_2Y 溶液扩散到 $CaCl_2$ 溶液区形成重叠时,记下重叠与未重叠处的 pH 值。说明 pH 值变化的原因,写出反应方程式。

4. 配合物形成时中心离子氧化还原性的改变

(1) 在 $0.1 mol \cdot L^{-1}$ 的 $CoCl_2$ 溶液中滴加 3% 的 H_2O_2,观察有无变化。

(2) 在 $0.1 mol \cdot L^{-1}$ 的 $CoCl_2$ 溶液中加几滴 $1 mol \cdot L^{-1}$ 的 NH_4Cl 溶液,再滴加 $6 mol \cdot L^{-1}$ 的 $NH_3 \cdot H_2O$,观察现象。然后滴加 3% 的 H_2O_2,观察溶液颜色的变化,写出有关的反应方程式。

由上述两个实验可以得出什么结论?

5. 配位平衡的移动

(1) 在一支试管中加入 15 滴 $0.1 mol \cdot L^{-1}$ 的 $AgNO_3$ 溶液,然后滴加 $2 mol \cdot L^{-1}$ 的 $NH_3 \cdot H_2O$ 至沉淀生成后又溶解,再多加约 10 滴氨水,得到 $[Ag(NH_3)_2]^+$ 溶液。将其分盛在两支试管中。向其中一支试管中滴加 $0.1 mol \cdot L^{-1}$ 的 NaCl 溶液 1~2 滴,向另一支试管中滴加 $0.1 mol \cdot L^{-1}$ 的 KI 溶液 1~2 滴,观察现象并解释。

(2) 同样方法制取 $[Ag(NH_3)_2]^+$ 溶液,在该溶液中加 5 滴 $2 mol \cdot L^{-1}$ 的 HNO_3 溶液,再加 2 滴 $0.1 mol \cdot L^{-1}$ 的 NaCl 溶液,观察有无沉淀生成,并简要解释原因。

(3) 在点滴板的一个孔穴内滴加 1 滴 $0.1 mol \cdot L^{-1}$ 的 $FeCl_3$ 溶液、1 滴 $0.1 mol \cdot L^{-1}$ 的 KSCN 溶液、8 滴蒸馏水,混匀,向该溶液中逐滴加入 $0.01 mol \cdot L^{-1}$ 的 Na_2H_2Y 溶液,观察溶液颜色的变化并解释。

6. 沉淀的生成与溶解

(1) 在 3 支试管中各加入 2 滴 $0.01 mol \cdot L^{-1}$ 的 $Pb(Ac)_2$ 溶液和 2 滴 $0.02 mol \cdot L^{-1}$ 的 KI 溶液,摇荡试管,观察现象。在第 1 支试管中加 5mL 去离子水,摇荡,观察现象;在第 2 支试管中加入少量固体 $NaNO_3$,摇荡,观察现象;第 3 支试管中加过量的 $2 mol \cdot L^{-1}$ 的 KI 溶液,观察现象,分别解释。

(2) 在 2 支试管中各加入 1 滴 $0.1 mol \cdot L^{-1}$ 的 Na_2S 溶液和 1 滴 $0.1 mol \cdot L^{-1}$ 的 $Pb(NO_3)_2$ 溶液,观察现象。在 1 支试管中滴加 $6 mol \cdot L^{-1}$ 的 HCl 溶液,在另 1 支试管中滴加 $6 mol \cdot L^{-1}$ 的 HNO_3 溶液,摇荡试管,观察现象,写出反应方程式。

(3) 在 2 支试管中各加入 0.5mL $0.1 mol \cdot L^{-1}$ 的 $MgCl_2$ 溶液和数滴 $2 mol \cdot L^{-1}$ 的

$NH_3 \cdot H_2O$ 溶液至沉淀生成。在第 1 支试管中加入几滴 $2mol \cdot L^{-1}$ 的 HCl 溶液，观察沉淀是否溶解；在另一支试管中加入数滴 $1mol \cdot L^{-1}$ 的 NH_4Cl 溶液，观察沉淀是否溶解。写出有关反应方程式并解释每步实验现象。

7. 分步沉淀

（1）在离心试管中加入 1 滴 $0.1mol \cdot L^{-1}$ 的 Na_2S 溶液、1 滴 $0.1mol \cdot L^{-1}$ 的 K_2CrO_4 溶液，用去离子水稀释至 5mL，摇匀。先加入 1 滴 $0.1mol \cdot L^{-1}$ 的 $Pb(NO_3)_2$ 溶液，摇匀，观察沉淀的颜色，离心分离；然后再向清液中继续滴加 $Pb(NO_3)_2$ 溶液，观察此时生成沉淀的颜色。写出反应方程式，并说明两种沉淀先后析出的原因。

（2）在试管中加入 2 滴 $0.1mol \cdot L^{-1}$ 的 $AgNO_3$ 溶液和 1 滴 $0.1mol \cdot L^{-1}$ 的 $Pb(NO_3)_2$ 溶液，用去离子水稀释至 5mL，摇匀。逐滴加入 $0.1mol \cdot L^{-1}$ 的 K_2CrO_4 溶液，观察现象。写出有关反应方程式，并解释。

8. 沉淀的转化

在试管中加入 6 滴 $0.1mol \cdot L^{-1}$ 的 $AgNO_3$ 溶液、3 滴 $0.1mol \cdot L^{-1}$ 的 K_2CrO_4 溶液，观察现象。再逐滴加入 $0.1mol \cdot L^{-1}$ 的 NaCl 溶液，充分摇荡，观察有何变化，写出反应方程式。

【注意事项】

1. 由于实验药品较多，应随手将瓶盖盖上，放回原处。废液应倒入废液缸内集中处理。
2. 滴管一定要洗净再用，应将试剂倒入小烧杯或小试管内，再用滴管取用。也可在带塞试剂瓶内放一固定滴管公用，实验后取出，盖上塞子。

实验4-3　氧化还原反应

【实验目的】

1. 理解氧化还原反应方向与电极电势的关系。
2. 了解介质的酸碱性对氧化还原反应方向及产物的影响。
3. 了解反应物浓度和温度对氧化还原反应速率的影响。
4. 掌握浓度对电极电势的影响。
5. 学习用数字电压表或 pH 计测定原电池电动势的方法。

【实验原理】

氧化还原反应是指参与反应的物质间有电子转移或得失的一类化学反应。在氧化还原反应中，还原剂失去电子被氧化，元素氧化值升高；氧化剂得到电子被还原，元素氧化值降低。物质氧化还原能力的大小可以根据相应电对的电极电势大小来判断。电对的电极电势值越大，电对中氧化型的氧化能力越强，还原型的还原能力越弱；电极电势值越小，氧化型的氧化能力越弱，还原型的还原能力越强。

根据氧化剂电对和还原剂电对电极电势的相对大小，可以判断氧化还原反应进行的方向。当氧化剂及其还原产物（氧化剂电对）的电极电势（$E_{氧化剂}$）大于还原剂及其氧化产物（还原剂电对）的电极电势（$E_{还原剂}$）时，即 $E_{MF} = E_{氧化剂} - E_{还原剂} > 0$，反应能正向自发进行；等于零时，反应处于平衡状态；小于零时，反应不能自发进行。

当氧化剂电对和还原剂电对的标准电极电势的差值较大时（如 $E_{MF}^{\ominus} \geqslant 0.2V$），通常可由电对的标准电动势判断反应方向。当两个电对标准电极电势差值 $E_{MF}^{\ominus} < 0.2V$ 时，则应考虑反应物浓度、介质酸碱性的影响。由电极反应的能斯特（Nernst）方程可以看出，浓度、酸碱性等条件对电极电势的影响，25℃时：

$$E = E^{\ominus} + \frac{0.0592}{z} \lg \frac{c(氧化型)}{c(还原型)}$$

原电池是通过氧化还原反应将化学能转化为电能的装置。测定某电对的电极电势时，可将待测电极与参比电极组成原电池进行测定。常用的参比电极是甘汞电极，用电位差计、数字电压表、pH计或酸度计可以测定原电池的电动势，然后计算出待测电极的电极电势。当电极反应中有沉淀或生成配合物时，电极电势及电动势会发生变化。

【仪器、药品及材料】

仪器：数字电压表或pH计，恒温水浴锅，石棉网，饱和甘汞电极，锌电极，铜电极，饱和氯化钾盐桥，试管，试管夹，点滴板，酒精灯或电炉，胶头滴管，洗瓶，玻璃棒。

药品：H_2SO_4（2mol·L^{-1}），HAc（1mol·L^{-1}），$H_2C_2O_4$（0.1mol·L^{-1}），H_2O_2（3%），NaOH（2.0mol·L^{-1}），$NH_3·H_2O$（2mol·L^{-1}），KI（0.02mol·L^{-1}），KIO_3（0.1mol·L^{-1}），KBr（0.1mol·L^{-1}），$KMnO_4$（0.01mol·L^{-1}），KCl（饱和），Na_2SiO_3（0.5mol·L^{-1}），Na_2SO_3（0.1mol·L^{-1}），$Pb(NO_3)_2$（0.5mol·L^{-1}，1mol·L^{-1}），$FeSO_4$（0.1mol·L^{-1}），$FeCl_3$（0.1mol·L^{-1}），$CuSO_4$（0.005mol·L^{-1}），$ZnSO_4$（1mol·L^{-1}），淀粉溶液（0.1%）。

材料：蓝色石蕊试纸，砂纸，锌片。

【实验步骤】

1. 比较电对标准电极电势（$E^{\ominus}$）的相对大小

按下列实验步骤进行实验，观察现象并解释原因，写出反应方程式，并比较电对电极电势的相对大小。

(1) 取2滴0.02mol·L^{-1}的KI溶液于点滴板上，滴加1滴0.1mol·L^{-1}的$FeCl_3$溶液；再滴加1滴0.1%的淀粉溶液。

(2) 取2滴0.1mol·L^{-1}的KBr溶液于点滴板上，滴加1滴0.1mol·L^{-1}的$FeCl_3$溶液。

(3) 取2滴0.02mol·L^{-1}的KI溶液于点滴板上，滴加1滴2.0mol·L^{-1}的H_2SO_4溶液，再滴加2滴3%的H_2O_2溶液，观察现象，然后滴加1滴0.1%淀粉溶液。

(4) 取2滴0.01mol·L^{-1}的$KMnO_4$溶液于点滴板上，滴加1滴2.0mol·L^{-1}的H_2SO_4溶液，再滴加2滴3%的H_2O_2溶液。

2. 介质的酸碱性对氧化还原反应产物及方向的影响

(1) 介质的酸碱性对$KMnO_4$还原产物的影响 在点滴板的三个孔穴中各滴入1滴0.01mol·L^{-1}的$KMnO_4$溶液，再分别滴加1滴2.0mol·L^{-1}的H_2SO_4溶液、1滴去离子水、1滴2.0mol·L^{-1}的NaOH溶液，最后各滴加1滴0.1mol·L^{-1}的Na_2SO_3溶液。观察现象，写出反应方程式。

(2) 溶液的酸碱性对反应方向的影响 在点滴板上滴加2滴0.1mol·L^{-1}的KIO_3溶液、5滴0.1mol·L^{-1}的KI溶液，观察现象；再加入2滴2.0mol·L^{-1}的H_2SO_4溶液，观察现象有何变化；再滴加几滴 2.0mol·L⁻¹ 的 NaOH 溶液使溶液呈碱性，观察现象又有何变化。写出反应方程式并解释原因。

3. 浓度、温度对氧化还原反应速率的影响

(1) **浓度对氧化还原反应速率的影响** 在两支试管内分别加入 5 滴 $0.5mol·L^{-1}$ 和 $1mol·L^{-1}$ 的 $Pb(NO_3)_2$ 溶液，各加入 30 滴 $1mol·L^{-1}$ 的 HAc 溶液，再各逐滴加入 $0.5mol·L^{-1}$ 的 Na_2SiO_3 溶液约 30 滴，摇匀，用蓝色石蕊试纸检测溶液呈弱酸性。在 90℃ 水浴中加热至出现白色透明凝胶，取出试管，冷却至室温，同时各插入一片表面积和形状相同的锌片，观察铅树生长的快慢并解释原因。

(2) **温度对氧化还原反应速率的影响** 在 A、B 两支试管中各加入 1mL $0.01mol·L^{-1}$ 的 $KMnO_4$ 溶液和 3 滴 $2mol·L^{-1}$ 的 H_2SO_4 溶液；在 C、D 两支试管中各加入 1mL $0.1mol·L^{-1}$ 的 $H_2C_2O_4$ 溶液。将 A、C 两支试管放在 70℃ 的水浴中加热 5min 后取出混合，同时将 B、D 混合，观察哪一个先褪色并解释原因。

4. 浓度对电极电势的影响

(1) 在 50mL 烧杯中加入 20mL $1mol·L^{-1}$ 的 $ZnSO_4$ 溶液，插入用砂纸打磨过的锌片和一支饱和甘汞电极，组成原电池。将数字电压表量程旋钮调节为"直流电 0-2V"后，将甘汞电极与数字电压表的正极相连，锌片与负极相连，测量电池电动势 $E_{MF}(1)$。已知饱和甘汞电极的电极电势 $E=0.2415V$，计算锌电对的电极电势 $E(Zn^{2+}/Zn)$ [锌电对电极电势的理论值 $E^{\ominus}(Zn^{2+}/Zn)=-0.763V$，由于温度、离子活度等因素的影响，$E(Zn^{2+}/Zn)\neq -0.763V$]。

注意：用数字电压表测量电压时，负极用黑接线，接"COM"插孔；正极用红接线，接"VΩ"插孔。

(2) 在 50mL 烧杯中加入 20mL $0.005mol·L^{-1}$ 的 $CuSO_4$ 溶液，插入铜片。与 (1) 中的锌电极组成原电池，用盐桥将两烧杯中的溶液连接起来，铜电极与电压表的正极相连，锌电极与负极相连，测量电池电动势 $E_{MF}(2)$。计算铜电对的电极电势 $E(Cu^{2+}/Cu)$ 和铜电对的标准电极电势 $E^{\ominus}(Cu^{2+}/Cu)$。

(3) 向 $0.005mol·L^{-1}$ 的 $CuSO_4$ 溶液中加入过量的 $2mol·L^{-1}$ 的氨水至沉淀溶解并生成深蓝色透明溶液，测量电池电动势 $E_{MF}(3)$，计算 $E([Cu(NH_3)_4]^{2+}/Cu)$，解释电池电动势和电极电势变化的原因。

【思考题】

1. 影响电极电势的因素有哪些？
2. 氧化还原反应进行的方向由什么因素决定？

模块五

元素性质实验

实验5-1 碱金属与碱土金属

【实验目的】
1. 学习钠、镁单质的主要性质。
2. 比较镁、钙、钡的硫酸盐、碳酸盐、铬酸盐的生成和性质。
3. 比较锂、镁部分盐的难溶性。
4. 掌握 Na^+、K^+、Mg^{2+}、Ca^{2+} 等离子的鉴定方法。
5. 观察焰色反应并掌握焰色反应的实验方法。

【实验原理】
周期系第ⅠA族元素称为碱金属,价电子层结构为 ns^1;第ⅡA族元素称为碱土金属,价电子层结构为 ns^2。这两族元素是周期系中最典型的金属元素,化学性质非常活泼,其单质都是强还原剂。

碱金属和碱土金属密度较小,易与空气或水反应,保存时需浸在煤油、液体石蜡中以隔绝水和空气。钠、钾在空气中燃烧分别生成过氧化钠和超氧化钾,碱土金属在空气中燃烧时,生成正常氧化物,同时生成相应氮化物 M_3N_2,这些氮化物遇水能生成氢氧化物和氨气。

碱金属和碱土金属(除铍外)都能与水反应,生成氢氧化物和氢气。反应的激烈程度随金属性增强而加剧,实验时必须十分小心。防止钠、钾与皮肤接触,因为钠、钾与皮肤上的湿气接触所放出的热可能引起金属燃烧,灼伤皮肤。

除 LiOH 为中强碱外,碱金属氢氧化物都是易溶的强碱。碱土金属氢氧化物的碱性小于碱金属氢氧化物,在水中的溶解度也较小,都能从溶液中沉淀析出。

碱金属盐多数易溶于水,只有少数几种盐难溶(如醋酸铀酰锌钠、四苯硼酸钾等),可利用它们的难溶性来鉴定 Na^+、K^+。

在碱土金属盐中,硝酸盐、卤化物(氟化物除外)、醋酸盐易溶于水;部分硫酸盐、部分铬酸盐、碳酸盐、草酸盐等难溶于水。可利用难溶盐的生成和溶解性差异来鉴定 Mg^{2+}、Ca^{2+}。

【仪器、药品及材料】
仪器:镊子,瓷坩埚,烧杯,表面皿,酒精喷灯,试管,离心试管,离心机。
药品:HCl 溶液($2mol \cdot L^{-1}$,浓),HAc($2mol \cdot L^{-1}$),H_2SO_4($0.2mol \cdot L^{-1}$),$KMnO_4$($0.01mol \cdot L^{-1}$),NaCl($0.01mol \cdot L^{-1}$,$1.0mol \cdot L^{-1}$),$MgCl_2$($0.1mol \cdot L^{-1}$),Na_2CO_3(饱和),$NaHCO_3$(饱和),$CaCl_2$($0.1mol \cdot L^{-1}$,$0.5mol \cdot L^{-1}$),$BaCl_2$($0.1mol \cdot L^{-1}$,$0.5mol \cdot L^{-1}$),K_2CrO_4($0.5mol \cdot L^{-1}$),Na_2SO_4($0.5mol \cdot L^{-1}$),NaF($1.0mol \cdot L^{-1}$),LiCl($2.0mol \cdot L^{-1}$),Na_3PO_4($1.0mol \cdot L^{-1}$),KCl($1.0mol \cdot L^{-1}$),$SrCl_2$($0.5mol \cdot L^{-1}$),$Zn(Ac)_2 \cdot UO_2(Ac)_2$(醋酸铀酰锌,$1.0mol \cdot L^{-1}$),$Na_3[Co(NO_2)_6]$($1.0mol \cdot L^{-1}$),镁试剂(对硝基苯偶氮间苯二酚,$0.01g \cdot L^{-1}$),$(NH_4)_2C_2O_4$($0.1mol \cdot L^{-1}$),钠(s),镁(s),酚酞试液。

材料：滤纸，红色石蕊试纸，小刀，砂纸，镍铬丝（一端做成环状）。

【实验步骤】

1. 钠、镁在空气中的燃烧反应

(1) 用镊子取米粒大小的金属钠，用滤纸吸干表面的煤油，立即放入坩埚中，加热到钠开始燃烧时停止加热，观察焰色。冷却至室温，观察产物的颜色。加入 2mL 蒸馏水使产物溶解，加入 2 滴酚酞试液，观察溶液的颜色。再加入 $0.2mol \cdot L^{-1}$ 的 H_2SO_4 至红色褪去，再加入 1 滴 $0.01mol \cdot L^{-1}$ 的 $KMnO_4$ 溶液，观察反应现象，写出反应方程式。

(2) 取 0.3g 镁粉放入坩埚中加热使镁粉燃烧，反应完全后，冷却至室温，观察产物颜色。将产物转移到试管中，加 2mL 蒸馏水，立即用湿润的红色石蕊试纸检查逸出的气体，然后用酚酞试液检查溶液的酸碱性，写出反应方程式。

2. 钠、镁与水的反应

(1) 在烧杯中加入 30mL 蒸馏水，取米粒大小金属钠，吸干表面煤油，放入水中，观察现象，检验溶液的酸碱性。

(2) 取两支试管各加入 2mL 水，一支加热至沸腾，另一支不加热。取两根镁条，用砂纸打磨光亮，将镁条分别放入两支试管内，比较反应的激烈程度，检验溶液的酸碱性，写出反应方程式。

3. 镁、钙、钡、锂盐的溶解性

(1) 在三支离心试管中分别加入 10 滴 $0.1mol \cdot L^{-1}$ 的 $MgCl_2$ 溶液、10 滴 $0.1mol \cdot L^{-1}$ 的 $CaCl_2$ 溶液、10 滴 $0.1mol \cdot L^{-1}$ 的 $BaCl_2$ 溶液，在 $MgCl_2$ 溶液中加入 5 滴饱和 $NaHCO_3$，$CaCl_2$ 和 $BaCl_2$ 溶液中加入饱和 Na_2CO_3 溶液，离心分离，弃去清液，检验各沉淀是否溶于 $2mol \cdot L^{-1}$ 的 HAc 溶液，写出反应方程式。

(2) 在三支离心试管中分别加入 10 滴 $0.1mol \cdot L^{-1}$ 的 $MgCl_2$ 溶液、10 滴 $0.1mol \cdot L^{-1}$ 的 $CaCl_2$ 溶液、10 滴 $0.1mol \cdot L^{-1}$ 的 $BaCl_2$ 溶液，再各加入 5 滴 $0.5mol \cdot L^{-1}$ 的 K_2CrO_4 溶液，观察有无沉淀。若有沉淀，离心分离，弃去清液，检验沉淀是否溶于 $2mol \cdot L^{-1}$ 的 HAc 溶液和 $2mol \cdot L^{-1}$ 的 HCl 溶液，写出反应方程式。

(3) 用 $0.5mol \cdot L^{-1}$ 的 Na_2SO_4 溶液代替 K_2CrO_4 溶液，重复上述实验（2）。

(4) 在两支试管内分别加入 5 滴 $2.0mol \cdot L^{-1}$ 的 LiCl 溶液和 $0.1mol \cdot L^{-1}$ 的 $MgCl_2$ 溶液，再各加入 5 滴 $1.0mol \cdot L^{-1}$ 的 NaF 溶液，观察有无沉淀生成。用饱和 Na_2CO_3 溶液代替 NaF 溶液，重复上述实验，观察有无沉淀。若无沉淀，可加热后观察现象。再用 $1.0mol \cdot L^{-1}$ 的 Na_3PO_4 溶液代替饱和 Na_2CO_3 溶液，重复上述实验，观察有无沉淀，写出反应方程式。

4. 钠、钾、镁、钙离子的鉴定

(1) 在小试管中加入 1 滴 $1.0mol \cdot L^{-1}$ 的 NaCl 溶液，再滴加 2 滴 $2.0mol \cdot L^{-1}$ 的 HAc 溶液和约 10 滴 $1.0mol \cdot L^{-1}$ 的 $Zn(Ac)_2 \cdot UO_2(Ac)_2$ 溶液，用玻璃棒摩擦管壁，观察现象。

(2) 在小试管中加入 2 滴 $1.0mol \cdot L^{-1}$ 的 KCl 溶液，再滴加 3~4 滴 $1.0mol \cdot L^{-1}$ 的 $Na_3[Co(NO_2)_6]$ 溶液，观察现象，写出反应方程式。

(3) 在小试管中加入 10 滴 $0.1mol \cdot L^{-1}$ 的 $MgCl_2$ 溶液、1 滴 $6mol \cdot L^{-1}$ 的 NaOH 溶液，再加入 1 滴 $0.01g \cdot L^{-1}$ 的镁试剂，观察现象，写出反应方程式。

(4) 在小试管中加入 5 滴 0.1mol·L^{-1} 的 CaCl$_2$ 溶液和 10 滴 0.1mol·L^{-1} 的 (NH$_4$)$_2$C$_2$O$_4$ 溶液，观察现象，写出反应方程式。

5. 锂、钠、钾、钙、锶、钡盐的焰色反应

将镍铬丝顶端盘成环状，用顶端环状镍铬丝反复蘸取浓 HCl（盛在小试管中），在酒精喷灯上灼烧至接近无色，然后蘸取 1.0mol·L^{-1} 的 LiCl 溶液在氧化焰中灼烧，观察火焰的颜色，再用同样方法试验 1.0mol·L^{-1} 的 NaCl 溶液、1.0mol·L^{-1} 的 KCl 溶液、0.5mol·L^{-1} 的 CaCl$_2$ 溶液、0.5mol·L^{-1} 的 SrCl$_2$ 溶液、0.5mol·L^{-1} 的 BaCl$_2$ 溶液。

比较 0.01mol·L^{-1} 和 1.0mol·L^{-1} 的 NaCl 溶液、0.5mol·L^{-1} 的 Na$_2$SO$_4$ 溶液焰色反应时间的长短。

【注意事项】

1. 进行钠的性质实验时，取用的量要尽量少，坩埚要保持干燥。
2. 灼热坩埚要放在石棉网上，不可直接放在桌子上。
3. 每次焰色反应前，镍铬丝一定要蘸取浓 HCl 溶液灼烧至近无色。
4. 灼烧时有的焰色反应较快，有的稍慢，要注意观察。可反复蘸取溶液灼烧观察，要在火焰中灼烧，灼烧钾时要透过钴玻璃观察。
5. 沉淀剂的加入量不要太多，否则盐效应会使之溶解。

实验5-2 硼、碳、硅、氮、磷

【实验目的】

1. 了解硼酸的制备方法，掌握硼酸和硼砂的性质，了解硼砂珠试验的方法。
2. 了解活性炭的吸附作用。
3. 掌握硅酸凝胶的制备方法，了解硅酸盐的水解性和难溶硅酸盐的颜色。
4. 掌握硝酸、亚硝盐的氧化还原性。
5. 了解磷酸盐的主要性质。

【实验原理】

1. 硼酸和硼酸盐

硼砂溶液与酸反应可析出硼酸：

$$[B_4O_5(OH)_4]^{2-}(aq) + 2H^+(aq) + 3H_2O \Longleftrightarrow 4H_3BO_3(aq)$$

硼酸是一元弱酸，水溶液呈弱酸性，硼酸与水反应如下：

$$H_3BO_3(aq) + H_2O \Longleftrightarrow [B(OH)_4]^-(aq) + H^+(aq)$$

硼酸是 Lewis 酸，能与多羟基醇发生加合反应，使溶液的酸性增强。

硼砂是无色透明晶体，其水溶液因水解而呈碱性：

$$[B_4O_5(OH)_4]^{2-}(aq) + 5H_2O \Longleftrightarrow 4H_3BO_3(aq) + 2OH^-(aq)$$

硼砂受强热失去结晶水熔化为玻璃体，熔融的硼砂可溶解金属氧化物，生成不同颜色的偏硼酸复盐，这个实验称为硼砂珠试验。

2. 活性炭及碳酸盐

活性炭是黑色多孔的固体，具有很强的吸附性能，是一种常用的工业吸附剂，可用于

溶液脱色除杂、空气净化、医用胃肠除菌等。将碳酸盐溶液与盐酸反应生成的 CO_2 通入 $Ba(OH)_2$ 溶液中，能使 $Ba(OH)_2$ 溶液变浑浊，这一方法用于鉴定 CO_3^{2-}。

3. 硅酸和硅酸盐

硅酸是二元弱酸，硅酸钠与盐酸反应可制得硅酸，单分子硅酸可溶于水，所以刚生成的硅酸并不立即沉淀。当单分子硅酸逐渐聚合成多硅酸时，形成硅酸溶胶。弱硅酸浓度较大或是加入电解质时，则出现胶状硅酸或是形成硅酸凝胶。硅酸钠水解作用明显，溶液呈碱性，硅酸钠水溶液俗称"水玻璃"，是一种矿物黏合剂。大多数硅酸盐难溶于水，并具有不同的颜色。

4. 氮的化合物

硝酸是氮的主要含氧酸，是一种强酸，具有强氧化性。与非金属反应主要还原产物是 NO。浓硝酸与金属反应主要生成 NO_2，稀硝酸与金属反应通常生成 NO，活泼金属能将稀硝酸还原为 NH_4^+。亚硝酸很不稳定，亚硝酸盐很稳定，亚硝酸盐中氮的氧化值为+3，既可以做氧化剂又可以做还原剂。它在酸性介质中主要做作氧化剂，一般被还原为 NO，与强氧化剂作用时则表现还原性，生成硝酸盐。

5. 磷的化合物

磷能形成多种含氧酸，主要有次磷酸（H_3PO_2）、亚磷酸（H_3PO_3）和（正）磷酸（H_3PO_4）。大多数磷酸二氢盐易溶于水，除碱金属（锂除外）和铵的磷酸盐、磷酸一氢盐易溶于水，其他磷酸盐难溶于水。焦磷酸盐和三聚磷酸盐都具有配位作用，可用于硬水软化和无氰电镀。

磷酸盐与过量钼酸铵（$NH_4)_2MoO_4$ 溶液在硝酸介质中混合加热，会慢慢生成黄色的磷钼酸铵沉淀。此反应可用来鉴定 PO_4^{3-}：

$$PO_4^{3-}(aq)+12MoO_4^{2-}(aq)+3NH_4^+(aq)+24H^+(aq)\longrightarrow$$
$$(NH_4)_3PO_4 \cdot 12MnO_3 \cdot H_2O(s)+11H_2O$$

【仪器、药品及材料】

仪器：点滴板，漏斗，水浴锅，酒精喷灯。

药品：HCl（$6mol \cdot L^{-1}$），H_2SO_4（$1mol \cdot L^{-1}$，$6mol \cdot L^{-1}$），HNO_3（浓），Na_2CO_3（$0.1mol \cdot L^{-1}$），Na_2SiO_3（20%），$(NH_4)_2MoO_4$（$0.1mol \cdot L^{-1}$），$BaCl_2$（$0.5mol \cdot L^{-1}$），$NaNO_2$（$0.1mol \cdot L^{-1}$，$1mol \cdot L^{-1}$），KI（$0.02mol \cdot L^{-1}$），$KMnO_4$（$0.01mol \cdot L^{-1}$），Na_3PO_4（$0.1mol \cdot L^{-1}$），Na_2HPO_4（$0.1mol \cdot L^{-1}$），NaH_2PO_4（$0.1mol \cdot L^{-1}$），$CaCl_2$（$0.1mol \cdot L^{-1}$），$CuSO_4$（$0.1mol \cdot L^{-1}$），$Na_4P_2O_7$（$0.5mol \cdot L^{-1}$），$Na_5P_3O_{10}$（$0.1mol \cdot L^{-1}$），$Na_2B_4O_7 \cdot 10H_2O$（s），$Co(NO_3)_2 \cdot 6H_2O$（s），$NiCl_2 \cdot 6H_2O$（s），$CuCl_2 \cdot 2H_2O$（s），$CaCl_2 \cdot 2H_2O$（s），$CuSO_4 \cdot 5H_2O$（s），$ZnSO_4 \cdot 7H_2O$（s），$Fe_2(SO_4)_3$（s），$NiSO_4 \cdot 7H_2O$（s），$FeSO_4 \cdot 7H_2O$（s），活性炭，硫粉，锌粉，铜屑，甘油，乙二醇，甲基橙指示剂，淀粉试液（1%）。

材料：pH 试纸，红色石蕊试纸，镍铬丝或铂丝。

【实验步骤】

1. 硼酸和硼酸盐

（1）取 0.5g 硼砂放入试管，加入 2mL 蒸馏水，微热至 30~40℃使其溶解，冷却后用 pH 试纸测定溶液的 pH。加入 1mL $6mol \cdot L^{-1}$ 的 H_2SO_4 溶液，将试管放在冷水中冷却，用玻璃棒搅拌均匀后停止搅拌，观察硼酸晶体的析出。过滤，用少量蒸馏水洗涤沉淀，该晶体即为硼酸晶体。写出有关反应的离子方程式。

(2) 在试管中加入上述制得的硼酸晶体，加入 2～5mL 蒸馏水，振荡试管，观察溶解情况。如果不溶，微热后使其全部溶解，冷却至室温。用 pH 试纸测定溶液的 pH。然后在溶液中加入 1 滴甲基橙指示剂，并将溶液分成三份，在其中两份中分别加入 10 滴甘油、10 滴乙二醇，振荡试管，分别测定溶液的 pH 值并比较三份溶液的颜色。解释溶液酸度变化的原因，写出有关反应方程式。

(3) 硼砂珠试验，用 $6mol \cdot L^{-1}$ 的 HCl 溶液清洗镍铬丝，在氧化焰中灼烧，如此反复数次直至火焰无离子的特征颜色，表示镍铬丝已经清洗干净。用清洗干净的镍铬丝蘸取少量硼砂，在氧化焰中灼烧并熔融至玻璃状圆珠。观察硼砂珠的颜色、状态。用烧红的硼砂珠分别蘸取少量固体 $Co(NO_3)_2 \cdot 6H_2O$、$NiCl_2 \cdot 6H_2O$、$CuCl_2 \cdot 2H_2O$，在氧化焰中灼烧至熔融，冷却后对着亮光观察硼砂珠的颜色，写出反应方程式。注意：每次制备完硼砂珠后，都需将硼砂珠除去，用 HCl 溶液灼烧镍铬丝后再进行下一次试验。

2. **活性炭的吸附作用**

在试管中加入 1mL 甲基橙指示剂，加入少量活性炭，振荡试管，观察现象。用漏斗进行常压过滤，将滤液盛于另一试管内，观察滤液颜色有何变化，试加以解释。

3. **CO_3^{2-} 的鉴定**

在试管中加入 1mL $0.1mol \cdot L^{-1}$ 的 Na_2CO_3 溶液，再加入半滴管 $2mol \cdot L^{-1}$ 的 HCl 溶液，立即用带导管的塞子盖紧试管口，将产生的气体通入 $Ba(OH)_2$ 饱和溶液中，观察现象。写出有关反应的方程式。

4. **硅酸及硅酸盐**

(1) 在试管中加入 1mL 20% 的 Na_2SiO_3 溶液，用 pH 试纸测定 pH 值。逐滴加入 3 滴 $6mol \cdot L^{-1}$ 的 HCl 溶液，每加一滴时振荡试管，观察现象。放置 5min，观察硅酸凝胶的颜色和状态（若无凝胶生成可微热）。

(2) "水中花园"实验，在 50mL 的烧杯中加入约 20mL 20% 的 Na_2SiO_3 溶液，然后分散加入 $CaCl_2 \cdot 5H_2O$ 晶体、$CuSO_4 \cdot 5H_2O$ 晶体、$ZnSO_4 \cdot 7H_2O$ 晶体、$Fe_2(SO_4)_3$、$Co(NO_3)_2 \cdot 6H_2O$ 晶体、$NiSO_4 \cdot 7H_2O$ 晶体、$FeSO_4 \cdot 7H_2O$ 晶体各一小粒，静置 0.5 小时后观察产物的颜色和状态。

5. **硝酸的氧化性**

(1) 在试管内放入少量硫粉，加入几滴浓 HNO_3，在通风橱内加热煮沸，观察现象。然后迅速加水稀释，检验有无 SO_4^{2-} 离子生成，写出反应方程式。

(2) 实验需在通风橱内进行，在试管内放入 1 小块铜屑，加入 10 滴浓 HNO_3，观察现象。然后迅速加水稀释，倒掉溶液后，回收铜屑。写出反应方程式。

6. **亚硝酸盐**

(1) 在点滴板上滴加 2 滴 $0.1mol \cdot L^{-1}$ 的 $NaNO_2$ 溶液和 2 滴 $0.02mol \cdot L^{-1}$ 的 KI 溶液，观察现象。再加入 2 滴 $1mol \cdot L^{-1}$ 的 H_2SO_4 溶液，观察现象。然后加入淀粉溶液，又有何变化？写出离子反应方程式。

(2) 在点滴板上滴加 2 滴 $0.1mol \cdot L^{-1}$ 的 $NaNO_2$ 溶液和 2 滴 $1mol \cdot L^{-1}$ 的 H_2SO_4，再加入 2 滴 $0.01mol \cdot L^{-1}$ 的 $KMnO_4$ 溶液，观察现象。写出离子反应方程式。

7. **磷酸盐**

(1) 在三支试管中分别滴加 5 滴 $0.1mol \cdot L^{-1}$ 的 Na_3PO_4、$0.1mol \cdot L^{-1}$ 的

Na_2HPO_4、$0.1mol \cdot L^{-1}$ 的 NaH_2PO_4 溶液，用 pH 试纸分别测定各溶液的 pH。再各加入 5 滴 $0.1mol \cdot L^{-1}$ 的 $CaCl_2$ 溶液，观察有无沉淀生成，写出有关反应的离子方程式并解释原因。

（2）在试管中滴加 5 滴 $0.1mol \cdot L^{-1}$ 的 $CuSO_4$ 溶液，然后逐滴加入 $0.5mol \cdot L^{-1}$ 的 $Na_4P_2O_7$ 溶液至过量，观察现象。写出有关反应的离子方程式。

（3）在试管中加入 1 滴 $0.1mol \cdot L^{-1}$ 的 $CaCl_2$ 溶液和 1 滴 $0.1mol \cdot L^{-1}$ 的 Na_2CO_3 溶液，再滴加 $0.1mol \cdot L^{-1}$ 的 $Na_5P_3O_{10}$ 溶液，观察现象。写出有关反应的离子方程式。

（4）取 2 滴 $0.1mol \cdot L^{-1}$ 的 Na_3PO_4 溶液，加入 10 滴浓 HNO_3，再加入 $1mL 0.1mol \cdot L^{-1}$ 的钼酸铵溶液，在水浴上微热到 40～50℃，观察现象，写出反应方程式。

【思考题】
1. 如何用简单的方法区别硼砂、Na_2CO_3、Na_2SiO_3 这三种盐？
2. 用钼酸铵溶液鉴定磷酸盐时，为什么要在硝酸介质中进行？
3. 本实验中哪些实验应在通风橱内进行？

【注意事项】
1. 由于 Na_2SiO_3 对玻璃有腐蚀作用，因此，有关的实验结束后应尽快洗净烧杯。
2. 硼酸在冷水中溶解度较小，而易溶于热水，因此，可加热促进溶解。

实验5-3 氧、硫

【实验目的】
1. 掌握过氧化氢、硫化氢的主要性质。
2. 掌握亚硫酸及其盐的性质，硫代硫酸及其盐的性质。
3. 了解过二硫酸盐的氧化性。
4. 掌握 H_2O_2、S^{2-}、SO_3^{2-}、$S_2O_3^{2-}$ 的鉴定方法。

【实验原理】

氧和硫是周期系第ⅥA族元素，价电子层结构为 ns^2np^4。

氧和氢的化合物，除水以外，还有 H_2O_2。在 H_2O_2 分子中，氧的氧化值为 -1，处于中间氧化态，因此 H_2O_2 既有氧化性又有还原性。在酸性介质中 H_2O_2 是强氧化剂，当 H_2O_2 与某些强氧化剂作用时，可显示其还原性。

酸性溶液中，H_2O_2 与重铬酸根离子 $Cr_2O_7^{2-}$ 反应生成 CrO_5（过氧化铬），用于鉴定 H_2O_2：

$$4H_2O_2(l) + Cr_2O_7^{2-}(aq) + 2H^+(aq) = 2CrO_5(s) + 5H_2O(l)$$

H_2S 是有毒气体，能溶于水，其水溶液呈弱酸性。H_2S 具有还原性。在含有 S^{2-} 的溶液中加入稀盐酸，生成的 H_2S 气体能使湿润的 $Pb(Ac)_2$ 试纸变黑。在碱性溶液中，S^{2-} 和 $[Fe(CN)_5NO]^{2-}$ 反应生成紫色配合物：

$$S^{2-}(aq) + [Fe(CN)_5NO]^{2-}(aq) \longrightarrow [Fe(CN)_5NOS]^{4-}(aq)$$

这两种方法用于鉴别 S^{2-}。

S^{2-} 可与多种金属离子生成不同颜色的金属硫化物沉淀，例如 ZnS（白色）、CuS（棕黑色）、HgS（黑色）、CdS（黄色）。

SO_2 溶于水生成不稳定的亚硫酸。SO_2 和 H_2SO_3 是还原剂，但与强还原剂作用时，又表现出氧化性。H_2SO_3 可与某些有机物发生加成反应生成无色加成物，所以具有漂白作用。而加成物受热后易分解。SO_3^{2-} 与 $[Fe(CN)_5NO]^{2-}$ 反应生成红色配合物，加入饱和 $ZnSO_4$ 溶液和 $K_4[Fe(CN)_6]$ 溶液，会使红色明显加深，这种方法用于鉴定 SO_3^{2-}。

硫代硫酸不稳定，因此硫代硫酸盐遇酸容易分解。$Na_2S_2O_3$ 是一种中等强度的还原剂，在酸性溶液中不稳定，能迅速分解产生单质 S，并放出 SO_2 气体。$S_2O_3^{2-}$ 离子有很强的配位作用，能与许多金属离子形成稳定的配合物。$S_2O_3^{2-}$ 与 Ag^+ 反应能生成白色的 $Ag_2S_2O_3$ 沉淀：

$$2Ag^+(s) + S_2O_3^{2-}(aq) \longrightarrow Ag_2S_2O_3(s)$$

$Ag_2S_2O_3(s)$ 能迅速分解为 Ag_2S 和 H_2SO_4：

$$Ag_2S_2O_3(s) + H_2O(l) \longrightarrow Ag_2S(s) + H_2SO_4(aq)$$

这一过程伴随着颜色由白色变为黄色、棕色，最后变为黑色。这一方法用于鉴定 $S_2O_3^{2-}$。

过二硫酸盐是强氧化剂，在酸性条件下能将 Mn^{2+} 氧化为 MnO_4^-，有 Ag^+（作催化剂）存在时，反应速率加快。

【仪器、药品及材料】

仪器：离心机，水浴锅，点滴板，试管，离心试管。

药品：HCl 溶液（$2mol \cdot L^{-1}$，$6mol \cdot L^{-1}$），H_2SO_4（$2mol \cdot L^{-1}$），$Pb(NO_3)_2$（$0.5 mol \cdot L^{-1}$），$NaOH$（$2mol \cdot L^{-1}$），$NH_3 \cdot H_2O$（$2mol \cdot L^{-1}$），K_2CrO_4（$0.1mol \cdot L^{-1}$），$KMnO_4$（$0.01mol \cdot L^{-1}$），$ZnSO_4$（饱和），$Na_2[Fe(CN)_5NO]$（1%），$K_4[Fe(CN)_6]$（$0.1mol \cdot L^{-1}$），$Na_2S_2O_3$（$0.1mol \cdot L^{-1}$），Na_2SO_3（$0.1mol \cdot L^{-1}$），Na_2S（$0.1mol \cdot L^{-1}$），$AgNO_3$（$0.1mol \cdot L^{-1}$），$MnSO_4$（$0.1mol \cdot L^{-1}$），MnO_2（s），$(NH_4)_2S_2O_8$（s），$CuSO_4$（$0.1mol \cdot L^{-1}$），$FeSO_4$（$0.1mol \cdot L^{-1}$），$Cd(NO_3)_2$（$0.1mol \cdot L^{-1}$），H_2O_2（3%），$K_4[Fe(CN)_5NO]$（$0.1mol \cdot L^{-1}$），硫粉，戊醇，SO_2（饱和），碘水（$0.01mol \cdot L^{-1}$，饱和），淀粉溶液（1%），氯水（饱和），H_2S（饱和），乙醇，品红溶液。

材料：pH 试纸，$Pb(Ac)_2$ 试纸，蓝色石蕊试纸。

【实验步骤】

1. 过氧化氢的性质

(1) 氧化性　在离心试管内加入 5 滴 $0.5mol \cdot L^{-1}$ 的 $Pb(NO_3)_2$ 溶液，再滴加 H_2S 饱和溶液至沉淀生成，离心分离，弃去清液。水洗沉淀后加入 3% 的 H_2O_2 溶液，观察沉淀颜色的变化，写出反应方程式。

(2) 还原性　在试管中滴加 1 滴 $0.01mol \cdot L^{-1}$ 的 $KMnO_4$ 溶液和 1 滴 $2mol \cdot L^{-1}$ 的 H_2SO_4 溶液，再逐滴加入 3% H_2O_2 溶液，边滴加边振荡。观察现象，写出反应方程式。

(3) H_2O_2 的鉴定　在试管中加入 1mL 蒸馏水、10 滴 $0.1mol \cdot L^{-1}$ 的 $K_2Cr_2O_7$ 溶

液、1滴 2mol·L^{-1} 的 H_2SO_4 溶液，再加入 5 滴戊醇，然后加入 5 滴 3% 的 H_2O_2 溶液，振荡，观察戊醇层的颜色。静置一段时间，观察水层颜色及有无气体放出，写出反应方程式。

(4) H_2O_2 的酸性 往试管中加 0.5mL 40% 的 NaOH 溶液和 2 滴 3% 的 H_2O_2 溶液，再加 1mL 乙醇以降低生成物的溶解度，振荡，观察现象并解释，写出反应方程式。

2. 硫化氢的性质

(1) H_2S 的还原性 取 2 支试管，分别加入 5 滴 0.1mol·L^{-1} 的 $K_2Cr_2O_7$ 溶液、5 滴 0.01mol·L^{-1} 的 $KMnO_4$ 溶液，各加入几滴 2mol·L^{-1} 的 H_2SO_4 酸化，再分别滴加数滴 H_2S 饱和溶液，观察现象，写出反应方程式。

(2) H_2S 与金属离子的反应 在点滴板的几个孔穴内分别滴加 2~3 滴 0.1mol·L^{-1} 的 $AgNO_3$ 溶液、0.1mol·L^{-1} 的 $Pb(NO_3)_2$ 溶液、0.1mol·L^{-1} 的 $CuSO_4$ 溶液、0.1mol·L^{-1} 的 $FeSO_4$ 溶液、0.1mol·L^{-1} 的 $ZnSO_4$ 溶液和 0.1mol·L^{-1} 的 $Cd(NO_3)_2$ 溶液，再分别滴加 H_2S 饱和溶液，观察各孔穴中有无沉淀生成，若无沉淀，继续加 2mol·L^{-1} 的氨水至碱性，观察各孔穴中沉淀的颜色。

(3) S^{2-} 的鉴定 在点滴板上滴加 1 滴 0.1mol·L^{-1} 的 Na_2S 溶液，再滴加 1 滴 1% 的 $Na_2[Fe(CN)_5NO]$ 溶液，观察现象，写出反应方程式。

(4) H_2S 的性质 在试管中加入 5 滴 0.1mol·L^{-1} 的 Na_2S 溶液，然后加入 2 滴 6.0mol·L^{-1} 的 HCl 溶液，观察实验现象，用湿润的 $Pb(Ac)_2$ 试纸检查逸出的气体。

3. 多硫化物的生成和性质

在试管中加入 5 滴 0.1mol·L^{-1} 的 Na_2S 溶液和少量硫粉，加热数分钟，观察溶液颜色的变化。吸取清液于另一试管中，加入 2mol·L^{-1} 的 HCl 溶液，观察现象。并用湿润的 $Pb(Ac)_2$ 试纸检查逸出的气体，观察现象，写出反应方程式。

4. H_2SO_3 的性质和 SO_3^{2-} 的鉴定

(1) 氧化性 取 5 滴 H_2S 饱和溶液，滴加 SO_2 饱和溶液，观察现象，写出反应方程式。

(2) 还原性 取 5 滴饱和碘水，加 1 滴 1% 的淀粉溶液，逐滴加入 SO_2 饱和溶液，观察现象，写出反应方程式。

(3) 漂白性 取 1mL 品红溶液，加入 1~2 滴 SO_2 饱和溶液，摇荡后静止片刻，观察溶液颜色变化。

(4) SO_3^{2-} 的鉴定 在点滴板上滴加 1 滴 $ZnSO_4$ 饱和溶液、1 滴 0.1mol·L^{-1} 的 $K_4[Fe(CN)_6]$ 溶液，再滴加 1 滴 1% 的 $Na_2[Fe(CN)_5NO]$ 溶液，最后滴加 1 滴含有 SO_3^{2-} 的溶液，用玻璃棒搅拌，观察现象。

5. $Na_2S_2O_3$ 的性质

(1) 与酸的反应 在试管中加入 5 滴 0.1mol·L^{-1} 的 $Na_2S_2O_3$ 溶液，再逐滴加入 2mol·L^{-1} 的 HCl，观察现象，用湿润的蓝色石蕊试纸检验逸出的气体，写出反应方程式。

(2) 还原性 在试管中加入 5 滴 0.01mol·L^{-1} 的碘水，加入 1 滴淀粉溶液，再逐滴加入 0.1mol·L^{-1} 的 $Na_2S_2O_3$ 溶液，观察现象，写出反应方程式。

在试管中加入 5 滴 0.1mol·L^{-1} 的 $Na_2S_2O_3$ 溶液，再加入 2 滴饱和氯水溶液，充分振荡，观察现象，设法证明有 SO_4^{2-} 生成。

(3) 与 $AgNO_3$ 反应 在点滴板上滴加 2 滴 $0.1mol \cdot L^{-1}$ 的 $Na_2S_2O_3$ 溶液，再滴加 $0.1mol \cdot L^{-1}$ 的 $AgNO_3$ 溶液至产生白色沉淀，观察颜色变化，写出反应方程式。

6. 过硫酸盐的氧化性

在试管中加入 2 滴 $0.1mol \cdot L^{-1}$ 的 $MnSO_4$ 溶液、2mL $1mol \cdot L^{-1}$ 的 H_2SO_4 溶液和 1 滴 $0.1mol \cdot L^{-1}$ 的 $AgNO_3$ 溶液，然后加入少量固体 $(NH_4)_2S_2O_8$，水浴加热片刻，观察溶液颜色的变化，写出反应方程式。

【思考题】

1. 实验室长期放置的 H_2S 溶液和 Na_2SO_3 溶液会发生什么变化？
2. 鉴定 $S_2O_3^{2-}$ 时，$AgNO_3$ 溶液应过量，否则会出现什么现象？为什么？

实验5-4 氯、溴、碘

【实验目的】

1. 掌握卤素单质氧化性和卤化氢还原性的递变规律。
2. 掌握卤素含氧酸盐的氧化性。
3. 掌握 Cl^-、Br^-、I^- 的鉴定方法。

【实验原理】

卤素是周期系第ⅦA族元素，价电子层结构为 ns^2np^5，易获得一个电子形成氧化数为 -1 的化合物。因此卤素单质都是氧化剂，其氧化性强弱顺序为：$F_2 > Cl_2 > Br_2 > I_2$；而卤素离子作为还原剂，其还原性强弱顺序为：$I^- > Br^- > Cl^-$。HBr 和 HI 能分别将浓硫酸还原为二氧化硫（SO_2）和硫化氢（H_2S）。Br^- 能被 Cl_2 氧化为 Br_2，在 CCl_4 中呈棕黄色。I^- 能被 Cl_2 氧化为 I_2，在 CCl_4 中呈紫色；当 Cl_2 过量时，I_2 被氧化为无色的 IO_3^-。

氯、溴、碘都可以用氧化剂从其卤化物中制取。

卤素的含氧酸根都具有氧化性，次氯酸盐是强氧化剂。氯酸盐在中性溶液中没有明显的氧化性，但在酸性介质中能表现出明显的氧化性。

Cl^-、Br^-、I^- 与 Ag^+ 反应分别生成 AgCl、AgBr、AgI 沉淀，它们的溶度积依次减小，都不溶解于水和稀硝酸，而 CO_3^{2-}、PO_4^{3-}、CrO_4^{2-} 等阴离子形成的银盐溶于硝酸。

AgCl 能溶于稀氨水或 $(NH_4)_2CO_3$ 溶液，生成 $[Ag(NH_3)_2]^+$：

$(NH_4)_2CO_3(aq) + H_2O(l) \rightleftharpoons NH_4HCO_3(aq) + NH_3 \cdot H_2O(aq)$

$AgCl(s) + 2NH_3 \cdot H_2O(aq) \rightleftharpoons [Ag(NH_3)_2]^+(aq) + Cl^-(aq) + 2H_2O(l)$

再加入稀硝酸时 AgCl 重新沉淀出来，由此可以鉴定氯离子（Cl^-）的存在。

AgBr、AgI 不溶于稀氨水或 $(NH_4)_2CO_3$ 溶液，它们在醋酸介质中能被锌还原为银，可以将溴离子和碘离子转入溶液中，再用氯水将其氧化，可以鉴定 Br^-、I^- 的存在。

【仪器、药品及材料】

仪器：离心机，试管，离心试管。水浴锅，点滴板。

药品：HCl(2mol·L^{-1}，浓)，H$_2$SO$_4$(2mol·L^{-1}，3mol·L^{-1})，HNO$_3$(2mol·L^{-1}，6mol·L^{-1})，HAc(6mol·L^{-1})，NaOH(2mol·L^{-1})，NH$_3$·H$_2$O(2mol·L^{-1})，KI(0.1mol·L^{-1})，KBr(0.1mol·L^{-1})，NaCl(0.1mol·L^{-1}，s)，KClO$_3$(饱和，s)，KIO$_3$(0.1mol·L^{-1})，Na$_2$S$_2$O$_3$(0.1mol·L^{-1})，(NH$_4$)$_2$CO$_3$(12%)，AgNO$_3$(0.1mol·L^{-1})，NaHSO$_3$(0.1mol·L^{-1}，饱和)，MnO$_2$(s)，KI(s)，KBr(s)，锌粉，CCl$_4$，碘水（饱和），淀粉溶液（1%），品红溶液，氯水（饱和），碘（s），红磷（s），漂白粉（s）。

材料：淀粉-KI试纸，pH试纸，Pb(Ac)$_2$试纸。

【实验步骤】

1. 碘与金属、非金属的反应

(1) 碘溶液与锌粉的作用　将一小匙锌粉加入盛有1mL饱和碘水溶液的试管中，不断振荡（另取一支试管加1mL饱和碘水溶液作对照）。观察反应过程中碘水溶液颜色的变化并解释，写出反应方程式。

(2) 碘和红磷的作用　取少许碘和红磷于试管中混合，滴入1~2滴水（如红磷潮湿就可不加水），在水浴中加热片刻后反应猛烈发生，用湿润的蓝色石蕊试纸在管口检验HI的生成，记录观察到的现象，并写出反应方程式。

2. 卤素单质的氧化性

(1) 氯与溴、碘氧化性的比较　取一支试管，加入0.1mol·L^{-1}的KBr溶液1滴，加蒸馏水稀释至1mL，再加入5滴CCl$_4$。然后逐滴加入饱和氯水，边滴边振摇，观察CCl$_4$层的颜色。解释现象，写出反应方程式。

另取一支试管，用0.1mol·L^{-1}的KI溶液代替KBr进行同样的实验，观察现象。继续逐滴加入过量的饱和氯水，CCl$_4$层颜色发生什么变化？解释现象。

(2) 碘的氧化性　在试管中加入5滴饱和碘水和1滴1%的淀粉溶液，然后滴加0.1mol·L^{-1}的Na$_2$S$_2$O$_3$溶液数滴，观察现象，写出反应方程式。

3. 卤素的制备（演示实验）

在3支干燥的试管中分别加入米粒大小的NaCl、KBr和KI固体，分别加入2mL 3mol·L^{-1}的H$_2$SO$_4$，再各加少量MnO$_2$固体，观察现象，并分别用湿润的pH试纸、淀粉-KI试纸和Pb(Ac)$_2$试纸检验逸出的气体（应在通风橱内逐个进行实验）。

在装有KBr和KI固体的两支试管中再分别加入1mL CCl$_4$，观察CCl$_4$层的颜色，写出反应方程式（实验结束立即清洗试管）。

4. 氯、溴、碘含氧酸盐的氧化性

(1) 漂白粉的氧化性　取漂白粉固体少许放入干燥试管中，加入2mol·L^{-1}的HCl约1mL，振荡，用淀粉-KI试纸检验生成的气体，写出反应方程式。

(2) HClO及其盐的氧化性　取2mL饱和氯水，逐滴加入2mol·L^{-1}的NaOH溶液至呈弱碱性，然后将溶液分装在三支试管中。在第1支试管中加入2mol·L^{-1}的HCl溶液，用湿润的淀粉-KI试纸检验逸出的气体。在第2支试管中滴加0.1mol·L^{-1}的KI及1滴淀粉溶液。在第3支试管中滴加品红溶液，观察现象，写出反应方程式。

(3) KClO$_3$氧化性　取少许KClO$_3$晶体放入试管中，加2mL蒸馏水溶解，将溶液分为2份，一份加入2滴3mol·L^{-1}的H$_2$SO$_4$酸化，另一份不加。然后各加入5滴

0.1mol·L^{-1}的KI溶液和2滴1%的淀粉溶液，振荡，观察变化。比较KClO$_3$在中性和酸性介质中氧化性的强弱。

取5滴饱和KClO$_3$溶液，加入2滴浓盐酸，检验逸出的气体，写出反应方程式。

(4) KIO$_3$的氧化性　取5滴0.1mol·L^{-1}的KIO$_3$溶液，加入2滴3mol·L^{-1}的H$_2$SO$_4$溶液后加入5滴CCl$_4$，再加入2滴0.1mol·L^{-1}的NaHSO$_3$，摇荡，观察现象，写出离子反应方程式。

5. Cl$^-$、Br$^-$、I$^-$的鉴定

(1) 取2滴0.1mol·L^{-1}的NaCl，加入1滴2mol·L^{-1}的HNO$_3$溶液和2滴0.1mol·L^{-1}的AgNO$_3$溶液，观察现象。在沉淀中加入数滴2mol·L^{-1}的NH$_3$·H$_2$O溶液，摇荡使沉淀溶解，再加入2滴2mol·L^{-1}的HNO$_3$，观察有何变化，写出有关离子反应方程式。

(2) 取2滴0.1mol·L^{-1}的KBr溶液，加入1滴2mol·L^{-1}的H$_2$SO$_4$溶液和0.5mL CCl$_4$，逐滴加入饱和氯水，边加边摇荡，观察CCl$_4$层的颜色变化，写出离子反应方程式。

(3) 用0.1mol·L^{-1}的KI溶液代替KBr，重复上述实验。

6. Cl$^-$、Br$^-$、I$^-$混合溶液的分离和检出

(1) AgX沉淀的生成　在离心管中加入3滴0.1mol·L^{-1}的NaCl溶液、3滴0.1mol·L^{-1}的KBr溶液和3滴0.1mol·L^{-1}的KI溶液混匀，滴加2滴6mol·L^{-1}的HNO$_3$溶液酸化，再滴加0.1mol·L^{-1}的AgNO$_3$溶液至沉淀完全，离心沉淀，弃去溶液，沉淀用蒸馏水洗涤2次，每次用水4~5滴，搅拌后离心沉淀，弃去洗液（用毛细吸管吸取）得卤化银沉淀。

(2) AgCl的溶解及Cl$^-$的检出　在(1)中所得卤化银沉淀上加2mL 12%的(NH$_4$)$_2$CO$_3$溶液充分搅拌后，离心分离，将上清液移于试管中，用6mol·L^{-1}的HNO$_3$酸化，如有白色沉淀，表示有Cl$^-$存在。

(3) Br$^-$和I$^-$的检出　在(2)中所得卤化银沉淀中加5滴6mol·L^{-1}的HAc和少量锌粉，充分搅拌，待卤化银被还原完全后（沉淀全变黑色），离心分离，吸取上清液于另一试管中，加10滴CCl$_4$再滴加氯水，每加1滴均充分摇动试管，并观察CCl$_4$层的颜色变化，如显紫红色则表示有I$^-$存在。继续加入氯水至紫红色褪去，而CCl$_4$层呈橙色或金黄色，表示有Br$^-$存在。

【思考题】

1. 鉴定Cl$^-$时，为什么要先加稀HNO$_3$？而鉴定Br$^-$、I$^-$时为什么先加HAc溶液而不加稀HNO$_3$？

2. 漂白粉与稀HCl反应的产物是什么？为什么会使淀粉-KI试纸褪色？

实验5-5　铬、锰

【实验目的】

1. 了解铬、锰重要化合物的生成和性质。

2. 了解铬、锰各种重要氧化态之间的转化。
3. 掌握铬、锰化合物的氧化还原性以及介质对氧化还原反应的影响。
4. 掌握 Cr^{3+}、Mn^{2+} 离子的分离和鉴定方法。

【实验原理】

铬和锰分别为周期表中第ⅥB、ⅦB族元素，它们都有可变的氧化值。铬的常见氧化值有+3、+6，锰的常见氧化值有+2、+4、+6、+7。

$Cr(OH)_3$ 是两性氢氧化物，在碱性溶液中 $[Cr(OH)_4]^-$ 易被强氧化剂如 Na_2O_2 或 H_2O_2 氧化为黄色的铬酸盐：

$$2[Cr(OH)_4]^-(aq) + 3H_2O_2(l) + 2OH^-(aq) \longrightarrow 2CrO_4^{2-}(aq) + 8H_2O(l)$$

再加入 $Ba(NO_3)_2$ 或 $Pb(NO_3)_2$，生成黄色 $BaCrO_4$ 或 $PbCrO_4$ 沉淀，此反应常用作鉴定 Cr^{3+}。

铬酸盐和重铬酸盐中铬的氧化值相同，均为+6，它们的水溶液中存在着下列平衡：

$$2CrO_4^{2-}(aq) + 2H^+(aq) \rightleftharpoons Cr_2O_7^{2-}(aq) + H_2O(l)$$

上述平衡在酸性介质中向右移动，在碱性介质中向左移动。

重铬酸盐是强氧化剂，在酸性介质中 $Cr_2O_7^{2-}$ 易被还原成 Cr^{3+}，溶液为绿色或蓝色。

$Mn(OH)_2$ 是碱性氢氧化物，白色固体。在空气中易被氧化，逐渐变成棕色 MnO_2 的水合物 $[MnO(OH)_2]$。

在中性溶液中，MnO_4^- 与 Mn^{2+} 可以反应而生成棕色的 MnO_2 沉淀：

$$2MnO_4^-(aq) + 3Mn^{2+}(aq) + 2H_2O(l) \longrightarrow 5MnO_2(s) + 4H^+(aq)$$

在强碱性溶液中，MnO_4^- 与 MnO_2 可以生成绿色的+6价锰的化合物 MnO_4^{2-}：

$$2MnO_4^-(aq) + MnO_2(s) + 4OH^-(aq) \longrightarrow 3MnO_4^{2-}(aq) + 2H_2O(l)$$

MnO_4^- 是一种强氧化剂，它的还原产物随介质的不同而不同：在酸性介质中，被还原成 Mn^{2+}，溶液变为近似无色；在中性介质中，被还原成棕色 MnO_2 沉淀；在碱性介质中，被还原成 MnO_4^{2-}，溶液为绿色。

在硝酸溶液中，Mn^{2+} 可以被 $NaBiO_3$(s) 氧化为紫红色的 MnO_4^-，这个反应常用来鉴别 Mn^{2+}：

$$5NaBiO_3(s) + 2Mn^{2+}(aq) + 14H^+(aq) \longrightarrow 2MnO_4^-(aq) + 5Bi^{3+}(aq) + 5Na^+(aq) + 7H_2O(l)$$

【仪器、药品及材料】

仪器：离心机，试管，离心试管，烧杯，点滴板。

药品：$CrCl_3$（$0.1 mol \cdot L^{-1}$），$NaOH$（$0.1 mol \cdot L^{-1}$，$2 mol \cdot L^{-1}$，$6.0 mol \cdot L^{-1}$），HCl（$0.1 mol \cdot L^{-1}$），H_2O_2（3%），HAc（$2 mol \cdot L^{-1}$），$Pb(NO_3)_2$（$0.1 mol \cdot L^{-1}$），$K_2Cr_2O_7$（$0.1 mol \cdot L^{-1}$），H_2SO_4（$0.1 mol \cdot L^{-1}$，$1 mol \cdot L^{-1}$，$2.0 mol \cdot L^{-1}$），Na_2SO_3（$0.1 mol \cdot L^{-1}$），$MnSO_4$（$0.002 mol \cdot L^{-1}$，$0.1 mol \cdot L^{-1}$），$KMnO_4$（$0.01 mol \cdot L^{-1}$），HNO_3（$6 mol \cdot L^{-1}$），$NaBiO_3$（s），$Al(NO_3)_3$（$0.1 mol \cdot L^{-1}$）。

材料：pH试纸。

【实验步骤】
1. 铬及其化合物

(1) 氢氧化铬的制备和性质　在点滴板的两个孔穴内分别各滴加 5 滴 $0.1 mol·L^{-1}$ 的 $CrCl_3$ 溶液和 5 滴 $0.1 mol·L^{-1}$ 的 NaOH 溶液，制备氢氧化铬沉淀，观察沉淀的颜色。分别向两份沉淀中加入 2~3 滴 $0.1 mol·L^{-1}$ 的 NaOH 溶液和 $0.1 mol·L^{-1}$ 的 HCl 溶液至沉淀溶解，观察溶液颜色，并写出反应方程式。

(2) +3 价铬的还原性　在试管内加入 5 滴 $0.1 mol·L^{-1}$ 的 $CrCl_3$ 溶液和过量 NaOH 溶液，再加入 2 滴 3% 的 H_2O_2 溶液，加热，观察溶液颜色的变化，解释现象，并写出每一步反应方程式。

将上述溶液用 $2 mol·L^{-1}$ 的 HAc 溶液酸化至溶液 pH 值为 6，加入 1 滴 $0.1 mol·L^{-1}$ 的 $Pb(NO_3)_2$ 溶液，观察现象并写出反应方程式。

(3) +6 价铬的氧化性　在试管中加入 5 滴 $0.1 mol·L^{-1}$ 的 $K_2Cr_2O_7$ 溶液，加入 5 滴 $0.1 mol·L^{-1}$ 的 H_2SO_4 酸化，再加入 15 滴 $0.1 mol·L^{-1}$ 的 Na_2SO_3 溶液，观察溶液颜色的变化，写出反应方程式。

(4) 铬酸盐和重铬酸盐的相互转化　在试管中加入 5 滴 $0.1 mol·L^{-1}$ 的 $K_2Cr_2O_7$ 溶液，滴入 4 滴 $2 mol·L^{-1}$ 的 NaOH 溶液，观察溶液颜色变化，再继续滴入 10 滴 $1 mol·L^{-1}$ 的 H_2SO_4 酸化，观察溶液颜色变化，解释现象，并写出反应方程式。

2. 锰及其化合物

(1) $Mn(OH)_2$ 的制备和还原性　在试管中加入 10 滴 $0.1 mol·L^{-1}$ 的 $MnSO_4$ 溶液，再加入 5 滴 $2 mol·L^{-1}$ 的 NaOH 溶液，观察沉淀的生成，振荡试管，观察沉淀颜色的变化并解释。

(2) MnO_2 的生成　在试管中加入 10 滴 $0.01 mol·L^{-1}$ 的 $KMnO_4$ 溶液，滴加 2 滴 $0.1 mol·L^{-1}$ 的 $MnSO_4$ 溶液，观察棕色沉淀的生成，写出反应方程式。

(3) 溶液的酸碱性对 MnO_4^- 还原产物的影响　在 3 支试管中分别加入 5 滴 $0.01 mol·L^{-1}$ 的 $KMnO_4$ 溶液，再分别加入 5 滴 $2.0 mol·L^{-1}$ 的 H_2SO_4 溶液、$6.0 mol·L^{-1}$ 的 NaOH 溶液和 H_2O，然后各加入 5 滴 $0.1 mol·L^{-1}$ 的 Na_2SO_3 溶液。观察各试管中发生的变化，写出有关反应方程式。

(4) Mn^{2+} 的鉴定　在试管中加入 5 滴 $0.002 mol·L^{-1}$ 的 $MnSO_4$ 溶液，再加入 10 滴 $6 mol·L^{-1}$ 的 HNO_3 溶液，然后加入少量 $NaBiO_3$ 固体，微热，振荡试管，然后将试管静置。观察现象并写出反应方程式。（注意：Mn^{2+} 的量不要加入太多，否则不易出现紫红色。）

3. 混合离子分离鉴定

在试管中加入含 Cr^{3+}、Mn^{2+}、Al^{3+} 的溶液各 5 滴混合，进行离子分离鉴定，画出分离鉴定过程示意图。

【思考题】
1. 总结铬的各种氧化态之间相互转化的条件，注明反应在何种介质中进行，何者是氧化剂，何者是还原剂。
2. 绘制表示锰的各种氧化态之间相互转化的示意图，注明反应在什么介质中进行，何者是氧化剂，何者是还原剂。
3. 在所用过的试剂中，有几种可以将 Mn^{2+} 氧化为 MnO_4^-？在 Mn^{2+} 的鉴定反应中，为什么要控制 Mn^{2+} 的量？

实验5-6 铁、钴、镍

【实验目的】
1. 掌握铁、钴、镍氢氧化物的生成和氧化还原性。
2. 掌握铁、钴、镍主要配合物的性质。
3. 掌握 Fe^{2+}、Fe^{3+}、Co^{2+}、Ni^{2+} 的分离和鉴定方法。

【实验原理】
铁、钴、镍是周期表第ⅧB族元素，原子最外层电子数都是2个，次外层未填满电子。常见氧化值为+2、+3，它们化合物的性质彼此相似。

$Fe(OH)_2$、$Co(OH)_2$、$Ni(OH)_2$ 为碱性，$Fe(OH)_2$ 为白色，$Co(OH)_2$ 为粉红色，$Ni(OH)_2$ 为苹果绿色。$Fe(OH)_2$ 很容易被空气中的氧气氧化为红棕色的 $Fe(OH)_3$（包括从泥黄色到红棕色的各种中间产物）。$Co(OH)_2$ 则缓慢地被空气中的氧气氧化为褐色的 $Co(OH)_3$，$Ni(OH)_2$ 不与氧气反应。$Co(OH)_3$、$Ni(OH)_3$ 通常分别由 Co^{2+}、Ni^{2+} 的盐在碱性条件下用强氧化剂氧化得到，例如：

$$2Ni^{2+}(aq) + 6OH^-(aq) + Br_2(l) \longrightarrow 2Ni(OH)_3(s) + 2Br^-(aq)$$

铁、钴、镍都能生成不溶于水的+3价氧化物和相应的氢氧化物。Fe^{3+} 具有一定的氧化性，能与强还原剂反应生成 Fe^{2+}。$Co(OH)_3$ 和 $Ni(OH)_3$ 与浓盐酸反应时，分别生成 Co^{2+} 和 Ni^{2+}，并放出氯气，显示出强氧化性。

Fe^{2+}、Fe^{3+} 在溶液中易水解。铁、钴、镍的盐大部分是有颜色的，在水溶液中，Fe^{2+} 呈浅绿色，Co^{2+} 呈粉红色，Ni^{2+} 呈亮绿色。

铁、钴、镍都能形成多种配合物，如铁离子能形成亚铁氰化钾（$K_4[Fe(CN)_6]$）和铁氰化钾（$K_3[Fe(CN)_6]$），钴和镍离子能形成 $[Co(NH_3)_6]Cl_3$，$K_3[Co(NO_2)_6]$ 和 $[Ni(NH_3)_6]SO_4$ 等配合物。Co^{2+} 的配合物不稳定，易被氧化为 Co^{3+} 的配合物，而Ni的配合物以+2价为稳定。

Fe^{2+} 与 $[Fe(CN)_6]^{3-}$ 反应，或 Fe^{3+} 与 $[Fe(CN)_6]^{4-}$ 反应都生成蓝色沉淀，分别用于鉴定 Fe^{2+}、Fe^{3+}。在酸性溶液中，Fe^{3+} 与 KSCN 的反应也用于鉴定 Fe^{3+}。Co^{2+} 也能与 KSCN 反应，生成不稳定的 $[Co(NCS)_4]^{2-}$，但其在丙酮等有机溶剂中较稳定，此反应用于鉴定 Co^{2+}。Ni^{2+} 与丁二酮肟在弱碱性条件下生成鲜红色配合物，此反应常用于鉴定 Ni^{2+}。

【仪器、药品及材料】
仪器：试管，试管夹，离心试管，点滴板，量筒（10mL），酒精灯，离心机。
药品：饱和溴水（或饱和氯水），H_2SO_4（2mol·L^{-1}），HCl（浓），NaOH（2mol·L^{-1}），$NH_3·H_2O$（6mol·L^{-1}），$CoCl_2$（0.1mol·L^{-1}），$NiSO_4$（0.1mol·L^{-1}），$FeCl_3$（0.1mol·L^{-1}），$K_4[Fe(CN)_6]$（0.1mol·L^{-1}），$K_3[Fe(CN)_6]$（0.1mol·L^{-1}），KSCN（0.1mol·L^{-1}，s），$FeSO_4·7H_2O$(s)，H_2O_2（3%），淀粉溶液（1%），丙酮，丁二酮

肟溶液（1%乙醇溶液），NaF（0.1mol·L^{-1}）。

材料：淀粉-KI试纸。

【实验步骤】

1. Fe(OH)$_2$、Co(OH)$_2$、Ni(OH)$_2$的还原性和Fe(OH)$_3$、Co(OH)$_3$、Ni(OH)$_3$的氧化性

（1）Fe(OH)$_2$的生成和还原性　在试管中加入2mL蒸馏水和1~2滴2mol·L^{-1}的H$_2$SO$_4$酸化，煮沸片刻（为什么?），在其中加入几粒FeSO$_4$·7H$_2$O晶体，振荡溶解，同时在另一支试管中煮沸1mL 2mol·L^{-1}的NaOH溶液。冷却后用长吸管吸入NaOH溶液，并将吸管插入到FeSO$_4$溶液底部，慢慢放出NaOH溶液，不摇动试管，观察开始生成近乎白色的Fe(OH)$_2$沉淀。然后边摇边观察沉淀颜色的变化，写出Fe(OH)$_2$在空气中被氧化的反应式。

注意：在FeSO$_4$溶液中加入NaOH时，注意不要搅动溶液而带入空气。

（2）Co(OH)$_2$的生成和还原性　在试管中加入2mL蒸馏水和1~2滴0.1mol·L^{-1}的CoCl$_2$溶液加热至沸，然后滴加2mol·L^{-1}的NaOH溶液，观察粉红色沉淀的生成。再滴加3%的H$_2$O$_2$到Co(OH)$_2$沉淀上，观察棕色Co(OH)$_3$沉淀的生成。在试管中加几滴浓盐酸，加热，用湿润的淀粉-KI试纸检查逸出的气体。观察现象并解释，写出有关反应方程式。

（3）Ni(OH)$_2$的生成和还原性　在试管中加入5滴0.1mol·L^{-1}的NiSO$_4$溶液，加入1滴2mol·L^{-1}的NaOH溶液，观察果绿色的Ni(OH)$_2$沉淀的生成。向试管中边滴加饱和溴水（或新制的饱和氯水），边观察黑色Ni(OH)$_3$沉淀的生成。在试管中加几滴浓盐酸，加热，用湿润的淀粉-KI试纸检查逸出的气体。解释现象，写出有关反应式。

根据实验比较Fe(OH)$_2$、Co(OH)$_2$、Ni(OH)$_2$还原性的强弱和Fe(OH)$_3$、Co(OH)$_3$、Ni(OH)$_3$氧化性的强弱。

2. 铁、钴、镍的配合物

（1）Fe^{2+}、Fe^{3+}的配合物及其鉴定　在试管中加入2滴0.1mol·L^{-1}的K$_4$[Fe(CN)$_6$]溶液，加入2滴2.0mol·L^{-1}的NaOH溶液和2滴0.1mol·L^{-1}的FeCl$_3$溶液，观察现象并解释。

在试管中加入2滴0.1mol·L^{-1}的K$_3$[Fe(CN)$_6$]溶液，加入2滴2.0mol·L^{-1}的NaOH溶液和5滴0.1mol·L^{-1}的FeSO$_4$溶液，观察现象，写出反应方程式。

在试管中加入1滴0.1mol·L^{-1}的FeCl$_3$溶液、5滴0.1mol·L^{-1}的KSCN，观察现象。再逐滴加入0.1mol·L^{-1}的NaF溶液，观察溶液有何变化？写出反应方程式。

（2）Co^{2+}的配合物及其鉴定　在试管中加入5滴0.1mol·L^{-1}的CoCl$_2$溶液，加入少量KSCN固体，再加入2滴丙酮，观察现象，写出反应方程式。

（3）Ni^{2+}的配合物及其鉴定　在点滴板的孔穴内滴加1滴0.1mol·L^{-1}的NiSO$_4$溶液和1滴6mol·L^{-1}的NH$_3$·H$_2$O，再加入1滴1%的丁二酮肟溶液，观察鲜红色沉淀的生成，写出反应方程式。

（4）Fe^{3+}、Co^{2+}、Ni^{2+}的氨配合物　在试管中加入1mL 0.1mol·L^{-1}的FeCl$_3$溶液，滴加6mol·L^{-1}的NH$_3$·H$_2$O直至过量，观察沉淀是否溶解。

在两支试管中分别加入0.5mL 0.1mol·L^{-1}的CoCl$_2$溶液和0.1mol·L^{-1}的NiSO$_4$

溶液，逐滴加入 6mol·L^{-1} 的 NH$_3$·H$_2$O 至过量，观察现象。静置片刻，再观察溶液颜色有无变化。写出有关的离子反应方程式。

通过实验比较 [Co(NH$_3$)$_6$]$^{2+}$、[Ni(NH$_3$)$_6$]$^{2+}$ 氧化还原性的相对大小。

【思考题】

1. 制取 Fe(OH)$_2$ 时为什么要先将有关溶液煮沸？

2. 制取 Co(OH)$_3$、Ni(OH)$_3$ 时，为什么要以 Co(Ⅱ)、Ni(Ⅱ) 为原料在碱性溶液中进行氧化，而不用 Co(Ⅲ)、Ni(Ⅲ) 直接制取？

3. 在 Co(OH)$_3$ 沉淀中加入浓 HCl 后，有时溶液呈蓝色，加水稀释后又呈粉红色，为什么？

模块六

无机化合物制备与提纯实验

实验6-1 过氧化钙的合成

【实验目的】
1. 了解用钙盐法合成过氧化钙的过程。
2. 学习副产品的回收利用。
3. 学习 CaO_2 的定性检验方法。

【实验原理】
纯净的 CaO_2 是白色的晶体粉末，难溶于水，不溶于乙醇、乙醚，在室温下稳定，在 300℃ 时分解为 CaO 和 O_2。在潮湿的空气中分解为 $Ca(OH)_2$ 和 H_2O_2。与稀酸反应会生成钙盐和 H_2O_2。在 CO_2 的作用下，会生成碳酸盐并放出氧气。反应方程式如下：

$$2CaO_2(s) \xrightarrow{300℃} 2CaO(s) + O_2(g)$$
$$CaO_2(s) + 2H_2O(l) \longrightarrow Ca(OH)_2(s) + H_2O_2(l)$$
$$CaO_2(s) + 2H^+(aq) \longrightarrow Ca^{2+}(aq) + H_2O_2(l)$$
$$2CaO_2(s) + 2CO_2(g) \longrightarrow 2CaCO_3(s) + O_2(g)$$

过氧化钙水合物 $CaO_2 \cdot 8H_2O$ 在 0℃ 时稳定，但在室温下经过几天就分解了，加热至 130℃ 时，就逐渐转变为无水过氧化钙（CaO_2）。

在 $-3 \sim 2$ ℃ 条件下，先用可溶性钙盐，如 $CaCl_2$，$Ca(NO_3)_2$ 等与 H_2O_2 及 $NH_3 \cdot H_2O$ 反应，可制得水合过氧化钙：

$$Ca^{2+}(aq) + H_2O_2(aq) + 2NH_3 \cdot H_2O(aq) + 6H_2O(l) \longrightarrow CaO_2 \cdot 8H_2O(s) + 2NH_4^+(aq)$$

再经脱水制得 CaO_2。

【仪器、药品及材料】
仪器：托盘天平，烧杯，减压过滤装置，点滴板，P_2O_5 干燥器。
药品：$CaCl_2(s)$，H_2O_2（30%），$NH_3 \cdot H_2O$（$2mol \cdot L^{-1}$），$KMnO_4$（$0.01mol \cdot L^{-1}$），HCl（$2mol \cdot L^{-1}$），H_2SO_4（$2mol \cdot L^{-1}$），$KI(s)$，$Na_2S_2O_3$（$0.1mol \cdot L^{-1}$），淀粉（1%），冰，无水乙醇。

【实验步骤】
1. CaO_2 的合成

称取 2.0g $CaCl_2$ 于烧杯中，加入 2.5mL 去离子水溶解。用冰水将 $CaCl_2$ 溶液和 5mL 30% 的 H_2O_2 溶液冷却至 0℃ 左右，然后混合摇匀。在冷却条件下边搅拌边加入 20mL $2mol \cdot L^{-1}$ 的 $NH_3 \cdot H_2O$，静置冷却。待溶液中有大量沉淀时，用倾析法减压过滤，用 5mL 无水乙醇洗涤沉淀 2~3 次，然后将晶体转入烘箱中，在 150℃ 烘烤 30min。取出放在 P_2O_5 干燥器内干燥至恒重，称量，计算产率。

将滤液用 $2mol \cdot L^{-1}$ 的 HCl 溶液调节 pH 值至 3~4，然后放在蒸发皿中，在泥三角上小火加热浓缩，可得副产品 NH_4Cl 晶体。

2. 产品定性检验

在点滴板的孔穴内滴加 1 滴 $0.01mol \cdot L^{-1}$ 的 $KMnO_4$ 溶液和 1 滴 $2mol \cdot L^{-1}$ 的

H_2SO_4 溶液，加入少量 CaO_2 粉末搅匀，若溶液褪色且有气泡生成，证明有 CaO_2 存在。写出反应方程式。

【注意事项】
1. 可用小烧杯或是小试管冷却蒸馏水。
2. H_2O_2 腐蚀皮肤，使用时需戴手套防护。

实验6-2 硫酸亚铁铵的制备及检验

【实验目的】
1. 了解硫酸亚铁铵复盐的制备方法。
2. 熟练掌握称量、水浴加热、溶解、常减压过滤、蒸发、结晶和检验等基本操作。
3. 学习离子的定性分析及目视比色法。

【实验原理】

硫酸亚铁铵 $(NH_4)_2Fe(SO_4)_2·6H_2O$ ($M_r=392.14$) 俗称摩尔盐，为浅蓝绿色透明单斜晶体，易溶于水。它在空气中比一般亚铁盐[如 $Fe(SO_4)_2·7H_2O$]稳定，不易被空气中的氧气氧化。由于含有 Fe^{2+}，因此是分析化学中常用的还原剂。像所有的复盐一样，硫酸亚铁铵在水中的溶解度比组成它的任何一个组分 $FeSO_4$ 或 $(NH_4)_2SO_4$ 的溶解度都小（见表6-1）。因此，将含有 $FeSO_4$ 和 $(NH_4)_2SO_4$ 的溶液经蒸发浓缩、冷却结晶即可得到摩尔盐晶体。

表6-1 硫酸亚铁、硫酸铵、硫酸亚铁铵在水中的溶解度

单位：$g·(100g\ H_2O)^{-1}$

温度/℃	10	20	30	40	50
$(NH_4)_2SO_4$	73.0	75.4	78.0	81.0	—
$FeSO_4·7H_2O$	20.5	26.5	32.9	40.2	48.6
$(NH_4)_2Fe(SO_4)_2·6H_2O$	—	26.9	—	38.5	—

硫酸亚铁铵的制备分为两步，第一步是制备硫酸亚铁，本实验采用铁屑与稀硫酸作用生成硫酸亚铁溶液：

$$Fe(s)+H_2SO_4(aq)\longrightarrow FeSO_4(aq)+H_2(g)$$

由于 $FeSO_4$ 在弱酸性溶液中极易发生氧化反应，因此在制备的过程中溶液要保持较强的酸性。

$$4FeSO_4(aq)+O_2(g)+2H_2O(l)\longrightarrow 4Fe(OH)SO_4(s)$$

第二步是将制得的硫酸亚铁与等物质的量的硫酸铵混合，在硫酸亚铁溶液中加入硫酸铵并使其全部溶解，经蒸发浓缩，冷却结晶，得到 $(NH_4)_2Fe(SO_4)_2·6H_2O$ 晶体：

$$FeSO_4(aq)+(NH_4)_2SO_4(aq)+6H_2O(l)\longrightarrow (NH_4)_2Fe(SO_4)_2·6H_2O(s)$$

$(NH_4)_2Fe(SO_4)_2·6H_2O$ 在溶液中全部解离为简单离子：

$$(NH_4)_2Fe(SO_4)_2·6H_2O(s)\longrightarrow Fe^{2+}(aq)+2SO_4^{2-}(aq)+2NH_4^+(aq)+6H_2O(l)$$

产品中的杂质主要是 Fe^{3+}，产品的等级也主要以 Fe^{3+} 含量的多少来评定。可采用目

视比色法确定产品中 Fe^{3+} 的含量范围。其操作方法是，取一定量的产品配制成一定浓度的溶液，加入 KSCN，Fe^{3+} 与 KSCN 反应生成血红色的 $[Fe(SCN)_n]^{3-n}$，根据溶液颜色的深浅，与标准溶液颜色比较，确定产品中 Fe^{3+} 的含量范围，进而确定产品等级。

【仪器、药品及材料】

仪器：电子天平，托盘天平，水浴锅，漏斗，铁架台，减压过滤装置，烧杯，量筒，锥形瓶，蒸发皿，移液管，表面皿，称量瓶。

药品：铁屑，Na_2CO_3(1mol·L^{-1})，H_2SO_4(3mol·L^{-1})，$(NH_4)_2SO_4$(s)，NaOH(2mol·L^{-1})，HCl(2mol·L^{-1}，6.0mol·L^{-1})，KSCN(1mol·L^{-1})，$BaCl_2$(1mol·L^{-1})，无水乙醇，$NH_4Fe(SO_4)_2·12H_2O$(s, M_r=482.192)。

材料：pH 试纸，红色石蕊试纸。

【实验步骤】

1. 硫酸亚铁铵的制备

(1) 铁屑的净化 称取 2.0g 铁屑于 150mL 烧杯中，加入 20mL 1mol·L^{-1} 的 Na_2CO_3 溶液，盖上表面皿，加热近沸约 10min，去除铁屑表面的油污。冷却后，小心用倾析法倒去液体，然后用自来水清洗 3～4 次，最后用去离子水洗净铁屑。

(2) 硫酸亚铁的制备 在盛有洗净铁屑的烧杯内加入 15mL 3mol·L^{-1} 的 H_2SO_4 溶液，盖上表面皿，水浴加热（应在通风橱中进行。如果有泡沫溢出时，移开表面皿），温度控制在 70～80℃。反应后期，应用少量蒸馏水洗涤杯壁，使溶液体积保持基本不变。加热至不再冒出大量气泡，表示反应基本完成。趁热过滤，将滤液转入蒸发皿中。用去离子水洗涤残渣，用滤纸吸干或烘干残渣后称量，根据残渣质量计算出反应中消耗掉铁屑的质量。

(3) 硫酸亚铁铵的制备 根据 $FeSO_4$ 的理论产量，计算所需 $(NH_4)_2SO_4$ 的物质的量和质量。称取 $(NH_4)_2SO_4$ 固体，将其加入上述制得的 $FeSO_4$ 溶液中，在水浴上边加热边搅拌，使硫酸铵全部溶解，用硫酸调节溶液的 pH 值为 1～2，蒸发浓缩至液面出现一层晶膜为止。取下蒸发皿，冷却至室温，使 $(NH_4)_2Fe(SO_4)_2·6H_2O$ 结晶出来。用布氏漏斗减压抽滤，用少量无水乙醇洗去晶体表面所附着的水分，转移至表面皿上，晾干（或真空干燥）后称量，计算产率。

2. 产品检验

(1) 产品中 NH_4^+、Fe^{2+} 和 SO_4^{2-} 的定性检验 取少量产品，加入去离子水溶解，作为待测液备用。

NH_4^+ 的检验：在试管中加入 10 滴待测液和 2 滴 2mol·L^{-1} 的 NaOH 溶液，微热，用红色石蕊试纸（或 pH 试纸）检验逸出气体，如试纸呈蓝色，表示有 NH_4^+ 存在。

Fe^{2+} 的检验：在点滴板上加入 1 滴待测液和 1 滴 2mol·L^{-1} 的 HCl 溶液酸化，加入 1 滴 0.1mol·L^{-1} 的 $K_3[Fe(CN)_6]$ 溶液，如出现蓝色沉淀，表示有 Fe^{2+} 存在。

SO_4^{2-} 的检验：在试管中加入 5 滴待测液和 2 滴 6mol·L^{-1} 的 HCl 至无气泡，再多加入 1～2 滴，然后加入 1～2 滴 1mol·L^{-1} 的 $BaCl_2$ 溶液，若有白色沉淀，表示有 SO_4^{2-} 存在。

(2) Fe^{3+} 的含量分析及产品等级检验 产品中主要杂质是 Fe^{3+}，可根据 Fe^{3+} 与 KSCN 形成的血红色 $[Fe(NCS)_5]^{3-}$ 的深浅，用目视比色法确定 Fe^{3+} 含量及产品级别。

准确称取 1.00g 产品放入 25mL 比色管内，加入 1.00mL 2mol·L^{-1} 的 H_2SO_4 溶液和 1.00mL 1mol·L^{-1} 的 KSCN 溶液，最后用除氧的去离子水稀释至刻度，摇匀，与标准溶液（由实验室提供）进行目视比色。根据比较结果，确定产品中 Fe^{3+} 的含量，与表 6-2 对照以确定产品等级。

表 6-2　硫酸亚铁铵产品等级与 Fe^{3+} 的质量分数

产品等级	Ⅰ级	Ⅱ级	Ⅲ级
$c(Fe^{3+})/mg \cdot mL^{-1}$	0.05	0.1	0.2

3. 实验前准备工作

除氧去离子水的制备：在 250mL 锥形瓶中加入 150mL 蒸馏水，小火煮沸约 10min，去除水中溶解的氧气，盖好表面皿，冷却后供 4 人使用。

标准溶液的配制：在分析天平上准确称取分析纯十二水合硫酸铁铵固体 $[NH_4Fe(SO_4)_2 \cdot 12H_2O, M_r=482.192]$ 2.1585g，用少量蒸馏水溶解，并加 10mL $2mol \cdot L^{-1}$ 的 H_2SO_4 溶液，全部转入 250mL 容量瓶中，定容，摇匀待用。该溶液中 Fe^{3+} 的浓度为 $1.0mg \cdot mL^{-1}$。用移液管准确量取 Fe^{3+} 标准溶液 1.25mL、2.50mL、5.00mL 于三支 25mL 比色管中，然后每支比色管中加入 1.00mL $1mol \cdot L^{-1}$ 的 KSCN 溶液，最后用去离子水稀释到刻度，摇匀。该标准溶液中 Fe^{3+} 的浓度分别为 $0.050mg \cdot mL^{-1}$、$0.100mg \cdot mL^{-1}$、$0.200mg \cdot mL^{-1}$。

【注意事项】

1. 用 Na_2CO_3 溶液清洗铁屑油污过程中，一定要不断地搅拌以免暴沸伤人，并应补充适量去离子水。

2. 硫酸亚铁溶液要趁热过滤，以免出现结晶。

实验6-3　用废弃易拉罐制备明矾及明矾净水实验

【实验目的】

1. 掌握利用废铝制备明矾的方法。
2. 掌握无机制备中一些常用的基本操作。
3. 了解明矾净水的原理。

【实验原理】

铝制器皿、废弃铝制饮料罐中的铝可经过一定的途径转化为硫酸铝钾 $[KAl(SO_4)_2 \cdot 12H_2O]$，俗称明矾，它是一种无色晶体，易溶于水，易水解生成 $Al(OH)_3$ 胶状沉淀，具有较强的吸附能力，是工业上重要的铝盐，可作净水剂、造纸填充剂等。

铝为两性元素，既能与酸反应，又能与碱反应。本实验将废铝溶于氢氧化钾溶液中，生成可溶性的四羟基合铝酸钾 $K[Al(OH)_4]$（偏铝酸钾），其他杂质则不溶，过滤除去杂质。向滤液中加入 H_2SO_4 溶液，在室温下可生成复盐——明矾。制备中涉及的化学反应如下：

$$2Al(s) + 2KOH(aq) + 6H_2O(l) \longrightarrow 2K[Al(OH)_4](aq) + 3H_2(g)$$

$$K[Al(OH)_4](aq) + 2H_2SO_4(aq) + 8H_2O(l) \longrightarrow KAl(SO_4)_2 \cdot 12H_2O(aq)$$

不同温度下明矾、硫酸铝、硫酸钾的溶解度见表 6-3。

明矾是传统的净水剂，一直受到人们的关注。近年来医学界研究发现，人体摄入过多的铝对健康的危害很大，能引起痴呆、骨痛、贫血、甲状腺功能降低、胃液分泌减少等多种疾病。摄入过量的铝还会影响人体对磷的吸收和能量代谢，降低生物酶的活性，铝还能引起神经细胞的死亡，并能损害心脏，当铝进入人体后，可形成牢固的难以消化的配合物，使其毒性增加。日本等发达国家已明确将铝列为有害元素并确定了相应的环保法规，限制其使用和排放。因此现在已经不再提倡用明矾作为净水剂，但其作为食品改良剂和膨松剂等还有一定的应用。

表 6-3 不同温度下明矾、硫酸铝、硫酸钾的溶解度 单位：$g \cdot (100g\ H_2O)^{-1}$

温度/℃	0	10	20	30	40	60	80	90
$KAl(SO_4)_2 \cdot 12H_2O$	3.0	4.0	5.9	8.4	11.7	24.8	71.0	109.0
$Al_2(SO_4)_3 \cdot 18H_2O$	31.2	33.5	36.4	40.4	45.7	59.2	73.1	80.8
K_2SO_4	7.4	9.2	11.1	13.0	14.8	18.2	21.4	22.4

【仪器、药品及材料】

仪器：抽滤瓶，布氏漏斗，烧杯，托盘天平。

药品：$KOH(1.5mol \cdot L^{-1})$，$H_2SO_4(3mol \cdot L^{-1})$，无水乙醇，废弃铝制饮料罐。

材料：滤纸。

【实验步骤】

1. 铝片的前处理

从铝制易拉罐上剪下一块大小为 4cm×4cm 的薄片，用砂纸擦去其内外表面的油漆和胶质，然后将其洗净，并擦干表面水分。再将薄片剪成若干小片，备用。

2. $K[Al(OH)_4]$ 的制备

在烧杯中加入 25mL 1.5mol·L^{-1} 的 KOH 溶液，将烧杯置于热水浴中加热，分批加入 1g 已处理好的铝片（反应较剧烈，应在通风橱内进行），盖上表面皿，同时不断补充蒸馏水，保持溶液体积，反应完成后，趁热减压过滤。

3. $KAl(SO_4)_2 \cdot 12H_2O$ 的制备

将滤液转入烧杯中，在不断搅拌下，滴加一定量的 3mol·L^{-1} 的 H_2SO_4 溶液（理论量应为 25mL），加热使沉淀完全溶解，冷却至室温后，加入 3mL 无水乙醇，冰水浴中冷却。待结晶完全析出后，减压过滤，用 3mL 无水乙醇洗涤晶体两次。用滤纸吸干，称量，计算产率。

4. 明矾净水

将一定量的明矾投入到略有浑浊的水中，搅拌后静置，观察实验现象。

【思考题】

1. 明矾晶体析出后，前后两次加入乙醇的目的分别是什么？
2. 若铝中含有少量铁杂质，在本实验中如何去除？
3. 明矾净水的原理是什么？试根据这一原理，推测还有哪类物质可以用作净水剂。

实验6-4 五水硫酸铜的制备、提纯及结晶水的测定

【实验目的】

1. 学习并掌握以铜和硫酸为原料制备五水硫酸铜的实验原理和实验方法。

2. 了解重结晶提纯物质的原理。

3. 练习称量、取液、灼烧、加热、蒸发、冷却、干燥、常压过滤、减压过滤、蒸发浓缩和重结晶等基本操作。

4. 了解结晶水合物中结晶水含量的测定原理和方法。

5. 学习研钵、干燥器的使用以及沙浴加热、恒重等基本操作。

【实验原理】

五水硫酸铜 $CuSO_4 \cdot 5H_2O$ 也称胆矾，易溶于水，不溶于乙醇，在干燥空气中缓慢风化，加热到 230℃ 时失去全部结晶水变为白色的 $CuSO_4$。

本实验以铜粉和硫酸为原料制备硫酸铜。反应如下：

$$2Cu(s) + O_2(g) \longrightarrow 2CuO(s)$$

$$CuO(s) + H_2SO_4(aq) \longrightarrow CuSO_4(aq) + H_2O(l)$$

$CuSO_4 \cdot 5H_2O$ 在水中的溶解度随温度变化较大，将硫酸铜溶液蒸发、浓缩、冷却、结晶、过滤、干燥，可得到蓝色的五水硫酸铜晶体粗品。

用硫酸铜粗品为原料可以制得精制五水硫酸铜。首先用过滤法除去五水硫酸铜粗品中的不溶性杂质。用过氧化氢将溶液中的硫酸亚铁氧化为硫酸铁，并加热煮沸使三价铁在 pH 值为 3 时全部水解为 $Fe(OH)_3$ 沉淀而除去，反应如下：

$$2Fe^{2+}(aq) + 2H^+(aq) + H_2O_2(l) \longrightarrow 2Fe^{3+}(aq) + 2H_2O(l)$$

$$Fe^{3+}(aq) + 3H_2O(l) \longrightarrow Fe(OH)_3(s) + 3H^+(aq)$$

由于溶液中的可溶性杂质含量少，在重结晶时它们留在母液中，从而得到较纯的五水硫酸铜晶体。

实验中得到的硫酸铜晶体中含有一定量的结晶水，受热到一定温度时，会脱去部分或全部结晶水。$CuSO_4 \cdot 5H_2O$ 晶体在不同温度下可逐步脱水，颜色随着含水量的不同由蓝色变为浅蓝色，最后变为白色或灰白色，变化过程如下：

$$CuSO_4 \cdot 5H_2O \xrightarrow[-2H_2O]{48℃} CuSO_4 \cdot 3H_2O \xrightarrow[-2H_2O]{99℃} CuSO_4 \cdot H_2O \xrightarrow[-H_2O]{218℃} CuSO_4$$

【仪器、药品及材料】

仪器：托盘天平，干燥器，烘箱，沙浴锅，电子天平，瓷坩埚，坩埚钳，酒精灯，减压过滤装置，蒸发皿，量筒，泥三角，石棉网，水浴锅，表面皿，温度计（量程为 300℃）。

药品：铜粉（s），$H_2SO_4(2mol \cdot L^{-1})$，$H_2O_2(3\%)$，$CuCO_3(s)$，无水乙醇。

材料：pH 试纸，滤纸，剪刀。

【实验步骤】

1. 五水硫酸铜晶体的制备

（1）氧化铜的制备 称取 1.5g 铜粉，放入干燥、洁净的瓷坩埚中。用酒精灯加热（如使用煤气灯加热，能提高反应温度，可使反应进行得更完全），不断搅拌，加热至铜粉完全转化为黑色，停止加热，冷却。

（2）硫酸铜溶液的制备 将 CuO 粉末倒入 50mL 小烧杯中，加入 15mL $2mol \cdot L^{-1}$ 的 H_2SO_4 溶液，小火加热，搅拌，尽量使 CuO 完全溶解。趁热抽滤，得到蓝色的硫酸铜溶液，滤渣回收。向滤液中加入 2mL 3% 的 H_2O_2 溶液，将溶液加热。当 Fe^{2+} 完全氧化后，慢慢加入 $CuCO_3$ 粉末，同时不断搅拌直到溶液 pH 值为 3。在此过程中，要用 pH 试纸不断检验溶液的 pH 值，控制溶液的 pH 值为 3 后，再加热沸腾，并保持溶液体积不变。趁热减压过滤，将滤液转入小烧杯中，得到精制硫酸铜溶液。

（3）**五水硫酸铜晶体的制备**　在精制后的硫酸铜溶液中加入 $2mol·L^{-1}$ 的 H_2SO_4 溶液，调节溶液的 pH 值为 1，将溶液转入蒸发皿中，置于石棉网上小火加热蒸发，也可在水浴中加热蒸发，至溶液表面有晶膜出现（勿蒸干）时，停止加热，自然冷却至室温，有大量晶体析出。抽滤，将晶体尽量抽干，再用无水乙醇淋洗晶体 2~3 次。

（4）**干燥**　将晶体取出夹在两张干滤纸之间，轻轻按压吸干水分，之后将晶体转移到洁净干燥且已称重的表面皿中，称量。

2. 五水硫酸铜晶体的提纯

上述产品放于烧杯中，按每克产品加 1.2mL 蒸馏水的比例加入蒸馏水。加热，使产品全部溶解。趁热减压过滤，滤液冷却至室温，再次减压过滤。用少量无水乙醇洗涤晶体 1~2 次。取出晶体，晾干，称量。

3. 五水硫酸铜晶体结晶水的测定

（1）**恒重坩埚**　将一洗净的坩埚及坩埚盖置于泥三角上，小火烘干后，用氧化焰灼烧至红热，将坩埚冷却至略高于室温，再用干净的坩埚钳将其移入干燥器中，冷却至室温后取出。热的坩埚放入干燥器后，一定要在短时间内将干燥器盖子打开 1~2 次，以免内部压力降低，难以打开。用电子天平称量坩埚的质量，重复加热至脱水温度以上，冷却，称量，直至恒重。

（2）**五水硫酸铜脱水**　用减量法准确称取 1.0~1.2g 研细的精制 $CuSO_4·5H_2O$ 晶体，放入已恒重的坩埚中。

将坩埚置于沙浴盘中。靠近坩埚的沙浴中插入一支温度计（量程为 300℃），其末端应与坩埚底部大致处于同一水平，加热沙浴至约 210℃，然后慢慢升温至 280℃ 左右，加热 20min 后，用坩埚钳将坩埚移入干燥器内，冷却至室温。在电子天平上称量坩埚和无水硫酸铜的总质量，计算无水硫酸铜的质量。重复沙浴加热、冷却、称量，直至恒重（两次称量之差＜1mg）。实验后将无水硫酸铜置于回收瓶中。

【数据记录与处理】

1. 粗产品 _____ g，产品外观 _____。

$$收率（\%）= \frac{m_{实际}}{m_{理论}} \times 100\% = \underline{\qquad}。$$

注：$m_{理论}$ 以实际参加反应的铜粉量为基准计算。

2. 五水硫酸铜中结晶水测定数据记录及处理

实验编号	1	2	3	4
空坩埚质量/g				
坩埚+$CuSO_4·5H_2O$ 质量/g				
$CuSO_4·5H_2O$ 质量/g				
$CuSO_4·5H_2O$ 物质的量 n_1/mol				
坩埚+$CuSO_4$ 质量/g				
$CuSO_4$ 质量/g				
结晶水质量/g				
结晶水物质的量 n_2/mol				
n_1/n_2				
五水硫酸铜化学式				

【注意事项】

1. 结晶时滤液为什么不可蒸干？

2. 在水合硫酸铜结晶水的测定中，为什么用沙浴加热并控制温度在280℃左右？

3. 加热后的坩埚能否未冷却至室温就称量？加热后的热坩埚为什么要放在干燥器内冷却？

4. 为什么要进行重复的灼烧操作？什么叫恒重？其作用是什么？

实验6-5 含银废液中银的提取

【实验目的】

1. 了解从实验室含银废液中提取银的方法。
2. 学习氧化还原法提取金属的原理。
3. 增强环保意识，节约资源，减少环境污染。

【实验原理】

高等院校分析实验室每年都会产生大量含银废液，内含大量贵金属银。利用废液制备金属银，既能节约资源，减少环境污染，又能使学生得到基本制备技能的训练。分析实验室产生的废液主要含有 Na^+、NO_3^-、少量 K^+、CrO_4^{2-}、极少量 Ag^+、Cl^- 等，废液中的沉淀物主要是 $AgCl$、Ag_2CrO_4。可将废液过滤洗涤后取滤渣，在酸性条件下，用饱和 NaCl 溶液将 Ag_2CrO_4 转化为 AgCl，过滤并用 HNO_3 洗涤以除去杂质。将所得 AgCl 粉末溶解于浓氨水中，加入稍过量的抗坏血酸溶液还原。上清液用 Na_2S 溶液检验 Ag^+ 是否沉淀完全。待 Ag^+ 全部还原后，收集银片[1,2]。

【仪器、药品及材料】

仪器：减压过滤装置，烘箱，电磁搅拌器，烧杯，玻璃棒。

药品：HCl 溶液（$6mol \cdot L^{-1}$），NaCl（5%，饱和），HNO_3（$0.01mol \cdot L^{-1}$），$NH_3 \cdot H_2O$（浓），抗坏血酸（$1.0mol \cdot L^{-1}$），Na_2S（$0.1mol \cdot L^{-1}$）。

【实验步骤】

1. Ag^+ 的沉淀

将废液静置过夜后，取上清液少许加入几滴 5% 的 NaCl 溶液，若无白色沉淀表明 Ag^+ 已经沉淀完全，否则还需加入 NaCl 直至溶液中无 Ag^+ 为止。

2. Ag_2CrO_4 的转化

将废液搅起后取 50mL，减压过滤，将滤渣转入烧杯中，在烧杯中滴加 $6mol \cdot L^{-1}$ 的 HCl 数滴至溶液呈强酸性，加入 20mL 饱和 NaCl 溶液，在电磁搅拌器上搅拌 30min，使 Ag_2CrO_4 完全转化为 AgCl。减压过滤，用 $0.01mol \cdot L^{-1}$ 的稀硝酸溶液洗涤 AgCl 沉淀 2~3 次，尽量抽干，得到 AgCl 粉末。

3. 银的还原

将 AgCl 粉末置于 250mL 烧杯中，加入 25mL 浓氨水，没过沉淀，盖上表面皿，在电磁搅拌器上搅拌 25min，得到银氨溶液。然后加入 $1.0mol \cdot L^{-1}$ 的抗坏血酸溶液 50mL，搅拌 20min 后，静置，至上层溶液澄清时，用 $0.1mol \cdot L^{-1}$ 的 Na_2S 检验银是否沉淀完全，过滤得到银粉或银片。

【参考文献】

[1] 张桂花，周敏莉. 实验室含银废液中贵金属银回收方法的优选 [J]. 高校实验室工作研究，2009，100（2）：47-49.

[2] 赵永金，阿加尔. 含银废液中银回收的优化方法 [J]. 石河子大学学报，1997，1（2）：165-166.

实验6-6 无机化学实验期末考试题

【考试题目】

硫酸亚铁铵的制备。

【考试目的】

1. 通过考试，复习和巩固无机化学实验基本操作及综合操作技能。
2. 考核硫酸亚铁铵制备过程中的一些基本操作，如水浴加热、蒸发、结晶和减压过滤等基本操作。
3. 考核实验过程中疑难问题的解决效果。
4. 考核产率的大小，并作为评分标准。

【评分标准】

实验步骤	得分	操作	扣分标准
(1)铁屑的净化	10	倾析法操作	5
(2)硫酸亚铁的制备	20	水浴加热操作	5
		趁热过滤操作	5
		洗涤操作	5
		铁屑的称量	5
		硫酸亚铁质量的计算	5
(3)硫酸亚铁铵的制备	30	硫酸铵理论用量的计算	5
		pH值	5
		蒸发操作	5
		结晶操作	5
		减压过滤操作	5
		无水乙醇洗涤操作	5
		称量操作	5
		称量结果	5
(4)产率	40	颜色	
		状态	
		产率	

模块七

应用性、设计性和研究性实验

实验7-1 常见阳离子混合液的定性分析

【实验目的】
1. 了解用系统分析法对阳离子进行分离鉴别的一般方法。
2. 掌握两酸两碱系统分析法分离鉴别阳离子的方法。
3. 设计实验方案将阳离子混合溶液中各离子分离检出,并写出检出方案。

【实验原理】
1. 混合阳离子分组法

无机定性分析就是分离和鉴定无机阴、阳离子。阳离子和阴离子的分离鉴定多为分别分析法,即分别取出一定量试液,加入合适的试剂,设法排除干扰离子,直接进行鉴定的方法。但阳离子的种类较多,常见的有二十多种,个别检出时很难排除所有干扰。所以一般阳离子分析都采用系统分析法。这一分析方法是利用阳离子的某些共同特性,先分为几组,然后再根据阳离子的特性逐一检出。凡能使一种阳离子在适当的反应条件下生成沉淀,而与其他组阳离子分离的试剂称为组试剂。

在进行阳离子分离鉴别时,首先根据其特点选择不同的组试剂(如沉淀剂、氧化还原剂等)对各阳离子进行分离,然后针对分离出的每组组分,根据其特征反应进行分别分析。每种离子都有其分析特征,即离子及其主要化合物的外观、颜色、溶解度、酸碱性、氧化还原能力和配位能力不同等。对分析特征的研究和对比,有助于分离方案的制定和对现象的解释。一系列离子的分离鉴定要经过很多次分离,只有当离子完全分离以后才能够利用特征反应确定其存在。

利用不同的组试剂把阳离子逐组分离再进行检出的方法叫作阳离子的系统分析。利用不同的组试剂有很多不同的分组方案,实验室常用的混合阳离子分组法有硫化氢系统分析法和两酸两碱系统分析法。两酸两碱法就是通过两种酸和两种碱对混合液中阳离子组分进行逐步分离的方法,相较于传统的硫化氢分组法简单,对环境污染小。所谓两酸指 HCl 和 H_2SO_4,两碱则指 $NH_3 \cdot H_2O$ 和 NaOH。在两酸两碱的依次作用下(HCl-H_2SO_4-NH_3-NaOH),可将常见的二十多种阳离子分为 5 组,然后每组离子再利用其特征反应进行分离检出。其方案如表 7-1 所示。

表 7-1 两酸两碱系统分析法分组方案简表

分组	组名称	组试剂	分离依据	对应阳离子
第一组	盐酸组	HCl	氯化物难溶于水	Ag^+、Hg_2^{2+}、Pb^{2+}
第二组	硫酸组	H_2SO_4 + 乙醇	硫酸盐难溶于水	Ba^{2+}、Pb^{2+}、Sr^{2+}、Ca^{2+}
第三组	氨组	NH_3 + NH_4Cl + H_2O_2	在过量的氨水中形成难溶于水的氢氧化物	Al^{3+}、Fe^{3+}、Mn^{2+}、Bi^{3+}、Sb^{3+}、Sn^{2+}、Cr^{3+}
第四组	碱组	NaOH	氢氧化物难溶于过量 NaOH	Cu^{2+}、Cd^{2+}、Co^{2+}、Ni^{2+}、Mg^{2+}、Hg^{2+}
第五组	可溶组		剩余未被沉淀的离子	Zn^{2+}、K^+、Na^+、NH_4^+

在进行分离前,可先用各离子的特征反应鉴定 NH_4^+、Na^+、Fe^{3+} 和 Fe^{2+}。原因是前两者作为组试剂加入到体系中,而 Fe^{2+} 则会在分离时被氧化成 Fe^{3+}。

第一组（盐酸组）阳离子分离（图7-1）：根据$PbCl_2$可溶于NH_4Ac和热水中，而$AgCl$可溶于氨水中，分离本组离子并鉴定。

第二组（硫酸组）阳离子分离（图7-2）（注：$BaSO_4$转化为$BaCO_3$较难，必要时可用饱和Na_2CO_3溶液进行多次转化）。

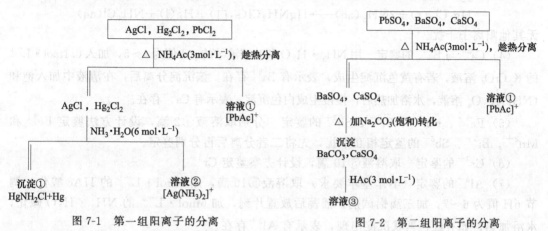

图7-1 第一组阳离子的分离　　　　　图7-2 第二组阳离子的分离

第三组（氨组）阳离子分离（图7-3）。

第四组（碱组）阳离子分离（图7-4），将氢氧化钠组所得的沉淀溶于$2.0mol \cdot L^{-1}$的HNO_3溶液中，得Co^{2+}，Ni^{2+}，Cu^{2+}，Cd^{2+}，Hg^{2+}，Mg^{2+}离子混合溶液，将该溶液进行如图7-4所示分离。

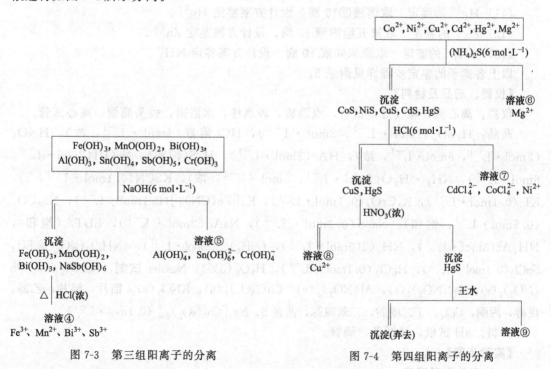

图7-3 第三组阳离子的分离　　　　　图7-4 第四组阳离子的分离

第五组（可溶组）阳离子分离：易溶组阳离子虽然是在阳离子分组后最后一步获得的，但该组阳离子的鉴定［除$Zn(OH)_4^{2-}$外］最好取原试液进行，以免阳离子分离中引入的大量Na^+、NH_4^+对检验结果产生干扰。对于本实验仅要求掌握NH_4^+的鉴定。

2. 阳离子的鉴定

(1) Pb^{2+} 的鉴定 取溶液①，设计方案鉴定 Pb^{2+}。

(2) Ag^+ 的鉴定 取溶液②，设计方案鉴定 Ag^+。

(3) Hg_2^{2+} 的鉴定 若沉淀①变为黑灰色，表示有 Hg_2^{2+} 存在，反应：
$$Hg_2Cl_2(s) + 2NH_3(aq) \longrightarrow HgNH_2Cl(s,白) + Hg(l) + NH_4Cl(aq)$$
无其他阳离子干扰。

(4) Ca^{2+} 与 Ba^{2+} 的鉴定 用 $NH_3 \cdot H_2O$ 调节溶液③的 pH 值为 4~5，加入 $0.1mol \cdot L^{-1}$ 的 K_2CrO_4 溶液，若有黄色沉淀生成，表示有 Ba^{2+} 存在。该沉淀分离后，在清液中加入饱和 $(NH_4)_2C_2O_4$ 溶液，水浴加热后，慢慢生成白色沉淀，表示有 Ca^{2+} 存在。

(5) Fe^{3+}、Mn^{2+}、Bi^{3+}、Sb^{3+} 的鉴定 分别取溶液④2滴，设计方法鉴定 Fe^{3+} 和 Mn^{2+}。Bi^{3+}、Sb^{3+} 的鉴定相互干扰，先将二者分离后再分别鉴定。

(6) Cr^{3+} 的鉴定 取溶液⑤10滴，设计方案鉴定 Cr^{3+}。

(7) Al^{3+} 的鉴定（不作基本要求）取溶液⑤10滴，用 $6mol \cdot L^{-1}$ 的 HAc 酸化，调节 pH 值为 6~7，加三滴铝试剂，摇荡后放置片刻，加 $6mol \cdot L^{-1}$ 的 $NH_3 \cdot H_2O$ 碱化，水浴加热，如有红色絮状沉淀出现，表示有 Al^{3+} 存在。

(8) Sn^{2+} 的鉴定 取溶液⑤10滴，用 $6mol \cdot L^{-1}$ 的 HCl 溶液酸化，加两滴 Hg_2Cl_2 溶液，若有白色或灰黑色沉淀析出，表示有 Sn^{2+} 存在。

(9) Cd^{2+}、Co^{2+}、Ni^{2+} 的鉴定 取溶液⑦5滴，设计方案鉴定 Cd^{2+}、Co^{2+}、Ni^{2+}。

(10) Cu^{2+} 的鉴定 分别取溶液⑧5滴，设计方案鉴定 Cu^{2+}。

(11) Hg^{2+} 的鉴定 取溶液⑨10滴，设计方案鉴定 Hg^{2+}。

(12) Zn^{2+} 的鉴定 取第五组溶液10滴，设计方案鉴定 Zn^{2+}。

(13) NH_4^+ 的鉴定 取原未知液10滴，设计方案鉴定 NH_4^+。

以上各离子的鉴定步骤详见附录5。

【仪器、药品及材料】

仪器：离心机，煤气灯，试管，点滴板，玻璃棒，水浴锅，胶头滴管，离心试管。

药品：H_2SO_4（$1mol \cdot L^{-1}$，$3mol \cdot L^{-1}$），HCl 溶液（$1mol \cdot L^{-1}$，浓），HNO_3（$2mol \cdot L^{-1}$，$6mol \cdot L^{-1}$，浓），HAc（$3mol \cdot L^{-1}$），H_2S（饱和），NaOH（$2mol \cdot L^{-1}$，$6mol \cdot L^{-1}$），$NH_3 \cdot H_2O$（$2mol \cdot L^{-1}$，$6mol \cdot L^{-1}$，浓），KSCN（$0.1mol \cdot L^{-1}$，s），KI（$0.1mol \cdot L^{-1}$），K_2CrO_4（$0.1mol \cdot L^{-1}$），$K_4[Fe(CN)_6]$（$0.1mol \cdot L^{-1}$），Na_2CO_3（$0.5mol \cdot L^{-1}$，饱和），Na_2S（$0.1mol \cdot L^{-1}$），NaAc（$3mol \cdot L^{-1}$），EDTA（饱和），NH_4Ac（$3mol \cdot L^{-1}$），NH_4Cl（$3mol \cdot L^{-1}$），$(NH_4)_2S$（$6mol \cdot L^{-1}$），$(NH_4)_2C_2O_4$（饱和），$SnCl_2$（$0.1mol \cdot L^{-1}$），$HgCl_2$（$0.1mol \cdot L^{-1}$），H_2O_2（3%），Nessler 试剂，$NaBiO_3$(s)，$Pb(NO_3)_2$(s)，$Ba(NO_3)_2$(s)，$Al(NO_3)_3$(s)，$Cu(NO_3)_2$(s)，KNO_3(s)，铝片，锡片，乙醇，戊醇，丙酮，CCl_4，丁二酮肟，二苯硫腙，茜素 S，$Na_3[Co(NO_2)_6]$（$0.1mol \cdot L^{-1}$）。

材料：pH 试纸，滤纸条，滴管。

【实验步骤】

1. 分离并鉴定溶液

请分离并鉴定一组含有 Pb^{2+}、Ba^{2+}、Al^{3+}、Cu^{2+}、K^+ 五种阳离子的溶液。根据各离子特点，拟定方案如下：

(1) Pb^{2+} 的检验 取约 5mL 溶液加入 $1mol \cdot L^{-1}$ 的 HCl 溶液，有沉淀生成。离心分

离得到沉淀和清液,清液留待下一步使用。向沉淀中加入 1mol·L^{-1} 的 NH$_4$Ac,水浴加热,沉淀完全溶解,再加入几滴 0.5mol·L^{-1} 的 K$_2$CrO$_4$,有黄色沉淀产生,表示有 Pb^{2+} 存在。

(2) Ba^{2+} 的检出 向步骤(1)分离的清液中加入几滴 1mol·L^{-1} 的 H$_2$SO$_4$ 和几滴无水乙醇,至溶液中不再有白色沉淀生成。离心分离得到沉淀和清液 a。向沉淀中加入 3mol·L^{-1} 的 NH$_4$Ac,沉淀部分溶解或不溶解(部分溶解说明含有 PbSO$_4$)。离心分离,得到沉淀和清液 b。

在沉淀中加入饱和 Na$_2$CO$_3$ 溶液,不断搅拌使 BaSO$_4$ 转化为 BaCO$_3$,再加入 HAc,调节 pH 值为 4~5,加入几滴 K$_2$CrO$_4$,有黄色沉淀生成,表示有 Ba^{2+} 存在。向分离出的清液 b 中加入 K$_2$CrO$_4$,如果有黄色沉淀生成,则证明溶液中还含有步骤(1)中未沉淀完全的 Pb^{2+},再次验证了 Pb^{2+} 的存在。

(3) Al^{3+} 的检验 取步骤(2)留下的清液 a,向其中加入 2mol·L^{-1} 的 NH$_3$·H$_2$O 和 NH$_4$Cl 至沉淀完全,分离得到沉淀和清液。洗净沉淀后向其中加入几滴 3mol·L^{-1} 的 HAc 和几滴 3mol·L^{-1} 的 NH$_4$Ac 溶液,然后再加入几滴茜素 S 溶液,搅匀,沉淀变为红色,证实有 Al^{3+} 存在。

(4) Cu^{2+} 的检验 向步骤(3)分离的清液中加入 6mol·L^{-1} 的 NaOH,有沉淀产生。待沉淀离子沉淀完全后,离心分离。向沉淀中加入 1mol·L^{-1} 的 HCl 溶液溶解沉淀,然后加入 2~3 滴 0.1mol·L^{-1} 的 K$_4$[Fe(CN)$_6$],产生红棕色沉淀,表示有 Cu^{2+} 存在。

(5) K$^+$ 的检验 取原液和步骤(4)分离的清液分别加入 4~5 滴 Na$_3$[Co(NO$_2$)$_6$] 试液,用玻璃棒搅拌,并摩擦试管内壁,有黄色沉淀生成,表示有 K$^+$ 存在。

2. 分离鉴定流程图

含有 Pb^{2+}、Ba^{2+}、Al^{3+}、Cu^{2+}、K$^+$ 五种离子溶液的分离与鉴定流程图如图 7-5 所示。

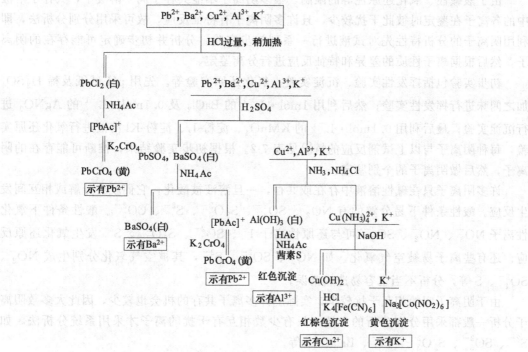

图 7-5 Pb^{2+}、Ba^{2+}、Al^{3+}、Cu^{2+}、K$^+$ 分离与检出流程图

3. 设计实验方案分离并鉴定下列混合离子

某溶液 A 中可能含有 Ag^+、Pb^{2+}、Ca^{2+}、Fe^{3+}、Co^{2+}、Cr^{3+}、Mn^{2+} 和 NH_4^+ 中的几种，试设计实验方案进行分离并鉴定，画出分离鉴定的流程图。

【思考题】
1. 如果未知液呈碱性，哪些离子可能不存在？
2. 本实验的分组方案使用了哪些基本化学原理？举例说明。

实验7-2　常见阴离子混合液的定性分析

【实验目的】
1. 掌握一些常见阴离子的性质和鉴定反应。
2. 了解混合阴离子分离与鉴定的一般原则，掌握常见阴离子分离与鉴定的原理和方法。

【实验原理】
(1) 许多非金属元素可以形成简单的或复杂的阴离子，例如 S^{2-}、Cl^-、NO_3^- 和 SO_4^{2-} 等，许多金属元素也可以以复杂阴离子的形式存在，例如 VO_3^-、CrO_4^{2-}、$Al(OH)_4^-$ 等。常见且重要阴离子有 Cl^-、Br^-、I^-、S^{2-}、SO_3^{2-}、$S_2O_3^{2-}$、SO_4^{2-}、NO_3^-、NO_2^-、PO_4^{3-}、CO_3^{2-} 等十几种，这里主要介绍它们的分离与鉴定的一般方法。

由于酸碱性、氧化还原性等的限制，很多阴离子不能共存于同一溶液中，共存于溶液中的各离子在鉴定时彼此干扰较少，且许多阴离子有特征反应，故可采用分别分析法，即利用阴离子的分析特性先对试液进行一系列初步实验，分析并初步确定可能存在的阴离子，然后根据离子性质的差异和特征反应进行分离鉴定。

初步实验包括挥发性实验、沉淀实验、氧化还原实验等。先用 pH 试纸及稀 H_2SO_4 加之闻味进行挥发性实验；然后利用 $1mol \cdot L^{-1}$ 的 $BaCl_2$ 及 $0.1mol \cdot L^{-1}$ 的 $AgNO_3$ 进行沉淀实验；最后利用 $0.1mol \cdot L^{-1}$ 的 $KMnO_4$、淀粉-I_2、淀粉-KI 溶液进行氧化还原实验，每种阴离子与以上试剂反应的情况见表 7-2。根据初步实验结果，推断可能存在的阴离子，然后做阴离子的个别鉴定。

许多阴离子只在碱性溶液中存在或共存，一旦溶液被酸化，它们就会分解或相互间发生反应。酸性条件下易分解的有 NO_2^-、SO_3^{2-}、$S_2O_3^{2-}$、S^{2-}、CO_3^{2-}。酸性条件下氧化性离子 NO_3^-、NO_2^-、SO_4^{2-} 可与还原性离子 I^-、SO_3^{2-}、$S_2O_3^{2-}$、S^{2-} 发生氧化还原反应。还有些离子易被空气氧化，如 NO_2^-、SO_3^{2-}、S^{2-}，其被空气氧化分别生成 NO_3^-、SO_4^{2-}、S 等，分析不当也容易造成错误。

由于阴离子间的相互干扰较少，实际上许多离子共存的机会也较少，因此大多数阴离子分析一般都采用分别分析的方法，只有少数相互有干扰的离子才采用系统分析法，如 S^{2-}、SO_3^{2-}、$S_2O_3^{2-}$，Cl^-、Br^-、I^- 等。

若离子在鉴定时发生互相干扰，应先分离，然后再鉴定。例如，S^{2-} 的存在干扰

SO_3^{2-} 和 $S_2O_3^{2-}$ 的鉴定，应先将 S^{2-} 除去。除去的方法是在含有 S^{2-}、SO_3^{2-}、$S_2O_3^{2-}$ 的混合溶液中，加入 $PbCO_3$ 或 $CdCO_3$ 固体，使它们转化为溶解度更小的硫化物而将 S^{2-} 分离出去，在清液中分别鉴定 SO_3^{2-}、$S_2O_3^{2-}$ 即可。

(2) 阴离子的个别鉴定方法详见附录 6。

(3) 为了提高分析结果的准确性，应进行空白实验和对照实验。空白实验是以去离子水代替试液，而对照实验是用已知含有被检验离子的溶液代替试液。

(4) Ag^+ 与 S^{2-} 形成黑色沉淀，Ag^+ 与 $S_2O_3^{2-}$ 形成白色沉淀且迅速变色：白→黄→棕→黑，Ag^+ 与 Cl^-、Br^-、I^- 形成的浅色沉淀很容易被同时存在的黑色沉淀覆盖，需认真观察沉淀是否溶于或部分溶于 $6\,mol\cdot L^{-1}$ 的 HNO_3 溶液，以推断有无 Cl^-、Br^-、I^- 存在的可能。

表 7-2 阴离子初步实验

试剂	稀 H_2SO_4	$BaCl_2$（中性或弱碱性）	$AgNO_3$（稀 HNO_3）	淀粉-I_2（稀硫酸）	$KMnO_4$（稀硫酸）	淀粉-KI（稀硫酸）
Cl^-			淡白色沉淀		褪色①	
Br^-			黄色沉淀		褪色	
I^-			黄色沉淀		褪色	
NO_3^-						
NO_2^-	气体				褪色	变蓝
SO_4^{2-}		白色沉淀				
SO_3^{2-}	气体	白色沉淀		褪色	褪色	
$S_2O_3^{2-}$	气体	白色沉淀②	溶液或沉淀③	褪色	褪色	
S^{2-}	气体		黑色沉淀	褪色	褪色	
PO_4^{3-}		白色沉淀				
CO_3^{2-}	气体	白色沉淀				

① 当溶液中 Cl^- 浓度大，溶液酸性强时 $KMnO_4$ 才褪色。
② $S_2O_3^{2-}$ 量大时生成 BaS_2O_3 白色沉淀。
③ $S_2O_3^{2-}$ 量大时生成 $[Ag(S_2O_3)_2]^{3-}$ 无色溶液，$S_2O_3^{2-}$ 与 Ag^+ 的量适中时生成 $Ag_2S_2O_3$ 白色沉淀，并很快分解，颜色由白→黄→棕→黑，最后产物为 Ag_2S。

【仪器、药品及材料】

仪器：离心机，煤气灯，试管，点滴板，玻璃棒，水浴锅，胶头滴管，离心试管。

药品：$BaCl_2$（$0.1\,mol\cdot L^{-1}$），$AgNO_3$（$0.1\,mol\cdot L^{-1}$），KI（$0.1\,mol\cdot L^{-1}$），$ZnSO_4$（$0.1\,mol\cdot L^{-1}$），$KMnO_4$（$0.01\,mol\cdot L^{-1}$），$(NH_4)_2CO_3$（$1\,mol\cdot L^{-1}$），$FeSO_4$（$0.5\,mol\cdot L^{-1}$），$Ba(OH)_2$（饱和），H_2SO_4（$3\,mol\cdot L^{-1}$，浓），HCl 溶液（$6\,mol\cdot L^{-1}$），HNO_3（$6\,mol\cdot L^{-1}$），钼酸铵（s），$Na_2[Fe(CN)_5(NO)]$（1%，新配），$K_4[Fe(CN)_6]$（$0.1\,mol\cdot L^{-1}$），淀粉-I_2 溶液，氯水（饱和），CCl_4，锌粉，$PbCO_3$（s）。

浓度均为 $0.1\,mol\cdot L^{-1}$ 的阴离子混合液，第 1 组：CO_3^{2-}，SO_4^{2-}，NO_3^-，PO_4^{3-}。第 2 组：Cl^-、Br^-、I^-。第 3 组：S^{2-}、SO_3^{2-}、$S_2O_3^{2-}$、CO_3^{2-}。第 4 组：未知阴离子混合液，可选择 5~6 种阴离子为一组。

材料：pH 试纸。

【实验步骤】

1. **已知阴离子混合液的分离与鉴定**

设计出合理的分离鉴定方案，画出分离鉴定图，分离鉴定下列三组阴离子。

(1) CO_3^{2-}、SO_4^{2-}、NO_3^-、PO_4^{3-}

(2) Cl^-、Br^-、I^-

(3) S^{2-}、SO_3^{2-}、$S_2O_3^{2-}$、CO_3^{2-}

2. **未知阴离子混合液的分析**

某混合离子试液可能含有 CO_3^{2-}、NO_2^-、NO_3^-、PO_4^{3-}、S^{2-}、SO_3^{2-}、$S_2O_3^{2-}$、SO_4^{2-}、Cl^-、Br^-、I^-，按下列步骤进行分析，确定试液中含有哪些离子。

(1) 初步检验

① 用 pH 试纸测试未知试液的酸碱性　如果溶液呈酸性，哪些离子不可能存在？如果试液呈碱性或中性，可取试液数滴，用 $3 mol\cdot L^{-1}$ 的 H_2SO_4 酸化并水浴加热。若无气体产生，表示 CO_3^{2-}、NO_2^-、S^{2-}、SO_3^{2-}、$S_2O_3^{2-}$ 等离子不存在；如果有气体产生，则可根据气体的颜色、气味和性质初步判断哪些阴离子可能存在。

② 钡组阴离子的检验　在离心试管中加入几滴未知液，加入 $1\sim 2$ 滴 $1 mol\cdot L^{-1}$ 的 $BaCl_2$ 溶液，观察有无沉淀产生。如果有白色沉淀产生，可能有 SO_4^{2-}、SO_3^{2-}、PO_4^{3-}、CO_3^{2-} 等离子（$S_2O_3^{2-}$ 的浓度大时才会产生 BaS_2O_3 沉淀）。离心分离，在沉淀中加入数滴 $6 mol\cdot L^{-1}$ 的 HCl，根据沉淀是否溶解，进一步判断哪些离子可能存在。

③ 银盐组阴离子的检验　取几滴未知液，滴加 $0.1 mol\cdot L^{-1}$ 的 $AgNO_3$ 溶液。如果立即生成黑色沉淀，表示有 S^{2-} 存在；如果生成白色沉淀，迅速变黄变棕变黑，则有 $S_2O_3^{2-}$。但 $S_2O_3^{2-}$ 浓度大时，也可能生成 $Ag(S_2O_3)_2^{3-}$ 不析出沉淀。Cl^-、Br^-、I^-、CO_3^{2-}、PO_4^{3-} 都与 Ag^+ 形成浅色沉淀，如有黑色沉淀，则它们有可能被掩盖。离心分离，在沉淀中加入 $6 mol\cdot L^{-1}$ 的 HNO_3，必要时加热。若沉淀不溶或只发生部分溶解，则表示 Cl^-、Br^-、I^- 有可能存在。

④ 氧化性阴离子检验　取几滴未知液，用稀 H_2SO_4 酸化，加 CCl_4 $5\sim 6$ 滴，再加入几滴 $0.1 mol\cdot L^{-1}$ 的 KI 溶液。振荡后，CCl_4 层呈紫色，说明有 NO_2^- 存在（若溶液中有 SO_3^{2-} 等，酸化后 NO_2^- 先与它们反应而不一定氧化 I^-，CCl_4 层无紫色不能说明无 NO_2^-）。

⑤ 还原性阴离子检验　取几滴未知液，用稀 H_2SO_4 酸化，然后加入 $1\sim 2$ 滴 $0.01 mol\cdot L^{-1}$ 的 $KMnO_4$ 溶液。若 $KMnO_4$ 的紫红色褪去，表示可能存在 Cl^-、Br^-、I^-、NO_2^- 等还原性离子。如果有还原性离子反应，则用淀粉-I_2 溶液进一步检验是否存在强还原性离子。如果淀粉-I_2 溶液的蓝色褪去，表示可能有 SO_3^{2-}、$S_2O_3^{2-}$、S^{2-} 等离子。

根据①~⑤的实验结果，判断有哪些离子可能存在。可按照表 7-2 形式设计表格，将检验结果填入表格内。

(2) 确证性试验　根据初步试验结果，对可能存在的阴离子进行分别鉴定。

【思考题】

1. 离子鉴定反应具有哪些特点？
2. 使离子鉴定反应正常进行的主要反应条件有哪些？

3. 什么是空白试验，什么是对照实验？各有什么作用？

4. 某阴离子未知溶液经初步实验结果如下：

(1) 酸化时无气体产生；

(2) 加入 $BaCl_2$ 时有白色沉淀析出，再加 HCl 后又溶解；

(3) 加入 $AgNO_3$ 有黄色沉淀析出，再加 HNO_3 后发生部分沉淀溶解；

(4) 试液能使 $KMnO_4$ 紫色褪去，但与淀粉-I_2 溶液、淀粉-KI 溶液无反应。

试指出：哪些离子肯定不存在？哪些离子肯定存在？哪些离子可能存在？

实验7-3 食品中微量元素的鉴定

【实验目的】

1. 了解元素的鉴定反应。
2. 掌握实际样品中微量元素的测定方法。

【实验原理】

人体内含量少于0.1%的化学元素称为微量元素，含量通常在亿分之一到万分之一之间，已为人们所知的必需微量元素有铁、锌、铜、氟、钴、碘、铬（Ⅲ）、钼、硒等十余种。另外，也有一些由于呼吸、饮食、皮肤接触进入人体的有害微量元素，如铍、汞、铅、砷等。

微量元素是构成人体组织和调节生理功能的重要成分。越来越多的事实证明，微量元素在人类的营养与健康中起着举足轻重的作用。

1. 食物中必需微量元素的检测

(1) 大豆中微量铁的鉴定　大豆是营养丰富的食物，各类豆制品更是人们喜爱的大众化食品，大豆中富含植物性蛋白质和一些人体所必需的微量元素，如铁、锌和铬（Ⅲ）等。

大豆中的微量铁可经试样的灰化、酸浸处理后，Fe^{3+} 与 SCN^- 反应生成血红色配合物检验。

$$Fe^{3+}(aq) + 6SCN^-(aq) \longrightarrow [Fe(SCN)_6]^{3-}(aq)$$

(2) 谷物中微量锌的鉴定　锌是维持人体正常生理活动和生长发育必需的一种微量元素，一般坚果、豆类、谷物中含量较多，如小麦、玉米中的锌主要存在于胚芽和皮中。微量锌的鉴定可采用双硫腙显色。锌与双硫腙在 pH 值为 4.5～5 时生成紫红色配合物。该配合物能溶于 CCl_4 等有机溶剂中，故可用有机溶剂萃取。但 Pb^{2+}、Fe^{3+}、Hg^{2+}、Ca^{2+}、Cu^{2+} 等离子有干扰作用，可用 $Na_2S_2O_3$ 和盐酸羟胺掩蔽。

(3) 海带中微量碘的鉴定　海带是营养价值和经济价值都较高的食品，特别是含有人类健康必需的微量元素碘，人体内缺少碘不但会引起甲状腺病，而且还会造成智力低下。

海带在碱性条件下灰化时，其中的碘被有机物还原为 I^-。生成的碘化物在酸性条件下用 KNO_2 将 I^- 氧化成 I_2，I_2 与淀粉结合，形成蓝色化合物。

2. 食物中有害微量元素的检测

(1) 油条中微量铝的鉴定　油条是很多人经常食用的食品，为了使油条松脆可口，通

常加入明矾 $[KAl(SO_4)_2 \cdot 12H_2O]$ 和小苏打，因而油条含有微量铝。近年来医学界研究发现，摄入人体内的铝对健康的危害很大，能引起痴呆、骨痛等多种疾病。

鉴定时，取小块油条切碎灰化，用 $6mol \cdot L^{-1}$ 的 HNO_3 浸取，浸取液加巯基乙酸溶液，混匀后，加铝试剂缓冲溶液，加热观察，有特征的絮状沉淀生成说明试样中含有铝。

（2）松花蛋中铅的鉴定　松花蛋是一种具有特殊风味的食品，但制作工艺使其往往受到铅的污染，铅进入人体后，绝大部分形成难溶的磷酸铅，沉积于骨骼，产生积累作用。铅主要损害骨骼造血系统和神经系统，危害极大。

在中性或酸性条件下，铅离子可与双硫腙形成一种疏水的红色配合物。

【仪器、药品及材料】

仪器：高温炉，长颈漏斗，滤纸，点滴板，蒸发皿，电热炉，烘箱。

药品：HCl 溶液（$2mol \cdot L^{-1}$，$6mol \cdot L^{-1}$），H_2O_2（30%），KSCN（$0.1mol \cdot L^{-1}$），HNO_3（$1mol \cdot L^{-1}$，$6mol \cdot L^{-1}$，1:1），$Na_2S_2O_3$（25%），盐酸羟胺（20%），双硫腙 CCl_4 溶液（0.002%），KOH（$10mol \cdot L^{-1}$），H_2SO_4（浓），淀粉（0.1%），KNO_2（1%），巯基乙酸（0.8%），HAc-NaAc 缓冲溶液，铝试剂，柠檬酸铵（20%），氨水（$2mol \cdot L^{-1}$），大豆，面粉，海带，油条，松花蛋。

【实验步骤】

1. 大豆中微量铁的鉴定

称取 2g 大豆，放入坩埚内，于高温炉中逐渐升温至 600℃，灼烧 1h（中间可打开炉门数次，以保证炉内有足量的氧气），得到白色灰状物。加 10mL $2mol \cdot L^{-1}$ 的 HCl 溶液溶解、浸提后过滤，得到试样溶液。必要时，可在清液中滴加少量 H_2O_2，加热除去过量的 H_2O_2。

在点滴板上滴加试样溶液，再滴加 KSCN 溶液，观察有无血红色配合物生成。

2. 面粉中微量锌的鉴定

称取 5g 面粉，放入蒸发皿内，于高温炉中 550℃ 灰化 1h（中间可打开炉门数次），得到灰化产物。加 2mL $6mol \cdot L^{-1}$ 的 HCl 溶液，水浴蒸发至干，冷却后加少量水溶解得到试样溶液。

吸取 2mL 试样溶液，用 $1mol \cdot L^{-1}$ 的 HNO_3 溶液，调节 pH 值为 4.5～5，再加 0.5mL 25% $Na_2S_2O_3$ 溶液和 0.5mL 20% 盐酸羟胺溶液，最后加约 5mL 0.002% 双硫腙 CCl_4 溶液，剧烈振荡后，观察 CCl_4 层是否有紫红色配合物生成。

3. 海带中微量碘的鉴定

称取 2g 海带，切细后放入蒸发皿中，加入 5mL $10mol \cdot L^{-1}$ 的 KOH 溶液，在烘箱中烘干，然后于高温炉中 600℃ 灰化 1h，得到白色灰状物。冷却后加水约 10mL，加热溶解灰分并过滤。用约 30mL 热水分几次洗涤蒸发皿和滤纸，所得滤液供鉴定用。

吸取 2mL 试样溶液，加 2mL 浓 H_2SO_4 酸化，加 1mL 0.1% 的淀粉和 2mL 1% KNO_2 溶液，放置片刻，观察溶液是否变蓝色。

4. 油条中微量铝的鉴定

称取 5g 油条切碎放入蒸发皿内，于高温炉中 600℃ 灰化 1h，得到白色灰状物，冷却后加入 2mL $6mol \cdot L^{-1}$ 的 HNO_3，水浴蒸干，将产物用少量水溶解，得试样溶液。

吸取 2mL 试样溶液，加 5 滴 0.8% 的巯基乙酸溶液，摇匀后再加 1mL 铝试剂，水浴加热，观察有无红色溶液生成。

5. 松花蛋中铅的鉴定

称取松花蛋20g（约1/4个），加少量水于蒸发皿中捣碎，水浴蒸干，于高温炉中600℃灰化1h，成灰状物，冷却后，加入1∶1的HNO_3溶液溶解，即得试样溶液。

取2mL试样溶液，加20%的柠檬酸铵溶液和1mL盐酸羟胺溶液，用氨水调节pH值约为9后，加入双硫腙CCl_4溶液，剧烈摇动后，观察CCl_4中有无红色配合物生成。

【注意事项】
1. 可用刷子刷去干海带表面的附着物，不要用水洗。
2. 灼烧海带时若不完全，其灰分呈浅褐色。可将海带剪碎后，先用乙醇润湿，可使海带易于灼烧完全，产生的烟也很少，并可缩短灼烧时间。

实验7-4 铁、钴、镍、铜和锌的纸色谱分离

【实验目的】
1. 通过实验了解色谱分离技术的基本原理和方法。
2. 掌握纸色谱分离的基本步骤和方法。
3. 按照不同配比配制展开剂，确定展开效果较好的流动相配比。了解流动相选取的一般原则和影响分离的因素。
4. 掌握无机离子纸色谱分离的一般方法。
5. 掌握相对比移植R_f的计算及应用。

【实验原理】
色谱分离方法的特点是分离效率高，能将各种性质极为相似的组分分离，然后进行分别鉴定，是一种物理分离方法。它是利用混合物中各组分物理化学性质的差别，使各组分不同程度地分布在固定相和流动相中，并以不同速度移动，从而达到分离的目的。即由一种流动相带着试样流经固定相，物质在两相之间进行反复的分配。由于物质的分配系数不同，移动速度也不同，从而达到相互分离的目的。利用这一技术可以实现物质的分离、定性分析、半定量分析等。常用的色谱分离技术有纸色谱、柱色谱、薄板色谱、高效液相色谱和气相色谱。

纸色谱（paper chromatography，P.C），又称纸层析，是以滤纸作为惰性支持物的一种分配层析方法，其固定相为纸纤维上—OH基吸附的一层水（其含量约为20%），而流动相则通常为一些有机溶剂。当把试样点在滤纸上时，部分试样即溶解在作为固定相的吸附水中，作为流动相的溶剂由于滤纸的毛细作用能在纸上渗透扩展。随着流动相的渗透扩展，试样即在两相之间进行分配平衡。而全部的过程可以看作物质在两相中无限次重复的抽提、溶解、再抽提。因此，物质就通过在滤纸中的水和有机溶剂中的分配而达到分离的目的。一般来说，在流动相中分配系数较大的物质，其随流动相移动较快，会在固定相上移动较长一段距离，反之，则移动较慢，距离初始点距离较近。混合物试样由于其性质不同，在滤纸条上分成不同的斑点，从而达到分离的目的。

试样中如果待分离的物质本身具有一定的颜色，则比较容易观测到滤纸条上不同颜色

的斑点，但如果物质本身无色则需要用显色剂使其显色。

在显色的滤纸条上，可以测定不同斑点移动的距离，再根据溶剂前沿（即溶剂在滤纸上渗透终点的边沿线）移动的距离（图7-6），计算出各溶质的比移值R_f，其表达式如下：

$$R_{f1} = \frac{a}{h} \qquad R_{f2} = \frac{b}{h}$$

两种物质的R_f值差别越大，则两者的斑点分的越开，分离效果也越好。

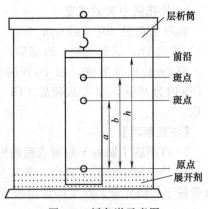

图7-6 纸色谱示意图

一般来说，展开剂的选择是决定分离成败的关键。通常情况下，展开剂是有机溶剂与水的混合物，一般不用单一的有机溶剂做展开剂。在选择展开剂时，要充分考虑到待分离物质的性质，特别是极性，因此有时采用混合有机溶剂。此外还要考虑到溶剂的酸碱性、氧化还原性等。不同的展开剂会对试样产生不同的分离效果。其次，展开时间也对分离的效果有一定影响，通常时间越长，溶剂渗透前沿移动距离越大，各组分斑点中心之间的距离也越大，当各组分斑点无一重叠，稍有间隙，就可以说已经分离完全。

本实验研究Fe^{3+}、Co^{2+}、Ni^{2+}、Cu^{2+}、Zn^{2+}这五种性质相近离子的层析分离。以$K_4Fe(CN)_6$、$K_3Fe(CN)_6$、丁二酮肟混合溶液为显色剂。$K_4Fe(CN)_6$和$K_3Fe(CN)_6$均可与Fe^{3+}、Co^{2+}、Ni^{2+}、Cu^{2+}、Zn^{2+}发生显色反应，生成的两种有色物质混合后，会使色斑更加鲜艳，尤其有利于Co^{2+}、Ni^{2+}色斑的辨识。

$KFe[Fe(CN)_6]$深蓝色↓ ⎫
$Fe[Fe(CN)_6]$黄绿色↓ ⎭ 深蓝色↓

$Co_2[Fe(CN)_6]$灰绿色↓ ⎫
$Co_3[Fe(CN)_6]_2$暗红色↓ ⎭ 紫色↓

$Cu_2[Fe(CN)_6]$红棕色↓ ⎫
$Cu_3[Fe(CN)_6]_2$黄棕色↓ ⎭ 红棕色↓

$Ni_2[Fe(CN)_6]$浅绿色↓ ⎫
$Ni_3[Fe(CN)_6]_2$黄棕色↓ ⎭ 蓝色↓

$Zn_2[Fe(CN)_6]$白色↓ ⎫
$Zn_3[Fe(CN)_6]_2$黄褐色↓ ⎭ 黄色↓

丁二酮肟可与Ni^{2+}在浓氨水存在的条件下发生显色反应，使原本不明显的蓝色斑点变为鲜红色。而受到浓氨水的影响，Co^{2+}离子形成的紫色斑点变成红紫色。

【仪器、药品及材料】

仪器：广口瓶（500mL 3个），量筒（100mL），烧杯（50mL 6个，500mL 1个），镊子，点滴板，搪瓷盘（30cm×50cm），喉头喷雾器，小刷子，吹风机。

药品：HCl溶液（浓），$NH_3 \cdot H_2O$（浓），$FeCl_3$（$0.1 mol \cdot L^{-1}$），$CoCl_2$（$1.0 mol \cdot L^{-1}$），$NiCl_2$（$1.0 mol \cdot L^{-1}$），$CuCl_2$（$1.0 mol \cdot L^{-1}$），$K_4[Fe(CN)_6]$（$0.1 mol \cdot L^{-1}$），$K_3[Fe(CN)_6]$（$0.1 mol \cdot L^{-1}$），丙酮，丁二酮肟。

材料：7.5cm×11cm色层滤纸（1张），普通滤纸（1张），毛细管5根，铅笔，直尺，保鲜膜（20cm宽）或薄玻璃片（10cm×10cm）。

【实验步骤】

1. 准备工作

(1) 在三个500mL广口瓶中按照下列试剂用量分别加入丙酮、盐酸和去离子水，配制成展开剂，盖好瓶盖。

展开剂	丙酮	浓 HCl	去离子水
展开剂 1	22mL	2mL	1mL
展开剂 2	17mL	2mL	1mL
展开剂 3	9mL	2mL	1mL

(2) 在另一个 500mL 广口瓶中放入一个盛浓 $NH_3 \cdot H_2O$ 的开口小滴瓶,盖好广口瓶。

(3) 在三张长 11cm、宽 9cm 的色层滤纸上,分别用铅笔画 5 条间隔为 1.5cm 平行于长边的竖线,在纸条上端 1cm 处和下端 2cm 处各画出一条横线,在纸条上端画好的各小方格内标出 Fe^{3+}、Co^{2+}、Ni^{2+}、Cu^{2+}、Zn^{2+}、未知液等 6 种样品的名称。最后按 6 条竖线折叠成六棱柱体(图 7-7)。

(4) 在 6 个干净、干燥的烧杯中分别滴几滴 $0.1mol \cdot L^{-1}$ $FeCl_3$ 溶液,$1.0mol \cdot L^{-1}$ $CoCl_2$ 溶液、$1.0mol \cdot L^{-1}$ $NiCl_2$ 溶液、$1.0mol \cdot L^{-1}$ $CuCl_2$ 溶液、$1.0mol \cdot L^{-1}$ $ZnCl_2$ 溶液及未知液(未知

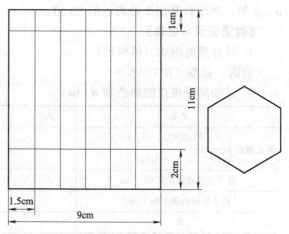

图 7-7 滤纸准备方法

液是由前五种溶液中任选几种,以等体积混合而成),再各放入 1 支毛细管。

2. 加样

(1) 加样练习 取一片普通滤纸做练习用。用毛细管吸取溶液后垂直触到滤纸上,当滤纸上形成直径为 0.3~0.5cm 的圆形斑点时,立即提起毛细管。反复练习几次,直到能做出小于或接近直径为 0.5cm 的圆形斑点为止。

(2) 加样操作 按所标明的样品名称,在色层滤纸下端横线上分别加样。将加样后的滤纸置于通风处晾干。

3. 展开

按色层滤纸上的折痕重新折叠一次。用镊子将三张色层滤纸六棱柱体垂直放入盛有展开剂的广口瓶中,盖好瓶盖,观察各种离子在滤纸上展开的速度及颜色。当溶剂前沿接近色层滤纸上端横线时,用镊子将色层滤纸取出,用铅笔标出溶剂前沿的位置,然后放入大烧杯中,于通风处晾干。

4. 斑点显色

当离子斑点无色或颜色较浅时,常需要加上显色剂,使离子斑点呈现出特征的颜色。以上 4 种离子可采用下面两种方法显色:

(1) 将色层滤纸置于充满氨气的广口瓶中,5min 后取出滤纸,观察并记录斑点的颜色。其中 Ni^{2+} 的颜色较浅,可用小刷子蘸取丁二酮肟溶液快速涂抹,记录 Ni^{2+} 所形成斑点的颜色。

(2) 将色层滤纸放在搪瓷盘中,用喉头喷雾器向纸上喷洒 $0.1mol \cdot L^{-1}$ 的 $K_3[Fe(CN)_6]$ 溶液与 $0.1mol \cdot L^{-1}$ 的 $K_4[Fe(CN)_6]$ 溶液的等体积混合液,观察并记录斑点

的颜色。

（3）根据显色结果，确定展开效果较好的展开剂，记录最佳展开剂中各试剂的用量。

5. 确定未知液中含有的离子

观察未知液在纸上形成斑点的数量、颜色和位置，分别与已知离子斑点的颜色、位置相对照，确定未知液中含有哪几种离子。

6. R_f 值的测定

在展开效果较好的色层滤纸上，用直尺分别测量溶剂移动的距离 h 和离子移动的距离 a、b 等，然后计算出 5 种离子的 R_f 值。

【数据记录与处理】

1. 展开液的组成（体积比）：

丙酮∶盐酸（浓）∶水＝

2. 已知离子斑点的颜色和 R_f 值：

离子		Fe^{3+}	Co^{2+}	Ni^{2+}	Cu^{2+}	Zn^{2+}
斑点颜色	$K_3[Fe(CN)_4]+K_4[Fe(CN)_6]$					
	$NH_3(g)$					
展开液移动的距离(h)/cm						
离子移动的距离(a)/cm						
R_f						

3. 未知液中含有的离子为：

【思考题】

1. 试分析可能产生层析样品斑点拖尾现象的原因。
2. 展开剂即流动相的性质对样品中不同物质的分离有何影响？
3. 待分离试样的浓度对分离效果有何影响？
4. 试从几种离子的结构和性质说明它们在本试验条件下 R_f 值不同的原因。

【纸上色谱法分离原理】

纸上色谱法是以滤纸为载体的分析方法。滤纸的基本成分是一种极性纤维素，它对水等极性溶剂有很强的亲和力，滤纸能吸附约占本身质量 20% 的水分。这部分水保持固定，称为固定相；有机溶剂借滤纸的毛细管作用在固定相的表面流动，称为流动相，流动相的移动引起试样中各组分的迁移。为了理解组分在纸上迁移的原理，可以设想流动相和固定相都可以分成若干个小部分，并且移动是间断进行的。现仅考察其中两个小部分流动相在两个小部分固定相上移动时对溶质的作用情况。按与某小部分固定相接触的先后顺序，将流动相编为 1 号、2 号；按流动相前进方向，从含试样的固定相开始，将固定相编为Ⅰ号、Ⅱ号（图 7-8）。由于试样组分在两相中都有一定的溶解度，因而当流动相 1 号与固定相Ⅰ号（含有试样）接触时，试样组分与溶质将分配于两相中，并达到分配平衡。其净结果是溶质被流动相所萃取；当流动相 1 号（已含部分试样）移动到固定相Ⅱ号上面时，溶质再次分配于两相之中，再次达到分配平衡，其净结果是溶质溶解于新的固定相中。当流动相 2 号与固定相Ⅰ号（余下一部分溶质）接

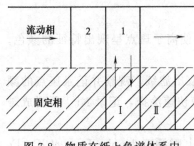

图 7-8 物质在纸上色谱体系中分配示意

触时，余下的溶质又一次被流动相 2 号所萃取。总之，流动相在固定相上面移动时，对溶质进行一次萃取、再次萃取，或者说溶质在两相中进行一次分配、再次分配。实际上有机溶剂在纸上连续扩展的整个过程可看做无限个流动相在无限个固定相上的流动，溶质在两相中很快地进行一次又一次的分配，连续达到无数次分配平衡。分配平衡的平衡常数又叫分配系数，分配系数（K）可以用固定相中溶质的浓度（c_S）和流动相中溶质的浓度（c_M）之比来表示，即 $K=c_S/c_M$。不同物质在两相中的溶解度不同，因而分配系数也不同。分配系数小的物质在纸上移动的速度快，反之，分配系数大的物质移动速度慢，结果，试样中各组分在纸上的不同位置各自留下斑点。综上所述，纸上色谱法是根据不同物质在两相间的分配比不同而被分离开的。

纸上色谱图中物质斑点中心离原点的距离（a）和溶剂前沿离原点的距离（h）之比叫作比移值，用符号 R_f 表示（图 7-6）。

已经知道 R_f 与分配系数 K 之间存在某种定量关系，R_f 是平衡常数的函数。在一定条件下，K 一定时 R_f 也有确定的数值。当溶剂种类、纸的种类和体系所处温度等因素改变时，物质的 R_f 也改变。只要实验条件相同，R_f 的重现性就很好，因此 R_f 是纸上色谱法中的重要数值。

实验 7-5　行业标准法检验阻燃剂用氢氧化镁

【实验目的】
1. 学习用行业标准法检验阻燃剂用氢氧化镁。
2. 学习工业产品取样方法。
3. 学习工业产品中盐酸不溶物、水分、筛余物含量及灼烧失重的测定方法。

【实验原理】
氢氧化镁化学式为 $Mg(OH)_2$，分子量为 58.32，熔点为 350℃。氢氧化镁是塑料、橡胶制品优良的阻燃剂。在环保方面作为烟道气脱硫剂，可代替烧碱和石灰作为含酸废水的中和剂。也可用作油品的添加剂，起到防腐和脱硫作用。还可用于电子行业、医药、砂糖的精制，作保温材料以及制造其他镁盐产品。

行业标准 HG/T 4531—2013 阻燃剂用氢氧化镁（封底二维码）和 HG/T 3607—2007 工业氢氧化镁（封底二维码）中规定了阻燃剂用氢氧化镁的分类，要求，试验方法，检验规则，标志、标签、包装、运输、贮存的方法和要求。阻燃剂用氢氧化镁主要用作阻燃剂的原料，用于橡胶、塑料、化工、电线电缆、建材等领域。

本实验依据国家标准 GB/T 6678—2003 化工产品采样总则（封底二维码）对阻燃剂用氢氧化镁进行采样，依据 HG/T 4531—2013 阻燃剂用氢氧化镁和 HG/T 3607—2007 工业氢氧化镁的检验方法，对其中的盐酸不溶物含量、水分含量、筛余物含量及灼烧失重进行测定。

【实验步骤】
1. 采样
（1）仪器、药品及材料

仪器：采样器，电子天平，广口瓶（500mL 2个），十字形架。
药品：阻燃剂用氢氧化镁（s）。

（2）试验方法　按 GB/T 6678—2003 化工产品采样总则中的规定确定采样单元数。采样时，将采样器自包装袋的上方垂直插入至料层深度的四分之三处采样。将所采的样品混匀，用四分法缩分至约 500g，分装入两个干燥、清洁的广口瓶中，密封，贴上标签。注明生产厂名、产品名称、类型、批号和采样日期、采样者姓名。一瓶用于检验，另一瓶保存备查，保存时间由生产厂根据实际情况确定。

检验结果中如有指标不符合本标准要求时，应重新自两倍量的包装袋中采样进行复验，复验结果即使只有一项指标不符合本标准要求时，则整批产品为不合格。

2. 试样溶液的制备

（1）仪器、药品及材料

仪器：电子天平，烧杯，表面皿，量筒，电炉，容量瓶，玻璃棒，漏斗，铁架台。
药品：HCl 溶液（6mol·L^{-1}），AgNO$_3$（0.1mol·L^{-1}）。
材料：中速定量滤纸。

（2）试验方法　称取约 7g 试样，精确至 0.0002g，置于 250mL 烧杯中，加少量水润湿，盖上表面皿，加入适量 6mol·L^{-1} 的 HCl 溶液（约 45mL）使试样溶解，在电炉上加热煮沸 3～5min。趁热用中速定量滤纸过滤，用热水洗涤至无 Cl$^-$（用 AgNO$_3$ 溶液检验）。冷却后，将滤液和洗液一并转移至 500mL 容量瓶中，用水稀释至刻度，摇匀，此溶液为试验溶液 A，可用于氢氧化镁含量、氧化钙含量、铁含量的测定。

保留残渣及滤纸，用于盐酸不溶物含量的测定。

3. 盐酸不溶物含量的测定

（1）仪器、药品及材料　电子天平，马弗炉，瓷坩埚，干燥器，坩埚钳。

（2）试验方法　将 2 中保留的残渣及滤纸转入已灼烧至质量恒定的瓷坩埚中，灰化后，置于马弗炉中于 850～900℃下灼烧至质量恒定。

盐酸不溶物含量以质量分数 ω_1 表示，

$$\omega_1 = \frac{m_1 - m_2}{m} \times 100\%$$

式中，m_1 为灼烧后坩埚和不溶物的质量，g；m_2 为坩埚的质量，g；m 为试样的质量，g。

取平行测定结果的算术平均值为测定结果，两次平行测定结果的绝对差值，Ⅰ类和Ⅱ类产品不大于 0.02%，Ⅲ类不大于 0.2%。

4. 水分的测定

（1）仪器、药品及材料　电子天平，电热恒温干燥箱，称量瓶（ϕ50mm×30mm）。

（2）试验方法　用已于 105～110℃下干燥至质量恒定的称量瓶称取约 2g 试样，精确至 0.0002g，置于电热恒温干燥箱中，于 105～110℃下干燥至质量恒定。

水分含量以质量分数 ω_2 表示，

$$\omega_2 = \frac{m_3 - m_4}{m} \times 100\%$$

式中，m_3 为干燥前试样和称量瓶的质量，g；m_4 为干燥后试样和称量瓶的质量，g；m 为试样的质量，g。

取平行测定结果的算术平均值为测定结果，两次平行测定结果的绝对差值，Ⅰ类产品不大于0.1%，Ⅱ类和Ⅲ类产品不大于0.2%。

5. 筛余物含量的测定

（1）方法提要　将试样经标准筛筛分，根据试验筛上的试样质量确定产品筛余物质量。

（2）仪器、药品及材料

仪器：电子天平，试验筛（R40/3系列，$\phi 200\times 50$—$0.075/0.05$，GB/T 6003.1—1997），表面皿。

材料：软毛刷（毛长约3cm，刷宽约3～5cm），黑纸。

（3）试验方法　称取约30g试样，精确至0.01g，移入试验筛中，用软毛刷轻刷试样，使粉末通过，在筛子下面垫一张黑纸，刷筛至所垫黑纸上没有试样痕迹。将筛余物转入已知质量的表面皿中，称量，精确至0.0002g。

筛余物含量以质量分数 ω_3 表示，

$$\omega_3 = \frac{m_5 - m_6}{m} \times 100\%$$

式中，m_5 为表面皿及筛余物的质量，g；m_6 为表面皿的质量，g；m 为试样的质量，g。

取平行测定结果的算术平均值为测定结果，两次平行测定结果的绝对差值，Ⅱ类产品不大于0.01%，Ⅲ类不大于0.1%。

6. 灼烧失重的测定

（1）方法提要　在550～600℃下，试样中的氢氧化镁失水变为氧化镁，同时失去游离水，根据试样减少的质量，确定灼烧失重质量。

（2）仪器、药品及材料　电子天平，瓷坩埚，马弗炉，坩埚钳，干燥器。

（3）试验方法　用已于550～600℃下灼烧至质量恒定的瓷坩埚称取约1g试样，精确至0.0002g，盖上坩埚盖并留少许空隙，置于马弗炉中，于550～600℃下灼烧至质量恒定。

灼烧失重以质量分数 ω_4 表示，

$$\omega_4 = \frac{m_7 - m_8}{m} \times 100\%$$

其中，m_7 为灼烧前坩埚和试样的质量，g；m_8 为灼烧后坩埚和试样的质量，g；m 为试样的质量，g。

取平行测定结果的算术平均值为测定结果，两次平行测定结果的绝对偏差不大于0.3%。

实验7-6　海带和紫菜中碘的提取

【实验目的】

1. 掌握从天然产物中提取无机物的一般方法。
2. 进一步熟练掌握无机制备中的一些基本操作方法。

【实验原理】

海带属于褐藻门，海带科，含有碘、脂肪、蛋白质、胡萝卜素等多种成分。每百克干海带中含有约 0.3~1g 碘、2.25g 钙、8.2g 蛋白质，此外，还含有大量的粗纤维、碳水化合物等营养成分。每 100g 紫菜中约含 600μg 碘。

海带、紫菜等海洋植物中含有的碘元素一般以碘离子的形式存在，少量以有机碘和 IO_3^- 形式存在。从海带和紫菜中提取碘的方法有灼烧法、离子交换法等。灼烧法操作简单，提取效果较好。先将海带（或紫菜）灼烧，使其中的有机物灰化，再将其中的可溶物用水浸出。此时碘元素就以 I^- 的形式存在于浸出液中，再用氧化剂如过氧化氢、氯气、氯酸钾等将其氧化为碘单质，反应方程式为：

$$2I^-(aq) + H_2O_2(l) + 2H^+(aq) \longrightarrow I_2(s) + 2H_2O(l)$$

海带中的碳酸钾也存在于海带灰中，应在氧化前加酸使溶液呈中性或弱酸性。但是酸加多后易使碘化氢氧化为碘逸出损失，因此酸度不宜太高，pH 值为中性即可。得到的碘单质可用有机溶剂提取，然后蒸干该有机溶剂，便可得到固体碘。或在有机溶剂中加入氢氧化钠溶液，使碘歧化，分液后，在水相加酸析出碘单质。也可在灰分中直接加入氯化铁氧化，用升华法提取碘单质。

$$2FeCl_3(s) + 2KI(s) \longrightarrow 2FeCl_2(s) + I_2(g) + 2KCl(s)$$

【仪器、药品及材料】

仪器：天平，镊子，剪刀，铁架台，酒精灯，坩埚，坩埚钳，泥三角，玻璃棒，烧杯。

药品：干海带或干紫菜，乙醇，无水 $FeCl_3$。

【实验步骤】

1. 称取样品

称取 5g 干海带（或干紫菜），用刷子把海带表面的附着物刷去（不要用水洗），用剪刀将海带或紫菜剪碎后，再用乙醇润湿，放在坩埚中。

2. 灼烧灰化

将坩埚置于泥三角上，用酒精灯加热灼烧至海带灰化并呈灰白色，停止加热，自然冷却。

3. 氧化及提取

将灰烬放入研钵中，放入与灰烬相同质量的无水 $FeCl_3$（稍过量），研细，转移到小瓷坩埚内，上面悬空倒扣一个漏斗，顶端塞入少许玻璃棉，坩埚置于石棉网上，组成一个简单的升华装置，加热，观察现象，最后收集提取的碘。

【思考题】

1. 为什么要用无水的 $FeCl_3$ 处理海带灰烬？
2. 氢氧化钠使碘歧化并提取碘的原理是什么？

【注意事项】

1. 点燃前尽量将坩埚内酒精控干，坩埚外壁的酒精一定要擦干，酒精蒸干前要间断加热，否则酒精易燃烧起火。
2. 灰烬应呈灰白色，不能烧成白色，否则碘会大量损失。
3. 灼烧过程中会产生白烟和糊味，应在通风橱内进行。
4. 灼烧完毕，应将坩埚、玻璃棒放在石棉网上冷却。

实验7-7 去离子水的制备及纯度检测

【实验目的】
1. 了解离子交换法制取去离子水的原理和方法。
2. 掌握离子交换柱的预处理、装柱、再生等方法。
3. 了解水质检验的方法。
4. 了解电导率仪的使用方法。

【实验原理】

工农业生产、科学研究和日常生活中对水质各有一定的要求。通常将溶有微量、或不含 Ca^{2+}、Mg^{2+} 的水叫软水,而将溶有较多 Ca^{2+}、Mg^{2+} 的水叫硬水。自来水中常溶有钙、镁、钠的碳酸盐、碳酸氢盐、硫酸盐和氯化物,以及某些气体和有机物等杂质,属于硬水。为了除去水中杂质,常采用蒸馏法或离子交换法。采用蒸馏法制备的水称为"蒸馏水",采用离子交换法制备的水称为"去离子水"。

本实验用离子交换法制取去离子水,其过程是将自来水通过离子交换柱(内装离子交换树脂)除去杂质离子,达到净化的目的。

离子交换树脂是一种人工合成的带有交换活性基团的多孔网状结构的高分子化合物,对酸、碱、一般有机溶剂较为稳定。在其网状结构的骨架上,含有许多可与溶液中的离子起交换作用的"活性基团"。根据树脂可交换基团的不同,将树脂分为阳离子交换树脂和阴离子交换树脂。

阳离子交换树脂中的活性基团可与溶液中的阳离子进行交换,如 $R-SO_3^- H^+$,$R-COO^- H^+$。阴离子交换树脂中的活性基团可与溶液中的阴离子进行交换,如 $R-NH_3^+ OH^-$,$R-N^+(CH_3)_3 OH^-$。R 表示树脂中网状结构的骨架部分。

当水流经阳离子交换树脂柱时,水中 Na^+、Ca^{2+}、Mg^{2+} 等与树脂骨架上的 H^+ 交换,发生如下反应:

$$2R-SO_3^- H^+ + Mg^{2+} \rightleftharpoons (R-SO_3)_2 Mg + 2H^+$$

水中的阳离子被树脂吸收,而树脂上的 H^+ 被置换出来进入水中。由交换柱底部流出的水中 Ca^{2+}、Mg^{2+} 含量显著减少,已是软水。此软水中还含有阴离子,如 Cl^-、SO_4^{2-}、CO_3^{2-} 等,需经过阴离子交换树脂柱除去。

当水流经阴离子交换树脂柱时,水中阴离子与树脂骨架上的 OH^- 交换,发生如下反应:

$$2R-N^+(CH_3)_3 OH^- + SO_4^{2-} \rightleftharpoons [R-N(CH_3)_3]_2 SO_4 + 2OH^-$$

水中的阴离子被树脂吸收,而树脂中的 OH^- 被置换出来,OH^- 和 H^+ 中和生成水,达到了去除杂质离子的目的。经过阴、阳离子交换柱以后的水,杂质离子基本已被除去,故称去离子水。

在离子交换树脂上进行的交换反应是可逆的。由于交换反应的可逆性,只用两个交换柱(阴、阳)串联起来所制得的水中仍含有少量、未经交换而遗留在水中的杂质离子。为了提高水质的纯度,可再串联一个由阳离子交换树脂和阴离子交换树脂均匀混合的交换柱，其作用相当于串联了很多个阳离子交换柱与阴离子交换柱，而且在交换柱床层任何部位的水都是中性的，从而减少了逆反应发生的可能性。

使用一段时间后，树脂会失去交换能力，称为"失活"。经过适当处理可重新复原，这个过程称为"再生"。阳离子交换树脂可用5%HCl溶液浸泡，阴离子交换树脂可用5%的NaOH浸泡，即可分别再生。混合离子交换树脂使用失效后，可集中起来用饱和NaCl溶液进行重力分选而分开。

另外，由于树脂是多孔网状结构，具有很强的吸附能力，可以同时除去电中性杂质。又由于装有树脂的柱子本身就是一个很好的过滤器，所以颗粒状杂质也能一同除去。

净化时，自来水从阳离子交换树脂柱的顶部流入、底部流出，再从阴离子交换树脂的顶部流入、底部流出，最后从混合树脂床顶部流入、底部流出。

纯水是弱电解质，因含有可溶性杂质后电导能力增大。测定水样的电导率，可以确定水的纯度。各种水样电导率的大致范围列于表7-3。

表7-3 各种水样的电导率

水样	自来水	蒸馏水	去离子水	纯水（理论值）
电导率/($\mu S \cdot cm^{-1}$)	$5.0 \times 10^3 \sim 5.3 \times 10^2$	$2.8 \sim 0.063$	$4.0 \sim 0.8$	0.055

水的纯度也可以用化学法来检测。

【仪器、药品及材料】

仪器：DDS-11A型电导率仪，滴管，烧杯，量筒，试管。

药品：732型强酸性阳离子交换树脂（40g），717型强碱性阴离子交换树脂（40g），HCl溶液（5%），NaOH（5%，$2mol \cdot L^{-1}$），NaCl（饱和），$AgNO_3$（$0.1mol \cdot L^{-1}$），HNO_3（$2mol \cdot L^{-1}$），$BaCl_2$（$0.1mol \cdot L^{-1}$），NH_3-NH_4Cl缓冲溶液（pH=10），铬黑T，钙指示剂。

材料：离子交换树脂柱3套，霍夫曼夹3个，夹子3个，胶管9段，玻璃纤维，铁丝，玻璃导管，pH试纸。

【实验步骤】

1. 树脂的预处理

取阴、阳离子交换树脂各40g用饱和NaCl浸泡一天，用去离子水漂洗至水澄清无色后，阳离子交换树脂用5%的HCl溶液浸泡4h，倾去HCl溶液，用去离子水洗至pH值为5~6，备用。阴离子交换树脂用5%的NaOH溶液浸泡4h，倾去NaOH溶液，用去离子水洗至pH值为7~8，备用。

2. 装柱

按图7-9将装置连接好，并在相应位置安装夹子。将交换柱底部夹子夹紧，加入一定量去离子水至柱高的1/3，再将少量玻璃棉塞在交换柱下端，以防树脂漏出。将处理好的树脂和水一起加入交换柱中（可用粗滴管吸取树脂）。打开交换柱下端的夹子，让水缓慢流出，但不能让树脂露出水面。轻敲柱子，使树脂均匀

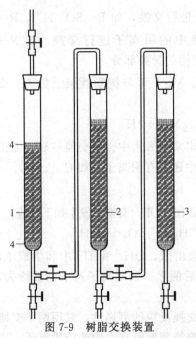

图7-9 树脂交换装置

1—阳离子交换柱；2—阴离子交换柱；
3—混合离子交换柱；4—玻璃棉

自然下沉，树脂层中不得留有气泡，否则必须重装。装柱完毕，在树脂层上盖一层玻璃棉，以防水流冲走树脂。

在各柱中分别装入2/3柱高的离子交换树脂，并保持水面高出树脂面2~3cm。

3. 水的净化

打开自来水水源，使水依次通过阳离子交换柱、阴离子交换柱、混合离子交换柱，水流速度控制在25~50滴/min，开始流出的30mL水弃去不要，然后用4个小烧杯分别收集自来水、阳离子交换柱流出液、阴离子交换柱流出液、混合离子交换柱流出液，留作水质检测。

4. 水质检测

(1) 电导率测定　用电导率仪分别测定四种水样的电导率，每次测量前都应用待测水样淋洗电极。

(2) 杂质离子检验

① Mg^{2+} 的检验　取四种水样各2滴于点滴板上，滴加2滴 pH=10 的 NH_3-NH_4Cl 缓冲溶液，再加少量铬黑T，观察现象。

② Ca^{2+} 的检验　取四种水样各2滴于点滴板上，滴加2滴 $2mol \cdot L^{-1}$ 的 NaOH，再加少量钙指示剂，观察现象。

③ Cl^- 的检验　取四种水样各2滴于点滴板上，滴加2滴 $2mol \cdot L^{-1}$ 的 HNO_3 溶液，再加入2滴 $0.1mol \cdot L^{-1}$ 的 $AgNO_3$ 溶液，观察现象。

④ SO_4^{2-} 的检验　取四种水样各2滴于点滴板上，滴加2滴 $0.1mol \cdot L^{-1}$ 的 $BaCl_2$ 溶液，观察现象。

将检验结果填入表7-4。

表7-4　水质检验结果

水样名称	电导率/$\mu S \cdot cm^{-1}$	pH	Mg^{2+}	Ca^{2+}	Cl^-	SO_4^{2-}
自来水						
阳离子交换柱流出液						
阳离子交换柱流出液						
混合离子交换柱流出液						

5. 树脂的再生

(1) 阳离子交换树脂再生　将树脂倒入烧杯中，先用水漂洗一次，倾出水后，加入5%的HCl溶液，搅拌后浸泡20min。倾去酸液，再用5%的HCl溶液洗涤2次，然后用去离子水洗涤至pH值为5~6。

(2) 阴离子交换树脂的再生　操作同上，只是用5%的NaOH溶液代替HCl溶液，最后用去离子水洗涤至pH值为7~8。

(3) 混合离子交换树脂的再生　混合离子交换树脂使用失效后，可集中起来用饱和NaCl溶液进行重力分选。重力分选的原理是强碱性阴离子树脂的相对密度为1.06~1.1，强酸性阳离子树脂的相对密度为1.24~1.29，所以用相对密度为1.2的饱和NaCl溶液可将两者分开，此时阳离子交换树脂沉在底部而阴离子交换树脂浮在液面。用倾析法将上层树脂倒入另一个烧杯内，重复操作直至完全分开，然后分别进行再生。

【思考题】
1. 硬水、软水、去离子水三者的区别何在？制备去离子水和蒸馏水的原理是什么？
2. 离子交换法制取去离子水的质量与哪些操作因素有关？
3. 电导率数值与水样的纯度关系如何？

实验7-8 碱式碳酸铜的制备

【实验目的】
1. 通过查阅资料了解碱式碳酸铜的制备原理和方法。
2. 通过实验探求出制备碱式碳酸铜的反应物配比和合适温度。
3. 初步学会设计实验方案，以及培养独立分析、解决问题的能力。

【实验提示】

碱式碳酸铜化学式为 $Cu_2(OH)_2CO_3$，也有写作 $CuCO_3 \cdot Cu(OH)_2$，常称为铜锈或铜绿，碱式碳酸铜为天然孔雀石的主要成分。碱式碳酸铜不稳定，加热至 200℃ 即分解，新制备的试样在沸水中很易分解。碱式碳酸铜为草绿色的单斜系结晶纤维状的团状物，或深绿色的粉状物。在水中的溶解度很小，不溶于 35℃ 以下的水和醇，溶于酸、氰化物、氨水和铵盐。碱式碳酸铜可用于颜料、杀虫灭菌剂和信号弹等。在自然界中铜通常以此种化合物的形式存在，它是铜与空气中的氧气、二氧化碳和水等物质反应产生的物质。

由于氢氧化铜的溶解度与碳酸铜的溶解度相近（$K_{sp}^{\ominus}[Cu(OH)_2]=5.6 \times 10^{-20}$，$K_{sp}^{\ominus}(CuCO_3)=1.4 \times 10^{-10}$），因此，当 CO_3^{2-} 溶液中加入 Cu^{2+} 时，生成的沉淀既不是 $Cu(OH)_2$，也不是 $CuCO_3$，而是 $Cu_2(OH)_2CO_3$。

实验室可依据此原理制备 $Cu_2(OH)_2CO_3$。但是实验中铜盐和碳酸盐的种类、投料比、反应温度、反应物浓度、溶液酸碱性、原料添加顺序等因素都会影响产品的产率和纯度，需通过条件实验确定反应条件。理想产物应为蓝绿色晶体。

可参考如下操作进行实验方案的设计：

1. 制备反应条件的探究

（1）$CuSO_4$ 和 Na_2CO_3 溶液投料比的确定　在四支试管内各加入 2.0mL 0.5mol·L^{-1} 的 $CuSO_4$ 溶液，在另外四支试管内分别加入 1.6mL、2.0mL、2.4mL、2.8mL 0.5mol·L^{-1} 的 Na_2CO_3 溶液。将八支试管放在 75℃ 的恒温水浴中加热。几分钟后，依次将 $CuSO_4$ 溶液分别倒入 Na_2CO_3 溶液中，振荡试管，比较各试管中沉淀生成的速度、沉淀的数量及颜色，从中得出两种反应物溶液以何种比例相混合为最佳。

（2）反应温度的确定　在三支试管中，各加入 2.0mL 0.5mol·L^{-1} 的 $CuSO_4$ 溶液，另取三支试管，各加入由上述实验得到的合适用量的 0.5mol·L^{-1} 的 Na_2CO_3 溶液。从这两列试管中各取一支，将它们分别置于室温、50℃、100℃ 的恒温水浴中加热，数分钟后将 $CuSO_4$ 溶液倒入 Na_2CO_3 溶液中，振荡并观察现象，由实验结果确定制备反应的合适温度。

2. 碱式碳酸铜的制备

取 10mL 0.5mol·L^{-1} 的 $CuSO_4$ 溶液和一定体积 0.5mol·L^{-1} 的 Na_2CO_3 溶液，根据上面实验确定的投料比、温度制取碱式碳酸铜。待沉淀完全后，用蒸馏水洗涤沉淀数次，直到沉淀中不含 SO_4^{2-} 为止，用滤纸吸干水分。

将所得产品在烘箱中于 100℃烘干，待冷却至室温后，称量并计算产率。

【仪器、药品和材料】

仪器：试管，烧杯，量筒（10mL），水浴锅，温度计，真空泵，吸滤瓶，布氏漏斗。

药品：$CuSO_4$（0.5mol·L^{-1}），Na_2CO_3（0.5mol·L^{-1}）。

【实验要求】

以 Na_2CO_3 和 $CuSO_4$ 为原料制备 $Cu_2(OH)_2CO_3$，查阅相关资料，选择合适的投料比、反应温度进行条件实验，确定最佳反应条件，并在最佳条件下制备 $Cu_2(OH)_2CO_3$。写出实验方案，经指导教师检查后，可进行实验。

实验中要按实验方案进行操作，记录实验现象，计算产率，写出实验报告。

【思考题】

1. 除反应物的投料比和反应温度对本实验的结果有影响外，反应物的种类、反应时间等是否对产物的质量也会有影响？
2. 如何测定产物中铜及碳酸根离子的含量？
3. 各试管中沉淀的颜色为何会有差别？估计何种颜色的产物中碱式碳酸铜含量最高？
4. 若将 Na_2CO_3 溶液倒入 $CuSO_4$ 溶液，其结果是否会不同？
5. 反应温度对本实验有何影响？
6. 反应在何种温度下进行会出现褐色产物？这种褐色物质是什么？

实验7-9 茶叶中微量元素的鉴定

【实验目的】

1. 通过查阅资料和运用已学知识设计实验，进行茶叶中 Fe、Al、Ca、Mg、P 等元素的鉴定。
2. 学会实际样品的处理方法。

【实验提示】

自然界中植物都是有机体，主要由 C、H、O、N 等元素组成。除此之外，还含有 P、I 及某些微量金属元素如 Fe、Al、Ca、Mg 等。本实验的目的是要求从茶叶（或紫菜）中定性鉴定 Fe、Al、Ca、Mg、P 等元素的存在。高温将茶叶燃烧灰化后，经酸溶解，即可将其转移到溶液中进行分离、鉴定。

铁、铝混合溶液中 Fe^{3+} 对 Al^{3+} 的鉴定有干扰。利用 Al^{3+} 的两性，加入过量的碱，使 Al^{3+} 转化为 $[Al(OH)_4]^-$ 留在溶液中，Fe^{3+} 则生成 $Fe(OH)_3$ 沉淀，经分离除去，消除干扰。

钙镁混合液中 Ca^{2+} 和 Mg^{2+} 的鉴定互不干扰，可直接鉴定，不必分离。

磷钼酸铵能溶于过量磷酸盐溶液生成配合物，因此鉴定 PO_4^{3-} 时需加入过量钼酸铵试剂。

根据离子鉴定特征反应的实验现象，可分别鉴定出 Fe、Al、Ca、Mg、P 等元素。

【仪器、药品及材料】

仪器：煤气灯，马弗炉，坩埚，长颈漏斗，水浴锅，烧杯。

药品：HCl 溶液(6mol·L^{-1})，HAc(2mol·L^{-1}，6mol·L^{-1})，NH$_3$·H$_2$O(6mol·L^{-1})，NaOH(6mol·L^{-1})，(NH$_4$)$_2$C$_2$O$_4$(0.2mol·L^{-1})，KSCN(0.1mol·L^{-1})，铝试剂，铬黑 T，钼酸铵。

【实验要求】

1. 设计从茶叶中分离和鉴定 Fe^{3+}、Al^{3+}、Ca^{2+}、Mg^{2+}、PO_4^{3-} 的实验方案。经指导老师同意后，方可进行实验。

2. 按实验方案完成实验，验证有无上述离子存在，写出实验报告。

实验7-10 无机净水剂的研制与应用

【实验目的】

1. 通过查阅资料，了解我国水处理现状及目前国内外无机高分子絮凝剂制备方法。
2. 通过阅读文献资料，设计一种无机高分子絮凝剂的制备方法。
3. 用自制浊水、生活废水、实验废水或染料废水等测试产品净水效果。
4. 学习目视比浊法或利用分光光度计、浊度仪测定浊度、色度的方法。

【实验原理】

水是地球上分布最广的自然资源，但地球上的淡水资源是有限的。人类为了满足生产、生活的需要，需从自然界大量取水，除了生活用水以外，工业用水量也很大，人类可利用的淡水资源越来越少。为了人类自身的生存，也为了子孙后代的繁衍，治理污染、节约水资源已刻不容缓。

天然水中除含有泥沙外，还含有颗粒很细的尘土、腐殖质、淀粉、纤维素以及菌类、藻类等微生物。这些杂质与水形成溶胶状态的胶体颗粒，由于布朗运动和静电排斥力而呈现沉降稳定性和聚合稳定性，通常不能利用重力采用自然沉降的方法除去。因此，必须添加混凝剂，以破坏溶胶的稳定性。

要使胶体颗粒沉淀，必须使颗粒相互碰撞而黏合起来。天然水中胶体大多数带负电荷，当在水中投入大量带正、负离子的电解质时，消除了胶体微粒间的静电排斥力，而使微粒凝聚。这种通过投入大量电解质，使得胶体微粒相互聚结的过程叫凝聚。高分子絮凝剂溶于水后，会发生水解和缩聚反应而形成高聚物，这种高聚物的结构是线型结构，线的两端各拉着一个胶体颗粒，在相距较远的两个颗粒之间起着黏结架桥作用，使得微粒逐渐变大，变成了大颗粒的絮凝体（俗称矾花）。这种由于高分子物质的吸附架桥而使颗粒相互黏结的过程，称为絮凝。所谓混凝是指在水处理过程中，向水中投加药剂，从而使水中的胶体物质产生凝聚和絮凝，这一综合过程称为混凝过程[1]。

絮凝剂大致分为无机絮凝剂、有机絮凝剂和微生物絮凝剂三种。无机絮凝剂按金属盐可分为铝盐系及铁盐系两大类[2]。铝盐以硫酸铝、氯化铝、明矾、铝酸钠（$Na_2Al_2O_4$）为主，铁盐以硫酸亚铁、硫酸铁、氯化铁为主。后来在传统铝盐和铁盐的基础上发展合成出了无机高分子絮凝剂（如聚合氯化铝、聚合硫酸铝、聚合硫酸铁等）以及复合型无机高分子絮凝剂（如聚硅铝盐絮凝剂、聚硅铁盐絮凝剂、聚硅铁铝盐絮凝剂等），它们的出现以其高效、适应性强、无毒、价廉等特点，在废水处理中，不仅降低了处理成本，而且提高了功效。

碱式氯化铝（BAC）是含有氢氧化铝的氯化铝混合物。聚碱式氯化铝（PBAC）也称聚合氯化铝（PAC）或聚氯化铝（PAC），是一类含不同羟基的多核铝离子的氯化物，是$AlCl_3$的水解产物，其化学通式为：$[Al_m(OH)_n(H_2O)_x]Cl_{3m-n}$（$m=2\sim13, n\leqslant3m$）[3,4]。CAS号为1327-41-9。聚碱式氯化铝易溶于水，其水解产物有强吸附力、高絮凝效果和较快的沉降速度，能除去水中的悬浮颗粒和胶状污物，还能有效地去除水中的微生物、细菌、藻类及高毒性重金属铬、铅等，为国内外广泛采用的水处理絮凝剂。

铝土矿中含有30%～40%的Al_2O_3、50%左右的SiO_2、少于3%的Fe_2O_3和少量的K、Na、Ca、Mg等元素，可采用铝土矿制备聚碱式氯化铝。先将矿石粉碎，于700℃在马弗炉内灼烧2h得到熟矿粉。用盐酸浸取熟矿粉，得到$AlCl_3$溶液。取部分$AlCl_3$溶液用氨水调节pH值为6，使之转变成$Al(OH)_3$溶液。再在$Al(OH)_3$中加入$AlCl_3$溶液使之溶解，于60℃保温聚合12h，得到黏稠状液体。将液体于90℃烘箱中干燥，制得淡黄色固体即为产品。因聚合铁也是水处理剂，因而少量Fe的存在不影响产品的使用效果。

聚合硫酸铁（PFS）或固体聚合硫酸铁（简称固体聚铁，SPFS）是一种性能优越的无机高分子混凝剂，淡黄色无定型粉状固体，或黄色或红褐色无定形粉末或颗粒状固体。极易溶于水，具有吸湿性，10%（质量）的水溶液为红棕色透明溶液，pH(log/L)=2～3。聚合硫酸铁广泛应用于饮用水、工业用水、各种工业废水、城市污水、污泥脱水等的净化处理。

聚硅酸金属盐絮凝剂是在聚合硅酸和传统的铝盐、铁盐等絮凝剂的基础上研制开发的一类新型无机高分子絮凝剂，该产品同时具有吸附架桥及电中和的作用，絮凝效果很好，且原料来源广泛，易于制备，价格低廉，安全环保，因此在水处理领域中成为一个新的热点。

聚合硅酸氯化铝（PASC）电荷中和能力增强，絮凝效果较好，但PASC处理水后残余的Al^{3+}对人体健康会有影响。聚合硅酸铁盐絮凝剂与铝盐相比具有无毒、絮体颗粒沉降速度快等优点，所以，聚硅酸硫酸铁（PFSiS）的开发利用对水处理具有重要意义。聚硅酸硫酸铁可通过在一定条件下将聚合硫酸铁和聚合硅酸混合进行制备[5,6]。实验表明PFSiS具有较好的除浊效果，并有望取代铝盐絮凝剂，应用于饮用水的处理中。

通过投加化学药剂使水中胶体粒子和微小悬浮物聚集的过程，是水处理工艺中的一种单元操作。包括凝聚与絮凝两种过程。凝聚主要指胶体脱稳并生成微小聚集体的过程，絮凝主要指脱稳的胶体或微小悬浮物聚结成大的絮凝体的过程。影响混凝效果的主要因素：(1)水温：水温对混凝效果有明显的影响。(2)pH值：pH值对混凝的影响程度，视混凝剂的品种而异。(3)水中杂质的成分、性质和浓度。(4)水力条件。

本实验通过单因素条件实验研究制备聚碱式氯化铝（PBAC）、聚硅酸硫酸铁（PFSiS）絮凝剂的最佳条件及产品的絮凝性能。

【实验范例 1　由铝土矿制备聚碱式氯化铝 PBAC】

(一) 实验目的

1. 了解聚碱式氯化铝的性质与用途。
2. 制备固体聚碱式氯化铝。
3. 了解产品净水效果。

(二) 实验步骤

1. 制备 $AlCl_3$ 溶液

称取 8g 熟矿粉于 100mL 磨口锥形瓶中,加入 4mL 水将矿粉润湿,在磁力搅拌器上加热搅拌,并逐滴加入 $6mol \cdot L^{-1}$ 的 HCl 溶液,10min 内共加入盐酸 15mL,并继续搅拌回流 1h 后停止。稍冷后将反应物过滤,滤液用一个已称重的 50mL 烧杯收集,并称出 $AlCl_3$ 溶液的质量[4]。

滤渣用 60℃ 热水洗涤三次,每次用水 5mL,洗液收集在一个 100mL 烧杯中。

2. 制备 $Al(OH)_3$

将 1/2 的 $AlCl_3$ 溶液转移到 100mL 烧杯中,再用水稀释一倍。在不断搅拌下慢慢滴入 $6mol \cdot L^{-1}$ 的 $NH_3 \cdot H_2O$ 溶液,至溶液由稠变稀,不断测量溶液的 pH 值,直至溶液的 pH 值为 6～6.5 为止。过滤 $Al(OH)_3$,并洗涤至无氨味,滤液留下回收 NH_4Cl,记下 $NH_3 \cdot H_2O$ 溶液的用量。

3. 制备聚碱式氯化铝

把 $Al(OH)_3$ 转移到一个 50mL 的烧杯中,加入剩余的 $AlCl_3$ 溶液,加热搅拌,直至混合物溶解透明后,于 60℃ 保温聚合 12h。注意不要让水汽进入烧杯内。

聚合后的产品转移至有柄蒸发皿中,送入烘箱中于 90℃ 干燥。产品为淡黄色固体,易吸潮。称重后转入瓶中或放入干燥器内保存。

4. 净水效果实验

取两个 1000mL 烧杯,各加入 1g 已过 60 目筛的泥土,加水至 1000mL,搅拌均匀。在一个烧杯中,用玻璃棒蘸取一滴聚合好的液体产品,在烧杯中搅拌均匀,观察现象,与另一烧杯对比,记录溶液澄清所需时间并进行水质浊度测定。

5. 回收氯化铵

将制备 $Al(OH)_3$ 的滤液转移到蒸发皿内,加热浓缩至液面出现晶膜。冷却溶液并不停搅拌,冷却至 10℃ 使 NH_4Cl 充分结晶。抽滤,将 NH_4Cl 晶体转移到干燥的小烧杯中,称重。

【实验范例 2　聚硅酸硫酸铁 (PFSiS) 絮凝剂的制备及应用】

(一) 实验目的

1. 以硅酸钠和硫酸铁为原料,制备无机高分子絮凝剂聚硅硫酸铁 (PFSiS)。
2. 通过考察硅酸活化 pH 值、铁硅摩尔比、硅酸活化时间、反应温度、投料量对聚硅酸硫酸铁絮凝剂混凝效果的影响,确定最佳的制备条件。
3. 学习利用分光光度仪、浊度仪或目视比浊、比色法测定浊度、色度的方法。

(二) 主要仪器、药品及材料

仪器:PHS-3C 型 pH 计 (或精密 pH 试纸),721 型分光光度计,电子分析天平,浊度仪,搅拌器,秒表,移液管 (2mL 1 支,5mL 1 支,10mL 1 支),烧杯 (100mL 10 个)。

药品:Na_2SiO_3,硫酸铁,H_2SO_4 ($3mol \cdot L^{-1}$),浊度标准溶液,色度标准溶液。

实验所用水样为自制浊水、生活废水、实验废水、染料废水、江水等。自制浊水为一定量试剂级硅藻土粉末 (150 目),用自来水稀释,配制成浊度小于 200NTU (指散射浊度单位,表明仪器在与入射光成 90°角的方向上测量散射光强度)[7] 的自制浊水。

(三) 实验步骤

1. 实验方法

(1) 聚硅酸硫酸铁的制备　称取一定量硅酸钠(Na_2SiO_3),加蒸馏水溶解,配制成溶液[7]。用 H_2SO_4 和 NaOH 溶液调节至一定的 pH 值,在室温下放置一段时间,使活化的硅酸有一定的聚合度。然后加入一定量的硫酸铁,搅拌使其溶解。静置,反应一段时间后即可得到红褐色液体聚硅酸硫酸铁(PFSiS)。分别在不同的硅酸活化 pH 值、铁硅摩尔比($n(Fe)/n(Si)$)、硅酸活化时间、反应温度条件下制备 PFSiS 絮凝剂产品,并通过混凝效果确定最佳制备条件。在最佳条件下制备 PFSiS 絮凝剂产品,进行不同投料量实验,确定最佳投料量。

(2) 混凝实验　取一定量废水(100~1000mL)于烧杯中,在快速搅拌中加入一定量 PFSiS 絮凝剂,快速搅拌 2min 后,改为慢速搅拌 3min,而后静置沉降 10~30min。在液面下 2~3cm 处取清液,用目视比浊法、分光光度计或浊度仪测定浊度,用目视比色法测定色度,并与浊度标准溶液、色度标准溶液比较,确定浊度和色度的数值及除浊、除色率。或将烧杯按实验顺序摆放,通过目视比浊、比色法比较各种废水的浑浊程度和色度深浅,确定除浊、除色效果[7,8]。

2. 条件实验

(1) 硅酸活化 pH 值对 PFSiS 混凝性能的影响——硅酸活化最佳 pH 值的确定

称取 2.4gNa_2SiO_3 固体 7 份,各加入 20~30mL 蒸馏水溶解(使溶液中 SiO_2 的含量在 4%~6% 之间)。将溶液搅拌均匀,边搅拌边滴加 3mol·L^{-1} 的 H_2SO_4,先调节溶液 pH 值为 9.0,继续搅拌一段时间,此时溶液呈现淡蓝色。继续滴加 H_2SO_4,调节溶液的 pH 值分别为 1.0、2.0、3.0、4.0、5.0、6.0、7.0,搅拌均匀。根据各溶液的总体积,计算溶液中 SiO_2 实际含量,通过加入蒸馏水将各溶液中 SiO_2 含量调整为同一数值(最低含量)。溶液中 SiO_2 的最终含量应在 2%~3% 之间。放置 10~15min,使硅酸有一定的聚合度,制备聚合硅酸。活化完毕,在聚合硅酸中,按照铁硅摩尔比为 1:1 加入硫酸铁固体,搅拌使其溶解。静置反应 0.5~1h,得到不同 pH 值的液体 PFSiS 产品。然后进行混凝实验,将计算及实验结果填入表 7-5 中。

表 7-5　不同硅酸活化 pH 值下制备的 PFSiS 混凝实验结果

实验编号	1	2	3	4	5	6	7
pH 值	1.0	2.0	3.0	4.0	5.0	6.0	7.0
$m(Na_2SiO_3)$/g							
$m(SiO_2)$/g							
$n(Si)$/mol							
$n(Fe)$/mol							
$n[Fe_2(SO_4)_3]$/mol							
$m[Fe_2(SO_4)_3]$/g							
所加 H_2SO_4 体积 $V(H_2SO_4)$/mL							
溶液总体积 $V(总)$/mL							
SiO_2 含量/%							

续表

实验编号	1	2	3	4	5	6	7
所加 H_2O 体积 $V(H_2O)$/mL							
SiO_2 最终含量/%							
除浊除色实验							
废水体积/mL							
PFSiS 加入量/mL							
废水名称							
废水原浊度							
除浊后浊度							
废水名称							
废水原色度							
除浊后色度							

聚硅硫酸铁溶液的最终体积为_____mL，溶液最终的pH值为_____。

通过混凝实验，硅酸活化最佳pH值为_____，为_____号产品。

(2) 铁硅摩尔比对PFSiS混凝性能的影响——最佳铁硅摩尔比的确定

称取 2.4g Na_2SiO_3 固体7份，各加入 20~30mL 蒸馏水溶解，将溶液搅拌均匀。待固体 Na_2SiO_3 溶解后，边搅拌边滴加 $3mol·L^{-1}$ 的 H_2SO_4，按照步骤(1)中结果，调节溶液pH值至硅酸活化最佳pH值。放置 10~15min，使硅酸有一定的聚合度，制备聚合硅酸。然后按铁硅摩尔比分别为 2:1、1.5:1、1:1、1:1.5、1:2、1:2.5、1:3，加入一定量硫酸铁固体，搅拌使其溶解。静置反应 0.5~1h，得到不同铁硅摩尔比的液体PFSiS。然后进行混凝实验。将计算及实验结果填入表7-6中。

表7-6 不同铁硅摩尔比PFSiS的制备及混凝实验结果

实验编号	11	12	13	14	15	16	17
$n(Fe)/n(Si)$	2:1	1.5:1	1:1	1:1.5	1:2	1:2.5	1:3
$m(Na_2SiO_3)$/g							
$m(SiO_2)$/g							
$n(Si)$/mol							
$n(Fe)$/mol							
$n[Fe_2(SO_4)_3]$/mol							
$m[Fe_2(SO_4)_3]$/g							
所加 H_2SO_4 体积 $V(H_2SO_4)$/mL							
溶液总体积 $V(总)$/mL							
SiO_2 最终含量/%							
除浊除色实验							
废水体积/mL							
PFSiS 加入量/mL							
废水名称							

续表

实验编号	1	2	3	4	5	6	7
废水原浊度							
除浊后浊度							
废水名称							
废水原色度							
除浊后色度							

聚硅酸硫酸铁溶液的最终体积为_____ mL，溶液最终的 pH 值为_____。
通过混凝实验，最佳铁硅摩尔比为_____，为_____号产品。

(3) 硅酸活化时间对 PFSiS 混凝性能的影响——最佳活化时间的确定

称取 2.4g Na_2SiO_3 固体 7 份，加入 20~30mL 蒸馏水溶解，将溶液搅拌均匀。边搅拌边滴加 3mol·L^{-1} 的 H_2SO_4，调节溶液 pH 值为步骤 (1) 确定的硅酸活化最佳 pH 值，搅拌均匀。分别放置 5min、10min、15min、20min、25min、30min、40min。按步骤 (2) 确定的最佳铁硅摩尔比加入一定量硫酸铁固体，搅拌使其溶解。静置反应 0.5~1h，得到不同硅酸活化时间下制备的液体 PFSiS。然后进行混凝实验，将结果填入表 7-7 中。

表 7-7 硅酸不同活化时间下制备的 PFSiS 混凝实验结果

实验编号	21	22	23	24	25	26	27
硅酸活化时间/min	5	10	15	20	25	30	40
$m(Na_2SiO_3)$/g							
$n(Si)$/mol							
$n(Fe)$/mol							
$m[Fe_2(SO_4)_3]$/g							
活化开始时间							
活化结束时间							
除浊除色实验							
废水体积/mL							
PFSiS 加入量/mL							
废水名称							
废水原浊度							
除浊后浊度							
废水名称							
废水原色度							
除浊后色度							

聚硅酸硫酸铁溶液的最终体积为_____ mL，溶液最终的 pH 值为_____。
通过混凝实验，硅酸最佳活化时间为_____ min，为_____号产品。

(4) 聚合硅酸与硫酸铁反应温度对 PFSiS 混凝性能的影响——最佳反应温度的确定

称取 2.4g Na_2SiO_3 固体 7 份，各加入 20~30mL 蒸馏水溶解，将溶液搅拌均匀。边搅拌边滴加 3mol·L^{-1} 的 H_2SO_4，调节溶液 pH 值为步骤（1）确定的硅酸活化最佳 pH 值。搅拌均匀，按照步骤（3）确定的最佳活化时间放置，使硅酸聚合。按步骤（2）确定的最佳铁硅摩尔比加入一定量硫酸铁固体，搅拌使其溶解，分别在 15℃、20℃、25℃、30℃、35℃、40℃、45℃静置反应 0.5～1h，得到不同温度下制备的液体 PFSiS。然后进行混凝实验，将实验结果填入表 7-8 中。

表 7-8　不同反应温度下制备的 PFSiS 混凝实验结果

实验编号	31	32	33	34	35	36	37
反应温度/℃	15	20	25	30	35	40	45
$m(Na_2SiO_3)/g$							
$n(Si)/mol$							
$n(Fe)/mol$							
$m[Fe_2(SO_4)_3]/g$							
反应开始时间							
反应结束时间							
除浊除色实验							
废水体积/mL							
PFSiS 加入量/mL							
废水名称							
废水原浊度							
除浊后浊度							
废水名称							
废水原色度							
除浊后色度							

聚硅硫酸铁溶液的最终体积为_____ mL，溶液最终的 pH 值为_____。

通过混凝实验，最佳反应温度为_____℃，为_____号产品。

通过上述实验，PFSiS 絮凝剂的最佳制备条件：硅酸活化最佳 pH 值为_____，铁硅摩尔比为_____，硅酸活化时间为_____ min，反应温度为_____℃。

（5）投料量对 PFSiS 混凝性能影响

称取 2.4g Na_2SiO_3 固体，加入 20～30mL 蒸馏水溶解，在最佳条件下制备聚硅酸硫酸铁（PFSiS）。废水取用量为 500mL，分别加入 0.5、1.0、1.5、2.0、2.5、3.0、3.5mL 液体 PFSiS 进行混凝实验，将结果填入表 7-9 中。

表 7-9　不同投料量时混凝实验结果

实验编号	41	42	43	44	45	46	47
PFSiS 投料量/mL	0.5	1.0	1.5	2.0	2.5	3.0	3.5
废水体积/mL				500			
废水名称							
废水原浊度							
除浊后浊度							
废水名称							
废水原色度							
除浊后色度							

通过混凝实验，废水中PFSiS絮凝剂的最佳投料量：生活废水为_____ mL，自制泥水为_____ mL，染料废水为_____ mL。

（6）固体PFSiS絮凝剂的制备

在表面皿或培养皿中加入少量最佳条件下制备的液体聚硅硫酸铁产品，放于烘箱中，在67℃烘干。约6～8h后呈深褐色透明固体状，取出，观察性状，测试产品的溶解性。

（四）实验结果及讨论

1. 通过试验总结在2.4g Na_2SiO_3 固体中加入多少水溶解较为合适，溶液的性状如何？加水量的多少对液体PFSiS产品的性状是否产生影响？是否需要通过试验确定加水量？如何设计试验进行验证？

2. 通过试验总结还有哪些因素影响聚硅硫酸铁的混凝效果？聚合硅酸与硫酸铁反应的时间是否影响产品的混凝效果？废水的pH值是否会产生影响？如何设计试验进行验证？

【参考文献】

[1] 金熙，项成林，齐冬子. 工业水处理技术问答及常用数据 [M]. 北京：化学工业出版社，1997.
[2] 田玲，何芳. 无机高分子絮凝剂的研究进展 [J]. 化工设计通讯，2016，42 (5)：143.
[3] 万婕，倪筱玲，王静秋，等. 由铝土矿制聚碱式氯化铝 [J]. 大学化学，1998，13 (3)：40-41.
[4] 王静秋，黄世炎，万婕，等. 聚碱式氯化铝的结构和性质研究 [J]. 武汉大学学报（自然科学版），1993 (2)：84-88.
[5] 罗道成，刘俊峰. 用铁矿石制备聚硅硫酸铁混凝剂及其应用研究 [J]. 中国矿业，2010，19 (9)：85-88.
[6] 颜家保，梁宇波. 聚硅硫酸铁的制备及性能研究 [J]. 化学与生物工程，2004 (2)：31-32.
[7] 国家环境保护局. GB/T 13200—91 水质浊度的测定 [S]. [1992-06-01].
[8] 国家环境保护局. GB/T 11903—89 水质色度的测定 [S]. [1990-07-01].

附 录

附录1 元素的原子量

(保留5位有效数字)

序数	元素名称	符号	原子量	序数	元素名称	符号	原子量	序数	元素名称	符号	原子量
1	氢	H	1.0079	41	铌	Nb	92.906	81	铊	Tl	204.38
2	氦	He	4.0026	42	钼	Mo	95.94	82	铅	Pb	207.2
3	锂	Li	6.941	43	锝	Tc	(98)	83	铋	Bi	208.98
4	铍	Be	9.0122	44	钌	Ru	101.07	84	钋	Po	(209)
5	硼	B	10.811	45	铑	Rh	102.91	85	砹	At	(210)
6	碳	C	12.011	46	钯	Pd	106.42	86	氡	Rn	(222)
7	氮	N	14.007	47	银	Ag	107.87	87	钫	Fr	(223)
8	氧	O	15.999	48	镉	Cd	112.41	88	镭	Ra	(226)
9	氟	F	18.998	49	铟	In	114.82	89	锕	Ac	(227)
10	氖	Ne	20.180	50	锡	Sn	118.71	90	钍	Th	232.04
11	钠	Na	22.990	51	锑	Sb	121.75	91	镤	Pa	231.04
12	镁	Mg	24.305	52	碲	Te	127.60	92	铀	U	238.03
13	铝	Al	26.982	53	碘	I	126.90	93	镎	Np	(237)
14	硅	Si	28.086	54	氙	Xe	131.29	94	钚	Pu	(244)
15	磷	P	30.974	55	铯	Cs	132.91	95	镅	Am	(243)
16	硫	S	32.066	56	钡	Ba	137.33	96	锔	Cm	(247)
17	氯	Cl	35.453	57	镧	La	138.91	97	锫	Bk	(247)
18	氩	Ar	39.948	58	铈	Ce	140.12	98	锎	Cf	(251)
19	钾	K	39.098	59	镨	Pr	140.91	99	锿	Es	(252)
20	钙	Ca	40.078	60	钕	Nd	144.24	100	镄	Fm	(257)
21	钪	Sc	44.956	61	钷	Pm	(145)	101	钔	Md	(258)
22	钛	Ti	47.867	62	钐	Sm	150.36	102	锘	No	(259)
23	钒	V	50.942	63	铕	Eu	151.96	103	铹	Lr	(260)
24	铬	Cr	51.996	64	钆	Gd	157.25	104	𬬻	Rf	267.122
25	锰	Mn	54.938	65	铽	Tb	158.93	105	𬭊	Db	270.131
26	铁	Fe	55.845	66	镝	Dy	162.50	106	𬭳	Sg	269.129
27	钴	Co	58.933	67	钬	Ho	164.93	107	𬭛	Bh	270.133
28	镍	Ni	58.693	68	铒	Er	167.26	108	𬭶	Hs	270.134
29	铜	Cu	63.546	69	铥	Tm	168.93	109	鿏	Mt	278.156
30	锌	Zn	65.39	70	镱	Yb	173.04	110	𫟼	Ds	281.165
31	镓	Ga	69.723	71	镥	Lu	174.97	111	𬬭	Rg	281.166
32	锗	Ge	72.61	72	铪	Hf	178.49	112	鿔	Cn	285.117
33	砷	As	74.922	73	钽	Ta	180.95	113	鿭	Nh	286.182
34	硒	Se	78.96	74	钨	W	183.84	114	𫓧	Fl	289.190
35	溴	Br	79.904	75	铼	Re	186.2	115	镆	Mc	289.194
36	氪	Kr	83.80	76	锇	Os	190.23	116	𫟷	Lv	293.204
37	铷	Rb	85.468	77	铱	Ir	192.22	117	鿬	Ts	293.208
38	锶	Sr	87.62	78	铂	Pt	195.08	118	鿫	Og	294.214
39	钇	Y	88.906	79	金	Au	196.97				
40	锆	Zr	91.224	80	汞	Hg	200.59				

附录2 常用酸碱试剂浓度和密度

名称	密度(20℃) $\rho_B/(g \cdot mL^{-1})$	$\omega_B \times 100$	物质的量浓度 $c_B/(mol \cdot L^{-1})$
浓硫酸	1.84	98	18
稀硫酸	1.06	9	1
浓硝酸	1.42	69	16
稀硝酸	1.07	12	2
浓盐酸	1.19	38	12
稀盐酸	1.03	7	2
磷酸	1.70	85	15
高氯酸	1.70	70	12
冰乙酸	1.05	99	17
稀乙酸	1.02	12	2
氢氟酸	1.13	40	23
氢溴酸	1.38	40	7
氢碘酸	1.70	57	7.5
浓氨水	0.88	28	15
稀氨水	0.98	4	2
浓氢氧化钠	1.43	40	14
稀氢氧化钠	1.09	8	2
饱和氢氧化钡	—	2	0.1
饱和氢氧化钙	—	0.15	—

附录3 酸、碱的解离常数

1. 弱酸的解离常数（298.15K）

弱酸	解离常数 $K_a^{\ominus}$
H_3AsO_4	$K_{a1}^{\ominus}=5.7\times10^{-3}$; $K_{a2}^{\ominus}=1.7\times10^{-7}$; $K_{a3}^{\ominus}=2.5\times10^{-12}$
H_3AsO_3	$K_{a1}^{\ominus}=5.9\times10^{-10}$
H_3BO_3	5.8×10^{-10}
HBrO	2.6×10^{-9}
H_2CO_3	$K_{a1}^{\ominus}=4.2\times10^{-7}$; $K_{a2}^{\ominus}=4.7\times10^{-11}$
HCN	5.8×10^{-10}
H_2CrO_4	$K_{a1}^{\ominus}=9.55$; $K_{a2}^{\ominus}=3.2\times10^{-7}$
HClO	2.8×10^{-8}
HF	6.9×10^{-4}
HIO	2.4×10^{-11}

续表

弱酸	解离常数 $K_a^{\ominus}$
HIO_3	0.16
H_5IO_6	$K_{a1}^{\ominus}=4.4\times10^{-4}$; $K_{a2}^{\ominus}=2.0\times10^{-7}$; $K_{a3}^{\ominus}=6.3\times10^{-13}$
HNO_2	6.0×10^{-4}
H_2O_2	$K_{a1}^{\ominus}=2.0\times10^{-12}$
H_3PO_4	$K_{a1}^{\ominus}=6.7\times10^{-3}$; $K_{a2}^{\ominus}=6.2\times10^{-8}$; $K_{a3}^{\ominus}=4.5\times10^{-13}$
$H_4P_2O_7$	$K_{a1}^{\ominus}=2.9\times10^{-2}$; $K_{a2}^{\ominus}=5.3\times10^{-3}$; $K_{a3}^{\ominus}=2.2\times10^{-7}$; $K_{a4}^{\ominus}=4.8\times10^{-10}$
H_2SO_4	$K_{a2}^{\ominus}=1.0\times10^{-2}$
H_2SO_3	$K_{a1}^{\ominus}=1.7\times10^{-2}$; $K_{a2}^{\ominus}=6.0\times10^{-8}$
H_2Se	$K_{a1}^{\ominus}=1.5\times10^{-4}$; $K_{a2}^{\ominus}=1.1\times10^{-15}$
H_2S	$K_{a1}^{\ominus}=8.9\times10^{-8}$; $K_{a2}^{\ominus}=7.1\times10^{-19}$
H_2SeO_4	$K_{a2}^{\ominus}=1.2\times10^{-2}$
H_2SeO_3	$K_{a1}^{\ominus}=2.7\times10^{-2}$; $K_{a2}^{\ominus}=5.0\times10^{-8}$
HSCN	1.4×10^{-1}
$H_2C_2O_4$（草酸）	$K_{a1}^{\ominus}=5.4\times10^{-2}$; $K_{a2}^{\ominus}=5.4\times10^{-5}$
HCOOH（甲酸）	1.8×10^{-4}
CH_3COOH（乙酸）	1.8×10^{-5}
$ClCH_2COOH$（氯乙酸）	1.4×10^{-3}
EDTA	$K_{a1}^{\ominus}=1.0\times10^{-2}$; $K_{a2}^{\ominus}=2.1\times10^{-3}$; $K_{a3}^{\ominus}=6.9\times10^{-7}$; $K_{a4}^{\ominus}=5.9\times10^{-11}$

2. 弱碱的解离常数（298.15K）

弱碱	解离常数 $K_b^{\ominus}$	弱碱	解离常数 $K_b^{\ominus}$
$NH_3\cdot H_2O$	1.8×10^{-5}	CH_3NH_2（甲胺）	4.2×10^{-4}
N_2H_4（联氨）	9.8×10^{-7}	$C_6H_5NH_2$（苯胺）	4.0×10^{-10}
NH_2OH（羟胺）	9.1×10^{-9}	$(CH_2)_6N_4$（六亚甲基四胺）	1.4×10^{-9}

附录4　溶度积常数(298.15K)

化学式	$K_{sp}^{\ominus}$	化学式	$K_{sp}^{\ominus}$	化学式	$K_{sp}^{\ominus}$
AgBr	5.3×10^{-13}	Ag_2S-β	1.0×10^{-49}	CaF_2	1.5×10^{-10}
AgCl	1.8×10^{-10}	$BaCO_3$	2.6×10^{-9}	$Ca(OH)_2$	4.6×10^{-6}
Ag_2CO_3	8.3×10^{-12}	$BaCrO_4$	1.2×10^{-10}	$CaHPO_4$	1.8×10^{-7}
Ag_2CrO_4	1.1×10^{-12}	$BaSO_4$	1.1×10^{-10}	$Ca_3(PO_4)_2$	2.1×10^{-33}
$Ag_2Cr_2O_7$	2.0×10^{-7}	$Bi(OH)_3$	4.0×10^{-31}	$CaSO_4$	7.1×10^{-5}
Ag_3PO_4	8.7×10^{-17}	$BiONO_3$	4.1×10^{-5}	$Cd(OH)_2$	5.3×10^{-15}
Ag_2SO_4	1.2×10^{-5}	$CaCO_3$	4.9×10^{-9}	CdS	1.4×10^{-29}
Ag_2SO_3	1.5×10^{-14}	$CaC_2O_4\cdot H_2O$	2.3×10^{-9}	$Co(OH)_2$（新）	9.7×10^{-16}

续表

化学式	$K_{sp}^{\ominus}$	化学式	$K_{sp}^{\ominus}$	化学式	$K_{sp}^{\ominus}$
$Co(OH)_2$(陈)	2.3×10^{-16}	Hg_2S	1.0×10^{-47}	NiS-β	1.0×10^{-24}
$Co(OH)_3$	1.6×10^{-44}	HgS(红)	2.0×10^{-53}	NiS-γ	2.0×10^{-26}
CoS-α	4.0×10^{-21}	HgS(黑)	6.4×10^{-53}	$PbCO_3$	1.5×10^{-13}
CoS-β	2.0×10^{-25}	Li_2CO_3	8.1×10^{-3}	$PbCl_2$	1.7×10^{-5}
$Cr(OH)_3$	6.3×10^{-31}	LiF	1.8×10^{-3}	$PbCrO_4$	2.8×10^{-13}
CuCl	1.7×10^{-7}	Li_3PO_4	3.2×10^{-9}	PbI_2	8.4×10^{-9}
CuS	1.2×10^{-36}	$MgCO_3$	6.8×10^{-6}	$PbSO_4$	1.8×10^{-8}
Cu_2S	2.2×10^{-48}	MgF_2	7.4×10^{-11}	PbS	9.0×10^{-29}
$Fe(OH)_2$	4.86×10^{-17}	$Mg(OH)_2$	5.1×10^{-12}	$Sn(OH)_2$	5.0×10^{-27}
$Fe(OH)_3$	2.8×10^{-39}	$Mg_3(PO_4)_2$	1.0×10^{-24}	$Sn(OH)_4$	1.0×10^{-56}
FeS	1.6×10^{-19}	$Mn(OH)_2$(am)	2.0×10^{-13}	SnS	1.0×10^{-25}
HgI_2	2.8×10^{-29}	MnS(am)	2.5×10^{-10}	$SrSO_4$	3.4×10^{-7}
Hg_2Cl_2	1.4×10^{-18}	MnS(cr)	4.5×10^{-14}	$Zn(OH)_2$	6.8×10^{-17}
Hg_2I_2	5.3×10^{-29}	$Ni(OH)_2$(新)	5.0×10^{-16}	ZnS-α	1.6×10^{-24}
Hg_2SO_4	7.9×10^{-7}	NiS-α	1.1×10^{-21}	ZnS-β	2.5×10^{-22}

附录5　常见阳离子鉴定方法

离子	鉴定方法	备注
Ag^+	取 2 滴试液,加入 2 滴 $2mol\cdot L^{-1}$ HCl 溶液,若产生沉淀,离心分离,在沉淀中加入 $6mol\cdot L^{-1}$ $NH_3\cdot H_2O$ 使沉淀溶解,再加入 $6mol\cdot L^{-1}$ HNO_3 酸化,白色沉淀重新出现,说明 Ag^+ 存在。反应如下: $Ag^+ + Cl^- \rightarrow AgCl\downarrow$ $AgCl + 2NH_3\cdot H_2O \rightarrow [Ag(NH_3)_2]^+ + Cl^- + H_2O$ $[Ag(NH_3)_2]^+ + Cl^- + 2H^+ \rightarrow AgCl\downarrow + 2NH_4^+ + Cl^-$	
Al^{3+}	取试液 2 滴,再加入 2 滴铝试剂,微热,有红色沉淀,示有 Al^{3+}	反应可在 $HAc-NH_4Ac$ 缓冲溶液中进行
Ba^{2+}	在试液中加入 HAc 及 $0.2mol\cdot L^{-1}$ K_2CrO_4 溶液,生成黄色的 $BaCrO_4$ 沉淀,示有 Ba^{2+} 存在	Sr^{2+} 对 Ba^{2+} 的鉴定有干扰,但 $SrCrO_4$ 与 $BaCrO_4$ 不同的是,$SrCrO_4$ 在乙酸中可溶解。所以应在乙酸存在下进行反应
Bi^{3+}	①$[Sn(OH)_4]^{2-}$ 将 Bi^{3+} 还原,生成金属铋(黑色沉淀),示有 Bi^{3+} 存在: $2Bi(OH)_3 + 3[Sn(OH)_4]^{2-} \rightarrow 2Bi\downarrow + 3[Sn(OH)_6]^{2-}$ 取 2 滴试液,加入 2 滴 $0.2mol\cdot L^{-1}$ $SnCl_2$ 溶液和数滴 $2mol\cdot L^{-1}$ NaOH 溶液,溶液为碱性。观察有无黑色金属铋沉淀出现。 ②$BiCl_3$ 溶液稀释,生成白色 BiOCl 沉淀,示有 Bi^{3+} 存在: $Bi^{3+} + H_2O + Cl^- \rightarrow BiOCl\downarrow + 2H^+$	

续表

离子	鉴定方法	备注
Ca^{2+}	试液中加入饱和$(NH_4)_2C_2O_4$溶液,如有白色的CaC_2O_4沉淀生成,示有Ca^{2+}存在	沉淀不溶于乙酸。Mg^{2+}、Sr^{2+}、Ba^{2+}有干扰,但MgC_2O_4溶于乙酸,Sr^{2+}、Ba^{2+}应预先除去
Co^{2+}	①取5滴试液,加入0.5mL丙酮,然后加入$1mol\cdot L^{-1}NH_4SCN$溶液,溶液显蓝色,表示有Co^{2+}存在。 ②在2滴试液中,加入1滴$3mol\cdot L^{-1}NH_4Ac$溶液,再加入1滴亚硝基R盐溶液。溶液呈红褐色,示有Co^{2+}	
Cd^{2+}	Cd^{2+}与S^{2-}生成CdS黄色沉淀。取3滴试液加入Na_2S溶液,产生黄色沉淀,示有Cd^{2+}存在	沉淀不溶于碱和Na_2S溶液,过量的酸妨碍反应进行
Cr^{3+}	①取2~3滴试液,加入4~5滴$2mol\cdot L^{-1}NaOH$溶液至沉淀溶解,再加2滴,加入4滴$3\%H_2O_2$溶液,加热,溶液颜色由绿变黄,示有CrO_4^{2-}。继续加热,直至过量的H_2O_2完全分解,冷却,用$6mol\cdot L^{-1}HAc$酸化,加2滴$0.1mol\cdot L^{-1}Pb(NO_3)_2$溶液,生成黄色的$PbCrO_4$沉淀,示有$Cr^{3+}$。 ②得到$CrO_4^{2-}$后,赶去过量的$H_2O_2$,用$6mol\cdot L^{-1}HAc$酸化,加入数滴戊醇和$3\%H_2O_2$,戊醇层显蓝色,示有$Cr^{3+}$。反应式如下: $Cr_2O_7^{2-}+4H_2O_2+2H^+\rightarrow 2CrO_5(蓝色)+5H_2O$	
Cu^{2+}	①与$K_4[Fe(CN)_6]$反应: $2Cu^{2+}+[Fe(CN)_6]^{4-}\rightarrow Cu_2[Fe(CN)_6]\downarrow$(红棕色) 取1滴试液放在点滴板上,再加入1滴$K_4[Fe(CN)_6]$溶液,有红棕色沉淀出现,示有$Cu^{2+}$。 ②与$NH_3\cdot H_2O$反应: $Cu^{2+}+4NH_3\rightarrow [Cu(NH_3)_4]^{2+}$(深蓝色) 取5滴试液,加入过量$NH_3\cdot H_2O$,溶液变为深蓝色,证明$Cu^{2+}$存在	①中沉淀不溶于稀酸,可在HAc存在下反应。沉淀溶于$NH_3\cdot H_2O$;还可被碱分解: $Cu_2[Fe(CN)_6]+4OH^-\rightarrow 2Cu(OH)_2\downarrow +[Fe(CN)_6]^{4-}$
Fe^{3+}	①取2滴试液,加入2滴NH_4SCN溶液,生成血红色$[Fe(CNS)_n]^{3-n}$证明Fe^{3+}存在(此反应可在点滴板上进行)。 ②将1滴试液放于点滴板上,加入1滴$K_4[Fe(CN)_6]$,生成蓝色沉淀,示有Fe^{3+}存在	反应②应在适当酸度下进行,蓝色沉淀溶于强酸,强碱能分解沉淀,加入试剂过量太多,也会使沉淀溶解
K^+	钴亚硝酸钠$Na_3[Co(NO_2)_6]$与钾盐生成黄色$K_2Na[Co(NO_2)_6]$沉淀。反应可在点滴板上进行,1滴试液加入1~2滴试剂,有黄色沉淀生成,示有K^+存在。如不立即生成黄色沉淀,可放置	强酸、强碱存在会使试剂分解生成$Co(OH)_3$沉淀。溶液呈强酸性时,应加入乙酸钠,以使强酸性转换为弱酸性,防止沉淀溶解
Hg^{2+}	①Hg^{2+}可被铜置换,在铜表面析出金属汞的灰色斑点,示有Hg^{2+}: $Cu+Hg^{2+}\rightarrow Cu^{2+}+Hg\downarrow$ ②在2滴试液中,加入过量$SnCl_2$溶液,$SnCl_2$与汞盐作用,首先生成白色Hg_2Cl_2沉淀,过量$SnCl_2$将Hg_2Cl_2进一步还原成金属汞,沉淀逐渐变灰,说明Hg^{2+}离子存在。 $2HgCl_2+SnCl_4^{2-}\rightarrow SnCl_6^{2-}+Hg_2Cl_2\downarrow$ $SnCl_4^{2-}+Hg_2Cl_2\rightarrow 2Hg\downarrow +SnCl_6^{2-}$	
Mg^{2+}	取几滴试液,加入少量镁试剂(对硝基苯偶氮间苯二酚),再加入NaOH溶液使呈碱性,若有Mg^{2+}存在,产生蓝色沉淀。Mg^{2+}量少时,溶液由红色变成蓝色	加入镁试剂后,溶液显黄色,表示试剂酸性太强,应加入碱液。Ni^{2+}、Co^{2+}、Cd^{2+}的氢氧化物与镁试剂作用,干扰Mg^{2+}的鉴定。镁试剂在碱性条件下呈红色或红紫色,被$Mg(OH)_2$吸附呈天蓝色

续表

离子	鉴定方法	备注
Mn^{2+}	取1滴试液,加入数滴 $0.1mol \cdot L^{-1}HNO_3$ 溶液,再加入 $NaBiO_3$ 固体,若有 Mn^{2+} 存在,溶液应为紫红色	
Na^+	取1滴试液,加入8滴乙酸铀酰锌试剂,用玻璃棒摩擦试管,有淡黄色结晶乙酸铀酰锌钠[$NaCH_3COO \cdot Zn(Ac)_2 \cdot UO_2(Ac)_2 \cdot H_2O$]沉淀出现,示有 Na^+ 存在	①反应应在中性或乙酸溶液中进行。 ②大量 K^+ 存在干扰测定,为降低 K^+ 浓度,可将试液稀释2~3倍
NH_4^+	①在表面皿上,加入5滴 $6mol \cdot L^{-1}NaOH$,立即把一凹面贴有湿润红色石蕊试纸(或pH试纸)的表面皿盖上,然后放在水浴上加热,试纸呈碱性,示有 NH_4^+ 存在。 ②在点滴板上放1滴试液,加2滴奈斯勒试剂($K_2[HgI_4]$与KOH的混合物),生成红棕色沉淀,示有 NH_4^+ 存在	NH_4^+ 含量少时,不生成红棕色沉淀而得到黄色溶液
Ni^{2+}	取2滴试液,加入2滴丁二酮肟和1滴稀氨水,生成鲜红色的沉淀,说明有 Ni^{2+} 存在	反应在pH值为5~10的溶液进行。可在HAc-NaAc缓冲溶液中反应
Pb^{2+}	取2滴试液,加入2滴 $0.1mol \cdot L^{-1}K_2CrO_4$ 溶液,生成黄色 $PbCrO_4$ 沉淀,说明有 Pb^{2+} 存在	沉淀不溶于HAc和 $NH_3 \cdot H_2O$,易溶于强碱,难溶于稀硝酸
Sb^{3+}	在锡箔上放1滴试液,放置,有黑色的斑点(金属锑)出现,说明有 Sb^{3+} 离子存在。 $2[SbCl_6]^{3-} + 3Sn \rightarrow 2Sb\downarrow + 3SnCl_4^{2-}$	
Sn^{2+} Sn^{4+}	①在试液中放入铝丝(或铁粉),稍加热,反应2min,试液中若有 Sn^{4+},则 Sn^{4+} 被还原为 Sn^{2+},再加2滴 $6mol \cdot L^{-1}HCl$,鉴定按②进行。 ②取2滴 Sn^{2+} 试液,加1滴 $0.1mol \cdot L^{-1}HgCl_2$ 溶液,生成 Hg_2Cl_2 白色沉淀,说明有 Sn^{2+} 存在。	
Zn^{2+}	①取试液3滴用 $2mol \cdot L^{-1}HAc$ 酸化,再加等体积的$(NH_4)_2[Hg(SCN)_4]$溶液,摩擦试管壁,有白色沉淀生成,表示有 Zn^{2+} 存在。 $Zn^{2+} + [Hg(SCN)_4]^{2-} \rightarrow ZnHg(SCN)_4\downarrow$ ②在试管中加入2滴极稀的 $CoCl_2$ 溶液($\leqslant 0.02\%$),加入等体积$(NH_4)_2[Hg(SCN)_4]$。用玻璃棒摩擦试管壁0.5min,若未产生蓝色沉淀,然后再加2滴试液,继续摩擦试管壁0.5min,这时产生蓝色或浅蓝色沉淀,示有 Zn^{2+} 存在。反应如下: $Co^{2+} + [Hg(SCN)_4]^{2-} \rightarrow CoHg(SCN)_4\downarrow$ $Zn^{2+} + [Hg(SCN)_4]^{2-} \rightarrow ZnHg(SCN)_4\downarrow$ 产生的沉淀为两种化合物的混合晶体,混合晶体的颜色取决于 Zn^{2+} 的量,从而显浅蓝色或深蓝色	有大量的 Co^{2+} 存在干扰鉴定,Ni^{2+} 和 Fe^{2+} 与试剂生成淡蓝色沉淀。Fe^{3+} 与试剂生成紫色沉淀。Cu^{2+} 与试剂生成黄绿色沉淀,少量 Cu^{2+} 存在时,形成铜锌紫色混晶

附录6 常见阴离子鉴定方法

离子	鉴定方法	备注
Cl^-	取2滴试液加入1滴 $2mol \cdot L^{-1}HNO_3$ 和2滴 $0.1mol \cdot L^{-1}AgNO_3$ 溶液,生成白色沉淀。沉淀溶于 $6mol \cdot L^{-1}NH_3 \cdot H_2O$,再用 $6mol \cdot L^{-1}HNO_3$ 酸化又有白色沉淀出现,示有 Cl^- 存在	

续表

离子	鉴定方法	备注
Br^-	①取 2 滴试液,加入数滴 CCl_4,滴加氯水,振荡,有机层显红棕色,示有 Br^- 存在。 ②品红法:品红与 $NaHSO_3$ 生成无色的加成物,游离溴与此加成物作用,生成紫色溴代染料。在试管中加入数滴 0.1% 的品红水溶液,加入固体 $NaHSO_3$ 和 1~2 滴浓 HCl 使溶液变为无色。用所得溶液润湿小块滤纸,黏附在一块表面皿的内表面上,将此表面皿与另一块表面皿扣在一起组成一个气室,在下面的表面皿上放 2~3 滴试液及 4~5 滴 25% 铬酸溶液,然后将气室放在沸腾水浴上加热约 10min。若有 Br^- 存在,则被铬酸氧化生成游离 Br_2,后者挥发,与试纸上的试剂相互作用,试纸呈现红紫色	①中加氯水过量,生成 BrCl,使有机层显淡黄色
I^-	取 2 滴试液,加入数滴 CCl_4,滴加氯水,振荡,有机层显紫色,示有 I^- 存在	在弱碱性、中性或酸性溶液中,氯水氧化 I^- 为 I_2,过量氯水将 I_2 氧化为 IO_3^-,有机层紫色褪去
S^{2-}	1 滴试液放在点滴板上,加 1 滴 $Na_2[Fe(CN)_5NO]$ 试剂,由于生成 $Na_4[Fe(CN)_5NOS]$ 而显紫色,示有 S^{2-} 存在	在酸性溶液中,$S^{2-} \to HS^-$,而不产生紫红色,应加碱液使酸度降低
$S_2O_3^{2-}$	取 5 滴试液,逐滴加入 $1 mol \cdot L^{-1}$ HCl,生成白色或淡黄色沉淀,示有 $S_2O_3^{2-}$。 $S_2O_3^{2-} + 2H^+ \to S\downarrow + SO_2\uparrow + H_2O$	
SO_4^{2-}	取 3 滴试液,加入 $6 mol \cdot L^{-1}$ HCl 酸化,再加入 $0.1 mol \cdot L^{-1}$ $BaCl_2$ 溶液,有白色 $BaSO_4$ 沉淀析出,示有 SO_4^{2-}	
SO_3^{2-}	①亚硫酸盐能使有机染料品红褪色,可以用来鉴定 SO_3^{2-}。反应产物为无色的化合物。 在点滴板上放 1 滴品红溶液,加 1 滴中性试液。SO_3^{2-} 存在时溶液褪色。试液若为酸性,须先用 $NaHCO_3$ 中和,碱性溶液须加 1 滴酚酞,通入 CO_2 使溶液由红色变为无色。 ②在 3 滴试液中加入 $2 mol \cdot L^{-1}$ HCl 和 $0.1 mol \cdot L^{-1}$ $BaCl_2$ 溶液,再滴加 3% H_2O_2,产生白色沉淀,示有 SO_3^{2-} 存在	
NO_3^-	取 1 滴试液放在点滴板上,再加 $FeSO_4$ 固体和浓硫酸,在 $FeSO_4$ 晶体周围出现棕色环,示有 NO_3^- 离子	NO_2^-、Fe^{3+}、CrO_4^{2-}、MnO_4^- 也有同样反应,干扰鉴定
NO_2^-	取 1 滴试液,加入几滴 $6 mol \cdot L^{-1}$ HAc,再加 1 滴对氨基苯磺酸和 1 滴 α-苯胺。若溶液显红紫色,示有 NO_2^- 存在	
PO_4^{3-}	取 2 滴试液,加 5 滴浓 HNO_3,加热至沸,冷却后加入 10 滴饱和钼酸铵,水浴加热 40~45℃,有黄色沉淀产生,示有 PO_4^{3-} 存在	

附录7 不同温度下水的饱和蒸气压

温度/℃	压力/mmHg	压力/kPa	温度/℃	压力/mmHg	压力/kPa
−10	2.149	0.2865	−8	2.514	0.3352
−9	2.326	0.3101	−7	2.715	0.3620

续表

温度/℃	压力/mmHg	压力/kPa	温度/℃	压力/mmHg	压力/kPa
−6	2.931	0.3908	31	33.695	4.4923
−5	3.163	0.4217	32	35.663	4.7547
−4	3.410	0.4546	33	37.729	5.0301
−3	3.673	0.4897	34	39.898	5.3193
−2	3.956	0.5274	35	42.175	5.6228
−1	4.258	0.5677	36	44.563	5.9412
0	4.579	0.6165	37	47.067	6.2751
1	4.926	0.6567	38	49.692	6.6250
2	5.294	0.7058	39	52.442	6.9917
3	5.685	0.7579	40	55.324	7.3759
4	6.101	0.8134	41	58.34	7.778
5	6.543	0.8723	42	61.50	8.199
6	7.013	0.9350	43	64.80	8.639
7	7.513	1.002	44	68.26	9.100
8	8.045	10.72	45	71.88	9.583
9	8.609	10148	46	75.65	10.08
10	9.209	1.228	47	79.60	10.61
11	9.844	1.312	48	83.71	11.16
12	10.518	1.4023	49	88.02	11.74
13	11.231	1.4973	50	92.51	12.33
14	11.987	1.5981	51	97.20	12.96
15	12.788	1.7049	52	102.09	13.611
16	13.634	1.8177	53	107.20	14.292
17	14.530	1.9372	54	112.51	15.000
18	15.477	2.0634	55	118.04	15.737
19	16.477	2.1967	56	123.80	16.505
20	17.535	2.3378	57	129.82	17.308
21	18.650	2.4864	58	136.08	18.142
22	19.827	2.6434	59	142.60	19.011
23	21.068	2.8088	60	149.38	19.916
24	22.377	2.9833	61	156.43	20.856
25	23.756	3.1672	62	163.77	21.834
26	25.209	3.3609	63	171.38	22.849
27	26.739	3.5649	64	179.31	23.906
28	28.349	3.7795	65	187.54	25.003
29	30.043	4.0054	66	196.09	26.143
30	31.824	4.2428	67	204.96	27.326

续表

温度/℃	压力/mmHg	压力/kPa	温度/℃	压力/mmHg	压力/kPa
68	214.17	28.554	91	546.05	72.800
69	223.73	29.828	92	566.99	75.592
70	233.7	31.16	93	588.60	78.473
71	243.9	32.52	94	610.90	81.446
72	254.6	33.94	95	633.90	84.513
73	265.7	35.42	96	657.62	87.675
74	277.2	36.96	97	682.07	90.935
75	289.1	38.54	98	707.27	94.294
76	301.4	40.18	99	733.24	97.757
77	314.1	41.88	100	760.00	101.32
78	327.3	43.64	101	787.51	104.99
79	341.0	45.46	102	815.86	108.77
80	355.1	47.34	103	845.12	112.67
81	369.7	49.29	104	875.06	116.66
82	384.9	51.32	105	906.07	120.80
83	400.6	53.41	106	937.92	125.04
84	416.8	55.57	107	970.60	129.40
85	433.6	57.81	108	1004.42	133.911
86	450.9	60.11	109	1038.92	138.510
87	468.7	62.49	110	1074.56	143.262
88	487.1	64.94	111	1111.20	148.147
89	506.1	67.47	112	1148.74	153.152
90	525.76	70.095	113	1187.42	158.309

注：本数据取自任丽萍、毛富春主编《无机及分析化学实验》，高等教育出版社（摘译自 Weast, Handbook of Chemistry and Physics, 第66版，1985~1986，D189~190），表中"压力/kPa"栏是按 1mm Hg=0.133322kPa 换算所得。

附录8 标准缓冲溶液pH值

（准确度为 0.2pH）

温度/℃	pH 值		
	$0.05\text{mol} \cdot \text{L}^{-1}$ 邻苯二甲酸氢钾	$0.025\text{mol} \cdot \text{L}^{-1}\text{KH}_2\text{PO}_4 +$ $0.025\text{mol} \cdot \text{L}^{-1}\text{Na}_2\text{HPO}_4$	$0.05\text{mol} \cdot \text{L}^{-1}$ 硼砂
0	4.01	6.98	9.46
5	4.00	6.95	9.39
10	4.00	6.92	9.33

续表

温度/℃	pH 值		
	0.05mol·L^{-1} 邻苯二甲酸氢钾	0.025mol·L^{-1} KH$_2$PO$_4$ + 0.025mol·L^{-1} Na$_2$HPO$_4$	0.05mol·L^{-1} 硼砂
15	4.00	6.90	9.28
20	4.00	6.88	9.23
25	4.00	6.86	9.18
30	4.01	6.85	9.14
35	4.02	6.84	9.10
40	4.03	6.84	9.07
45	4.04	6.83	9.04
50	4.06	6.83	9.02
55	4.07	6.83	8.99
60	4.09	6.84	8.97
70	4.12	6.85	8.93
80	4.16	6.86	8.89
90	4.20	6.88	8.86
95	4.22	6.89	8.84

注：本数据取自夏玉宇主编《化学实验手册》，化学工业出版社，2004：593-594。

附录9　不同温度下常见无机化合物溶解度

单位：g·(100g H$_2$O)$^{-1}$

物质	结晶水	0℃	10℃	20℃	30℃	40℃	50℃	60℃	70℃	80℃	90℃	100℃
AgCl			8.9×10^{-5}	1.5×10^{-4}			5.23×10^{-4}					2.1×10^{-3}
AgF	2H$_2$O		119.8	172.0	190.1	222.0						
AgNO$_2$		0.155	0.220	0.340	0.510	0.715	0.995	1.363				
AgNO$_3$		122	170	222	300	376	455	525		669		952
Ag$_2$SO$_4$		0.57	0.69	0.79	0.88	0.98	1.08	1.15	1.23	1.30	1.36	1.41
AlCl$_3$	6H$_2$O	43.8	44.9	45.9	46.6	47.3		48.1		48.6		49.0
Al$_2$(SO$_4$)$_3$	18H$_2$O	31.2	33.5	36.4	40.4	45.7	52.2	59.2	66.2	73.1	86.8	89.0
As$_2$O$_3$		1.21		1.85		2.93	3.43	4.44	5.05			8.17
As$_2$O$_5$		59.5	62.1	65.9	69.5	71.2		73.0		75.2		75.7
BaCl$_2$	2H$_2$O	31.6	33.3	35.7	38.2	40.7	43.6	46.4	49.4	52.4		58.8
Ba(NO$_3$)$_2$		5.0	7.0	9.2	11.6	14.2	17.1	20.3	23.6	27.0	30.6	34.2
Ba(OH)$_2$	8H$_2$O	1.67	2.48	3.89	5.59	8.22	13.12	20.94	35.6	101.4		

续表

物质	结晶水	0℃	10℃	20℃	30℃	40℃	50℃	60℃	70℃	80℃	90℃	100℃
$BaSO_4$				2.4×10^{-4}						4×10^{-4}		
$BeSO_4$	$4H_2O$	37.0		39.9	43.8	46.7		55.5	62		83	100
Br_2		4.22	3.4	3.2	3.13							
$Ca(C_2H_3O_2)_2$	$2H_2O$	37.4	36.0	34.7	33.8	33.2		32.7		33.5		
$CaCl_2$	$6H_2O$	59.5	65.0	74.5	102							
	$2H_2O$							136.8	141.7	147.0	152.7	159
$Ca(NO_3)_2$	$4H_2O$	102.1	115.3	129.3	152.6	196.0						
$Ca(OH)_2$		0.185	0.176	0.165	0.153	0.141	0.128	0.116	0.106	0.094	0.085	0.077
$CaSO_4$	$2H_2O$	0.1759	0.1928	0.2036	0.209	0.2097		0.2047	0.1974	0.1936		0.1619
$CdCl_2$	H_2O		135.1	134.5		135.3		136.5		140.5		147.0
CdI_2		79.8	83.2	86.2	89.7	93.8	97.4	100.4	110.0			124.9
Cl_2		1.46	0.980	0.716	0.562	0.451	0.386	0.324	0.274	0.219	0.125	0
$CoCl_2$	$6H_2O$	43.5	47.7	52.9	59.7	69.5						
$Co(NO_3)_2$	$6H_2O$	84.05		100.0	111.4	126.8						
$CuCl_2$	$4H_2O$	68.6	70.9									
		41.4	42.45	43.5	44.55	45.6	46.65	47.7		49.8		51.9
$Fe(NO_3)_3$	$6H_2O$	78.03		83.03		175.0		166.6				
$FeSO_4$	$7H_2O$	15.65	20.51	26.5	32.9	40.2	48.6					
	H_2O								50.9	43.6	37.3	
HBr		221.2	210.3	198.2			171.3					130.0
HCl		82.3			67.3	63.3	59.6	56.1				
$H_2C_2O_4$	$2H_2O$	3.54	6.08	9.52	14.3	21.5	31.4	44.3	65.0	84.5	119.8	
Hg_2Cl_2		1.4×10^{-4}		2×10^{-4}	7×10^{-4}							
I_2		1.62×10^{-2}	1.9×10^{-2}	2.9×10^{-2}	4.0×10^{-2}	5.6×10^{-2}	7.8×10^{-2}	10.6×10^{-2}				
KBr		53.5	59.5	65.5	70.6	75.5	80.2	85.1	90.0	95.0	99.2	104.0
$KBrO_3$		3.1	4.8	6.9	9.5	13.2	17.5	22.7		34.0		50.0
KCl		27.6	31.0	34.0	37.0	40.0	42.6	45.5	48.1	51.1	54.0	56.7
$KClO_3$		3.3	5.0	7.4	10.5	14.0	19.3	25.9	32.5	39.7	47.7	56.2
$KClO_4$		0.75	1.05	1.80	2.6	4.4	6.5	9.0	11.8	14.8	18.0	21.8
$KSCN$		177.0		217.5	255		325		420			674
K_2CO_3	$2H_2O$	51.3	52	52.5	53.2	53.9	54.8	55.9	57.1	58.3	59.6	60.9
	$1.5H_2O$	105.3	108.3	110.5	113.7	116.9	121.3	126.8	133.5	139.8	147.5	155.7
$K_2C_2O_4$	H_2O	20.3	23.7	26.4	28.6	30.8	33.0	35.1	37.2	39.5	41.3	44.0
K_2CrO_4		58.2	60.0	61.7	63.4	65.2	66.8	68.6	70.4	72.1	73.9	75.6
$K_2Cr_2O_7$		5.0	8.5	13.1	18.2	29.2	37.0	50.5	61.5	73.0	96.2	102.0
$K_3Fe(CN)_6$		~30	36.6	42.9		61.3		71.0		81.8		91.6

续表

物质	结晶水	0℃	10℃	20℃	30℃	40℃	50℃	60℃	70℃	80℃	90℃	100℃
$K_4Fe(CN)_6$	$3H_2O$	14.9	21.2	28.9	36.8	42.7		55.9	57.5	68.6	74.8	77.8
$KHC_4H_4O_6$		0.32	0.40	0.53	0.90	1.3	1.8	2.5		4.6		7.0
KI		127.5	136	144	152	160	168	176	184	192	200	208
KIO_3		4.73		8.13	11.73	12.8		18.5		24.8		32.2
$KMnO_4$		2.83	4.4	6.4	9.0	12.56	16.89	22.2				
KNO_2		278.8		298.4		334.8						412.9
KNO_3		13.3	20.9	31.6	45.8	63.9	85.5	110.0	138	169	202	246
KOH	$2H_2O$	97	103	112	126							
KOH	H_2O					136	140	147		160		178
$KAl(SO_4)_2$	$12H_2O$	3.0	4.0	5.9	8.4	11.7	17.0	24.8	40.0	71.0	109.0	154
K_2SO_4		7.35	9.22	11.11	12.97	14.76	16.56	18.17	19.75	21.4	22.4	24.1
LiCl	H_2O	67	72	78.5	84.5	90.5	97	103		115		127.5
$MgCl_2$	$6H_2O$	52.8	53.5	54.5		57.5		61.0		66.0		73.0
$MgSO_4$	$7H_2O$		30.9	35.5	40.8	45.6						
$MgSO_4$	$6H_2O$	29.0	29.7	30.8	31.2		33.5	35.5	37.3	39.1	40.8	42.5
$MnCl_2$	$4H_2O$	63.4	68.1	73.9	80.7	88.6	98.2					
$MnSO_4$	$7H_2O$	53.23	60.01									
$MnSO_4$	$5H_2O$		59.5	62.9	67.76							
$MnSO_4$	$4H_2O$			64.5	66.44	68.8	72.6					
$MnSO_4$	H_2O						58.17	55.0	52.0	48.0	42.5	34.0
$Na_2B_4O_7$	$10H_2O$	1.3	1.6	2.7	3.9	6.7	10.5	20.3				
$Na_2B_4O_7$	$5H_2O$									24.4	31.5	41.0	52.5
$NaC_2H_3O_2$	$3H_2O$	36.3	40.8	46.5	54.5	65.5	83	139				
$Na_2C_2O_4$				3.7								6.33
Na_2CO_3	$10H_2O$	7.0	12.5	21.5	38.8							
Na_2CO_3	H_2O					50.5	48.5		46.4		45.8	45.5
NaCl		35.7	35.8	36.0	36.3	36.6	37.0	37.3	37.8	38.4	39.0	39.8
$NaClO_3$		79	89	101	113	126	140	155	172	189		230
$NaNO_2$		72.1	77.9	84.5	91.6	98.4	104.1			132.5		163.1
$NaNO_3$		73	80	88	96	104	114	124		148		180
NaOH	$4H_2O$	42										
Na_3PO_4	$12H_2O$	1.5	4.1	11	20	31	43	55		81		108
$Na_4P_2O_7$	$10H_2O$	3.16	3.95	6.23	9.95	13.50	17.45	21.83		30.04		40.26
Na_2S	$9H_2O$		15.42	18.8	22.6	28.5						
Na_2SO_3	$7H_2O$	13.9	20	26.9	36							
Na_2SO_3							28.0	28.2	28.8		28.3	

续表

物质	结晶水	0℃	10℃	20℃	30℃	40℃	50℃	60℃	70℃	80℃	90℃	100℃
Na_2SO_4	$10H_2O$	5.0	9.0	19.4	40.8	48.8	46.7	45.3		43.7		42.5
$(NH_4)_2Fe(SO_4)_2$	$6H_2O$	17.8 12.5	17.2	26.9		38.5 33.0	40.0	53.4	52.0	73.0		
NH_4NO_3		118.3		192.0	241.8	297.0	344.0	421.0	499.0	580.0	740.0	871.0
$(NH_4)_2SO_4$		70.6	73.0	75.4	78.0	81.0		88.0		95.3		103.3
$(NH_4)_2S_2O_8$		58.2										
NO		9.84×10^{-3}	7.57×10^{-3}	6.18×10^{-3}	5.17×10^{-3}	4.40×10^{-3}	3.76×10^{-3}	3.24×10^{-3}	2.67×10^{-3}	1.99×10^{-3}	1.14×10^{-3}	0
N_2O			0.171	0.121								
$NiCl_2$	$6H_2O$	51.7		55.3								
$NiSO_4$	$7H_2O$	27.22	32		42.46							
O_3		3.9×10^{-3}	2.9×10^{-3}	2.1×10^{-3}	7.0×10^{-4}							
$Pb(C_2H_3O)_2$	$3H_2O$		45.6 (15℃)	55.0 (25℃)								200
$PbCl_2$		0.6728		0.99	1.20	1.45	1.70	1.98		2.62		3.34
$PbCrO_4$				4.3×10^{-6}								
$PbSO_4$		2.8×10^{-3}	3.5×10^{-3}	4.4×10^{-3}	4.9×10^{-3}	5.6×10^{-3}						
SO_2		22.83	16.21	11.29	7.81	5.41	4.5					
$SbCl_3$		601.6		931.5	1068.0	1368.0	1917.0	4531.0	∞			
$SnCl_2$	$2H_2O$	83.9		269.8 (15℃)								
$SrCl_2$	$6H_2O$	43.5	47.7	52.9	58.7	65.3	72.4	81.8				
$Zn(NO_3)_2$	$6H_2O$	94.77		118.4								
	$3H_2O$						206.9					
$ZnSO_4$	$7H_2O$	41.9	47.0	54.4								
	$6H_2O$					41.2	43.5					
										46.4	45.5	44.7

注：本数据取自北京师范大学化学系无机化学教研室编《简明化学手册》，北京出版社，1980，6：180-184；常文保、李克安编《简明分析化学手册》，北京大学出版社，1981，10：60-73。

参 考 文 献

[1] 大连理工大学无机化学教研室，牟文生. 无机化学实验［M］. 3 版. 北京：高等教育出版社，2014.
[2] 大连理工大学无机化学教研室. 无机化学［M］. 5 版. 北京：高等教育出版社，2006.
[3] 程亚梅，朱圣平. 无机化学实训［M］. 武汉：华中科技大学出版社，2010.
[4] 崔爱莉. 基础无机化学实验［M］. 北京：高等教育出版社，2007.
[5] 杜永芳，方星. 基础化学实验（下册）［M］. 合肥：中国科学技术大学出版社，2012.
[6] 方星，崔执应. 基础化学实验（上册）［M］. 合肥：中国科学技术大学出版社，2012.
[7] 高职高专化学教材编写组. 无机化学实验［M］. 4 版. 北京：高等教育出版社，2014.
[8] 古国榜，李朴，展树中. 无机化学实验［M］. 北京：化学工业出版社，2009.
[9] 海力茜·陶尔大洪. 无机化学实验指导［M］. 北京：科学出版社，2007.
[10] 李生英，白林，徐飞. 无机化学实验［M］. 北京：化学工业出版社，2007.
[11] 李文军. 无机化学实验［M］. 北京：化学工业出版，2008.
[12] 毛海荣. 无机化学实验［M］. 南京：东南大学出版社，2006.
[13] 聂丽. 基础化学分级实验［M］. 合肥：中国科技大学出版社，2012.
[14] 四川大学化学工程学院，浙江大学化学系. 分析化学实验［M］. 4 版. 北京：高等教育出版社，2015.
[15] 索陇宁. 化学实验技术［M］. 北京：高等教育出版社，2006.
[16] 天津大学无机化学教研室. 无机化学实验［M］. 北京：高等教育出版社，2012.
[17] 伍百奇. 化学分析实训［M］. 北京：高等教育出版社，2006.
[18] 武汉大学化学与分子科学学院实验中心. 无机化学实验［M］. 2 版. 武汉：武汉大学出版社，2012.
[19] 吴慧霞. 无机化学实验［M］. 北京：科学出版社，2008.
[20] 徐莉英. 无机及分析化学实验［M］. 上海：上海交通大学出版社，2004.
[21] 徐云升. 基础化学实验［M］. 2 版. 广州：华南理工大学出版社，2012.
[22] 张龙. 化学实验与实践活动（通用类）［M］. 修订版. 北京：高等教育出版社，2014.
[23] 张武，高峰. 化学实验下册［M］. 2 版. 北京：高等教育出版社，2015.
[24] 周旭光，于洺. 无机化学实验与学习指导［M］. 北京：中国纺织出版社，2009.
[25] 周祖新. 无机化学实验［M］. 北京：化学工业出版社，2014.
[26] 华东理工大学化学系，四川大学化工学院. 分析化学［M］. 5 版. 北京：高等教育出版社，2005.